Wilhelms
Übungsaufgaben
Technische Thermodynamik

1 Grundlagen der Thermodynamik

2 Erster Hauptsatz der Thermodynamik

3 Zweiter Hauptsatz der Thermodynamik

4 Das ideale Gas in Maschinen und Anlagen

5 Der Dampf und seine Anwendung in Maschinen und Anlagen

6 Gemische

7 Strömungsvorgänge

8 Wärmeübertragung

9 Energieumwandlung durch Verbrennung und in Brennstoffzellen

L Lösungsergebnisse der Aufgaben

Gernot Wilhelms

Übungsaufgaben Technische Thermodynamik

4., aktualisierte Auflage
Mit 38 Beispielen und 166 Aufgaben

HANSER

Autor:
Dr.-Ing. Gernot Wilhelms
Professor für Energietechnik, Kältetechnik und Technische Mechanik
an der Ostfalia Hochschule für angewandte Wissenschaften, Wolfenbüttel

Bibliografische Information der Deutschen Nationalbibliothek

Die Deutsche Nationalbibliothek verzeichnet diese Publikation in der Deutschen Nationalbibliografie; detaillierte bibliografische Daten sind im Internet über http://dnb.d-db.de abrufbar.

ISBN 978-3-446-42514-9

Einbandbild: Siemens-Pressebild

Dieses Werk ist urheberrechtlich geschützt.
Alle Rechte, auch die der Übersetzung, des Nachdrucks und der Vervielfältigung des Buches oder Teilen daraus, vorbehalten. Kein Teil des Werkes darf ohne schriftliche Genehmigung des Verlages in irgendeiner Form (Fotokopie, Mikrofilm oder ein anderes Verfahren), auch nicht für Zwecke der Unterrichtsgestaltung, reproduziert oder unter Verwendung elektronischer Systeme verarbeitet, vervielfältigt oder verbreitet werden.

© 2011 Carl Hanser Verlag München Wien
www.hanser.de
Lektorat: Dipl.-Phys. Jochen Horn
Herstellung: Katrin Wulst
Satz: Prof. Dr.-Ing. Gernot Wilhelms, Wolfenbüttel
Druck und Bindung: Druckhaus „Thomas Müntzer" GmbH, Bad Langensalza
Printed in Germany

Vorwort zur 4. Auflage

Um den Lehrstoff der Thermodynamik zu erfassen und zu festigen ist eine ausreichende Anzahl didaktisch gut aufbereiteter Aufgaben erforderlich. Dieses Übungsbuch stellt als Ergänzung des Lehrbuches *Cerbe/Wilhelms: Technische Thermodynamik* eine große Anzahl Aufgaben zur Verfügung, die für die Vorlesungen, das selbstständige Nacharbeiten der Vorlesungen und die Vorbereitung auf Prüfungen gedacht sind.

In einer Einleitung wird die grundsätzliche Arbeitsweise zum Lösen der Aufgaben erläutert. Im Hauptteil werden, gegliedert wie im Lehrbuch, ausführlich Beispiele vorgerechnet und Aufgaben gestellt. Im Anhang werden die Lösungsergebnisse der Aufgaben aufgeführt.

Mit den Beispielen soll die vorgeschlagene Arbeitsweise zum Lösen der Aufgaben aufgezeigt werden. Die angegebenen Bezüge auf Gleichungen, Tabellen usw. beziehen sich auf das Lehrbuch. Die Gleichungsnummern stehen am rechten Spaltenrand. Wird eine Gleichung umgeformt, wird die durchzuführende Rechenoperation rechts neben der Gleichung, abgetrennt durch einen senkrechten Strich, angegeben. Folgt eine umgeformte Gleichung nicht aus der unmittelbar vorher stehenden Gleichung, wird die Nummer der Gleichung, auf die Bezug genommen wird, am linken Spaltenrand angegeben. Neben der Gleichungsnummer kann auch hier die Rechenoperation angegeben werden. Nebenrechnungen sind unter der rechten Seite einer Gleichung aufgeführt und durch einen senkrechten Strich unter dem Gleichheitszeichen abgegrenzt. Durch die ausführliche Beschreibung der Lösungswege soll die Fragestellung von ihrem thermodynamischen Gehalt tief durchdrungen werden. Ein reines Nachlesen der Lösungswege liefert nicht den gewünschten Lerneffekt. Studierende sollten zunächst versuchen, die Beispiele selbständig zu rechnen und erst dann den Lösungsweg nachlesen.

Mit dem aufgezeigten Formalismus sollten die Studierenden in der Lage sein, die aufgeführten Aufgaben selbstständig zu lösen. Durch alternative Lösungswege wie auch durch grafische Darstellungen können die Ergebnisse auf Richtigkeit überprüft werden. Die in Abschnitt 10 angegebenen Lösungsergebnisse geben hier eine zusätzliche Hilfestellung.

Mein herzlicher Dank gilt allen, die durch ihre Anregungen zur Fortentwicklung dieses Übungsbuches beigetragen haben insbesondere meinen Kollegen Prof. Dr.-Ing. Günter Cerbe und Prof. Dr.-Ing. Thomas Diehn, die mich bei der Auswahl und Formulierung der Aufgaben unterstützt und Aufgaben zu diesem Übungsbuch beigesteuert haben.

Die vorliegende Auflage wurde gründlich überarbeitet und um zusätzliche Beispiel-Aufgaben und Zwischenergebnisse erweitert. Diese finden sich als Zahlenwerte in Klammern oder eingetragen in die Diagramme. Die knappe Darstellung der Lösungsergebnisse wurde beibehalten, um zum selbständigen Erarbeiten der Aufgaben zu motivieren.

Wolfenbüttel, im Herbst 2010　　　　　　　　　　　　　　　　　Gernot Wilhelms

Methodische Hinweise für das Lösen der Aufgaben

Zunächst muss der Aufgabentext gründlich durchgelesen werden. Dabei werden die in der Aufgabenstellung gegebenen Werte der Größen mit Formelzeichen entweder aufgelistet oder aber in grafische Darstellungen (z. B. in Fließbilder oder Diagramme) eingetragen.

Als nächstes wird das Formelzeichen der gesuchten physikalischen Größe/Größen bestimmt.

Nun wird eine zur Lösung geeignete Formel, in der die gesuchte physikalische Größe vorkommt, hergeleitet oder aus dem Lehrbuch genommen. Handelt es sich hierbei um eine Grundgleichung oder eine Definitionsgleichung, wird deren Benennung in der Zeile vor der Formel mit angeben! Beim handschriftlichen Schreiben der Formelzeichen sind deutlich Großbuchstaben von Kleinbuchstaben zu unterscheiden. Formeln sollen immer in der gleichen Form angeben und dann, je nach Bedarf, in die gewünschte Form umgestellt werden.

Diese Formel wird nun so lange umgeformt, bis auf der linken Seite nur noch die gesuchte Größe steht und sich auf der rechten Seite nur noch bekannte Größen befinden.

Alle Werte der Größen werden nun mit Zahlenwert und Einheit eingesetzt. In der Regel sollen nur SI-Basiseinheiten oder abgeleitete SI-Einheiten ohne Vorsätze für dezimale Vielfache oder Teile eingesetzt werden (Ausnahmen: kg und kmol). Abgeleitete Einheiten, die im Nenner stehen und als Bruch geschrieben sind, werden als Kehrwert gleich mit in den Zähler geschrieben.

Die Einheiten werden nun so weit gekürzt, bis nur noch die Einheit der gesuchten Größe übrigbleibt.

Erst jetzt werden die Zahlenwerte in den Rechner gegeben und der Zahlenwert der gesuchten Größe berechnet.

Die Zustandsgrößen erhalten bei einer Zustandsänderung im Ausgangszustand den Index 1 im Endzustand den Index 2. Falls sich eine Zustandsgröße nicht ändert, erhält sie keinen Index. Zustandsänderungen werden immer mit zwei Benennungen angeben (z. B. isotherme Expansion).

Inhaltsverzeichnis

1 Grundlagen der Thermodynamik 11
1.1 Aufgabe der Thermodynamik 11
1.2 Größen und Einheitensysteme 11
1.3 Thermische Zustandsgrößen 12
    1.3.1 Volumen 12
    1.3.2 Druck 13
    1.3.3 Temperatur 15
1.4 Thermische Zustandsgleichung 16
    1.4.1 Thermische Zustandsgleichung eines homogenen Systems 16
    1.4.2 Thermische Zustandsgleichung des idealen Gases 16
1.5 Mengenmaße Kilomol und Normvolumen; molare Gaskonstante 17
1.6 Thermische Ausdehnung 19

2. Erster Hauptsatz der Thermodynamik 21
2.1 Energieerhaltung, Energiebilanz 21
2.2 Arbeit am geschlossenen System 21
2.3 Innere Energie 24
2.4 Wärme 25
2.5 Arbeit am offenen System und Enthalpie 25
2.6 Formulierungen des ersten Hauptsatzes der Thermodynamik 27
2.7 Kalorische Zustandsgleichungen 28
    2.7.1 Kalorische Zustandsgleichungen eines homogenen Systems 28
    2.7.2 Spezifische Wärmekapazitäten eines homogenen Systems 28
    2.7.3 Kalorische Zustandsgleichungen des idealen Gases 31
    2.7.4 Spezifische Wärmekapazitäten des idealen Gases 31
    2.7.5 Molare Wärmekapazitäten des idealen Gases 36

3. Zweiter Hauptsatz der Thermodynamik 37
3.1 Definition der Entropie 37
3.2 Entropie und zweiter Hauptsatz der Thermodynamik 37
3.3 T,S-Diagramm 37
3.4 Einfache Zustandsänderungen des idealen Gases 38

	3.4.1	Isochore Zustandsänderung	38
	3.4.2	Isobare Zustandsänderung	42
	3.4.3	Isotherme Zustandsänderung	45
	3.4.4	Isentrope Zustandsänderung	46
	3.4.5	Polytrope Zustandsänderung	46
	3.4.6	Zustandsänderungen in adiabaten Systemen	53
3.5	Kreisprozesse		57
3.6	Adiabate Drosselung		60
3.7	Füllen eines Behälters		61
3.8	Temperaturausgleich		61
3.9	Exergie und Anergie		62
	3.9.1	Begrenzte Umwandelbarkeit der inneren Energie und der Wärme	62
	3.9.2	Exergie und Anergie eines strömenden Fluids	62
	3.9.3	Exergie und Anergie eines geschlossenen Systems	64
	3.9.4	Exergie und Anergie der Wärme	65
	3.9.5	Exergieverlust	70
	3.9.6	Exergetischer Wirkungsgrad	73
	3.9.7	Energiequalitätsgrad	73
	3.9.8	Energie- und Exergie-Flussbild	74
4	**Das ideale Gas in Maschinen und Anlagen**		**83**
4.1	Kreisprozesse für Wärme- und Verbrennungskraftanlagen		83
4.2	Kreisprozesse der Gasturbinenanlagen		83
	4.2.1	Arbeitsprinzip der Gasturbinenanlagen	83
	4.2.2	Joule-Prozess als Vergleichsprozess der Gasturbinenanlage	83
	4.2.3	Ericsson-Prozess als Vergleichsprozess der Gasturbinenanlage	84
	4.2.4	Der wirkliche Prozess in der Gasturbinenanlage	86
4.3	Kreisprozess des Heißgasmotors		94
4.4.	Kreisprozesse der Verbrennungsmotoren		98
	4.4.1	Übertragung des Arbeitsprinzips der Motoren in einen Kreisprozess	98
	4.4.2	Otto-Prozess als Vergleichsprozess des Verbrennungsmotors	98
	4.4.3	Diesel-Prozess als Vergleichsprozess des Verbrennungsmotors	98

Inhaltsverzeichnis 9

    4.4.4   Seiliger-Prozess als Vergleichsprozess des Verbrennungsmotors .. 102
    4.4.5   Der wirkliche Prozess in den Verbrennungsmotoren 103
4.5   Kolbenverdichter 112

5   Der Dampf und seine Anwendung in Maschinen und Anlagen 117
5.1   Das reale Verhalten der Stoffe 117
5.2   Wasserdampf 118
5.3   Dampfkraftanlagen 136
5.4   Kombiniertes Gas-Dampf-Kraftwerk (GUD-Prozess) 144
5.5   Organische Rankine-Prozesse (ORC) 145
5.6   Linkslaufende Kreisprozesse mit Dämpfen 147

6   Gemische 150
6.1   Die Zusammensetzungen von Gemischen 150
6.2   Ideale Gemische 150
6.3   Gemisch idealer Gase 150
6.4   Gas-Dampf-Gemisch; Feuchte Luft 150

7   Strömungsvorgänge 156
7.1   Kontinuitätsgleichung 156
7.2   Der erste Hauptsatz der Thermodynamik für Strömungsvorgänge 156
    7.2.1.   Arbeitsprozesse 156
    7.2.2.   Strömungsprozesse 158
7.3   Kraftwirkung bei Strömungsvorgängen 158
7.4   Düsen- und Diffusorströmung 158

8   Wärmeübertragung 159
8.1   Arten der Wärmeübertragung 159
8.2   Wärmeleitung 159
    8.2.1   Ebene Wand 159
    8.2.2   Zylindrische Wand 160
    8.2.3   Hohlkugelwand 162
8.3   Konvektiver Wärmeübergang 162
    8.3.1   Wärmeübergang bei erzwungener Strömung 162

	8.3.2	Wärmeübergang bei freier Strömung	163
	8.3.3	Wärmeübergang beim Kondensieren und Verdampfen	166
8.4		Temperaturstrahlung	166
8.5		Wärmedurchgang	167
8.6		Wärmeübertrager	172
9		**Energieumwandlung durch Verbrennung und in Brennstoffzellen**	**178**
9.1		Umwandlung der Brennstoffenergie durch Verbrennung	178
9.2		Verbrennungsrechnung	179
	9.2.1	Feste und flüssige Brennstoffe	179
	9.2.2	Gasförmige Brennstoffe	180
	9.2.3	Näherungslösungen	183
9.3		Verbrennungskontrolle	184
9.4		Theoretische Verbrennungstemperatur	187
9.5		Abgasverlust und feuerungstechnischer Wirkungsgrad	188
9.6		Abgastaupunkt	192
9.7		Emissionen aus Verbrennungsanlagen	193
9.8		Chemische Reaktionen und Irreversibilität der Verbrennung	193
9.9		Brennstoffzellen	193
10		**Lösungsergebnisse der Aufgaben**	**194**

1 Grundlagen der Thermodynamik

1.1 Aufgabe der Thermodynamik

1.2 Größen und Einheitensysteme

Beispiel 1.1

Ein Gegenstand (Gewichtskraft: $F_G = 1000$ N) wird in 20 Sekunden um 10 m im Erdschwerefeld angehoben.

a) Welche Leistung ist hierfür erforderlich?
b) Wie lautet die zugeschnittene Größengleichung, in die die Kraft in N, der Weg in cm und die Zeit in min eingesetzt werden kann und mit der die Leistung in kW ausgerechnet wird?
c) Geben Sie die Zahlenwertgleichung an, in der die Zahlenwerte eingesetzt werden müssen bzw. als Ergebnis herauskommen, die man erhält, wenn der Wert der Kraft in N, der Wert des Weges in cm, der Wert der Zeit in min und der Wert der Leistung in kW angegeben werden.

<u>Gegeben:</u> $F_G = 1000$ N , $\tau = 20$ s , $h = 10$ m

Zu a): Gesucht: P

$$P = \frac{W}{\tau} = \frac{F_G\, h}{\tau} = \frac{1000\,\cancel{N} \cdot 10\,\cancel{m}}{20\,\cancel{s}} \cdot \frac{\cancel{J}}{\cancel{N\,m}} \cdot \frac{W\,\cancel{s}}{\cancel{J}} = 500\,W \qquad (T\ 1.3)$$

$$\left| W = F\,s\,,\quad N\,m = J\,,\quad \frac{J}{s} = W \right. \qquad (T\ 1.3)$$

Zu b):

$$\frac{P}{W} = \frac{\dfrac{F_G}{N}\,\dfrac{h}{m}}{\dfrac{\tau}{s}}$$

$$\frac{P}{\cancel{W}}\frac{1000\,\cancel{W}}{kW} = \frac{\dfrac{F_G}{N}\dfrac{h}{\cancel{m}}\cdot\dfrac{\cancel{m}}{100\,cm}}{\dfrac{\tau}{\cancel{s}}\cdot\dfrac{60\,\cancel{s}}{min}} \qquad \left|\cdot\dfrac{kW}{1000}\right.$$

$$P = \frac{1}{1000\cdot 100\cdot 60}\,\frac{\left(\dfrac{F_G}{N}\right)\left(\dfrac{h}{cm}\right)}{\left(\dfrac{\tau}{min}\right)}\,kW$$

$$P = 1{,}667 \cdot 10^{-7} \frac{\left(\dfrac{F_\mathrm{G}}{\mathrm{N}}\right)\left(\dfrac{h}{\mathrm{cm}}\right)}{\left(\dfrac{\tau}{\mathrm{min}}\right)} \,\mathrm{kW}$$

Zu c):

$$\{P\} = 1{,}667 \cdot 10^{-7} \frac{\{F_\mathrm{G}\}\{h\}}{\{\tau\}}$$

F_G in N, h in cm, τ in min, P in kW

Aufgabe 1.1

Ein Fahrzeug fahre mit einer Geschwindigkeit von 10 km/h.
a) Wie heißt die in der Aufgabenstellung gegebene Größe?
b) Welches Formelzeichen wird für diese Größe verwendet?
c) Welchen Wert hat diese Größe?
d) Geben Sie die Größe sowie den Zahlenwert und die Einheit der Größe als Formeln an.
e) Handelt es sich im SI-Einheitensystem um eine Basisgröße?
f) Wie lautet die Definitionsgleichung dieser Größe?
g) Geben Sie den Wert dieser Größe mithilfe der Basiseinheiten an.
h) Geben Sie die Dimension der Größe an.

1.3 Thermische Zustandsgrößen

1.3.1 Volumen

Aufgabe 1.2

In einem Behälter A befinden sich 10 kg Luft bei einem Druck von 100 kPa. Das spezifische Volumen der Luft beträgt 0,84 m³/kg. In einem zweiten Behälter B befinden sich ebenfalls 10 kg Luft, aber bei einem Druck von 200 kPa. Die Luft in diesem Behälter hat ein spezifisches Volumen von 0,42 m³/kg.
a) Berechnen Sie die Volumen der beiden Behälter.
b) Die beiden Behälter sind mit einer dünnen Rohrleitung verbunden, in der sich ein Trennschieber befindet. Der Trennschieber wird geöffnet und die beiden Drücke in den Behältern gleichen sich durch Überströmen von Luft aus. Welches Gesamtvolumen nimmt die Luft nun ein (Das Volumen der Rohrleitung kann vernachlässigt werden)?
c) Wie groß ist nun das spezifische Volumen der Luft?

1.3 Thermische Zustandsgrößen

1.3.2 Druck

Beispiel 1.2

In einer Druckkammer unter Wasser herrscht ein Überdruck von 150 kPa. Der Atmosphärendruck beträgt 98 kPa. Für Arbeiten in der Druckkammer wird Druckluft mit einem, gegenüber dem Druck in der Kammer, um 100 kPa höheren Druck benötigt. Die Druckluft wird aus einer Flasche außerhalb der Druckkammer von Land geliefert.

a) Ermitteln Sie den erforderlichen Absolutdruck der Druckluft hinter dem Reduzierventil der Druckluftflasche und
b) den Höhenunterschied der Quecksilberspiegel (Menisken), wenn die Druckmessung hinter dem Reduzierventil der Flasche mittels U-Rohr mit Quecksilberfüllung erfolgen würde (ρ_{Hg} = 13 550 kg/m³).

Zu a): Gegeben:

p_{eK} = 150 kPa,
p_{amb} = 98 kPa,
p_{dP} = 100 kPa bezogen auf p_K

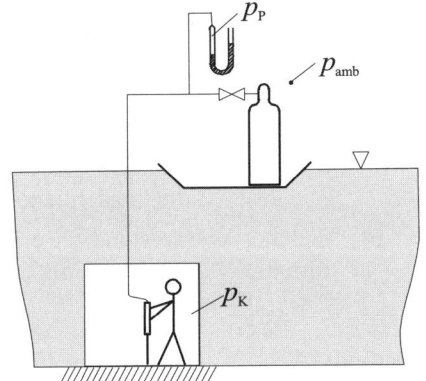

Gesucht: p_P

(Gl 1.6) $\quad p_K = p_{eK} + p_{amb}$

p_K = 150 kPa + 98 kPa = 248 kPa

(Gl 1.5) $\quad p_P = p_{dP} + p_K$

$\underline{p_P = 100 \text{ kPa} + 248 \text{ kPa} = 348 \text{ kPa}}$

Zu b): Gesucht: h

(Gl 1.7) $\quad p_P = p_{amb} + \rho g h$

$h = \dfrac{p_P - p_{amb}}{\rho g}$

ρ_{Hg} = 13 550 kg/m³
g = 9,81 m/s²

$h = \dfrac{(348 \cdot 10^3 - 98 \cdot 10^3) \, \text{Pa} \, \text{m}^3 \, \text{s}^2 \, N \, \text{kg m}}{13\,550 \, \text{kg} \; 9{,}81 \, \text{m} \, \text{Pa} \, \text{m}^2 \, N \, \text{s}^2}$

$\underline{h = 1{,}88 \text{ m}}$

Aufgabe 1.3

In einem U-Rohrmanometer befindet sich ein Stoff A mit einer Dichte von 1800 kg/m³. In beide Schenkel wird zusätzlich ein spezifisch leichterer Stoff B mit einer Flüssigkeitshöhe von 60 mm im linken Schenkel und 100 mm im rechten Schenkel gefüllt. Die beiden Stoffe sollen gegenseitig unlösbar und unmischbar sein und eine gut erkennbare Trennfläche bilden. Zwischen den beiden freien Menisken stellt sich ein Höhenunterschied von 20 mm ein.

Skizzieren Sie die Anordnung und berechnen Sie die Dichte des Stoffes B.

Aufgabe 1.4

Ein gut isoliertes Ausgleichsgefäß wird von warmem Wasser durchströmt. Die Temperatur des Wassers im Ausgleichsgefäß beträgt 60 °C, der Druck über der Wasseroberfläche 102 kPa. Zur Wasserstandskontrolle ist ein U-Rohr angebracht, dessen Flüssigkeitsinhalt Umgebungstemperatur von 20 °C angenommen hat. Vereinfachend soll angenommen werden, dass sich die Wassertemperatur zwischen Gefäß und U-Rohr sprunghaft ändert.

a) Wirkt auf den freien Schenkel des U-Rohres derselbe Druck wie auf die Wasseroberfläche im Gefäß, wird ein Wasserstand von 500 mm angezeigt. Wie groß ist die tatsächliche Höhe des Wasserstandes im Ausgleichsgefäß?

b) Welcher Wasserstand wird im U-Rohr angezeigt, wenn bei dem nach a) ermittelten Wasserstand im Gefäß auf den freien Schenkel der Umgebungsdruck 101 kPa wirkt?

Aufgabe 1.5

Gegeben: $g = 9{,}81 \text{ m/s}^2$, $\rho_{\text{Öl}} = 840 \text{ kg/m}^3$, $p_{\text{amb}} = 100 \text{ kPa}$

Mit einem Kolbenmanometer soll ein Druck ausgewogen werden. Im Ausgangszustand (siehe Skizze) liegt der Kolben auf. Nun wird auf dem freien Schenkel der zu messende Druck p aufgebracht. Dabei hebt sich der Kolben um 1,5 cm an.

Wie groß ist der Druck p (Absolutdruck)?

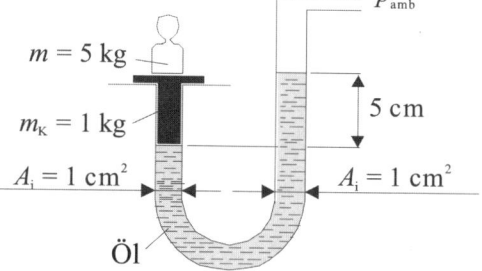

(Der Kolben wird bei der Messung in Drehung versetzt. Daher kann die Reibung zwischen Kolben und Zylinderwand vernachlässigt werden.)

1.3 Thermische Zustandsgrößen

Aufgabe 1.6

Ein „Goethe-Barometer" besteht aus einem geschlossenen, bauchigen Gefäß und einem langen Ausgussschnabel ähnlich einer Teekanne. Es wird bei einem mittleren Atmosphärendruck p_{amb1} so mit Wasser (ρ = 998,2 kg/m^3) gefüllt, dass dieses im Gefäß und im Schnabel gleich hoch steht. Ändert sich der Atmosphärendruck, ändert sich die Höhe des Wasserspiegels im Schnabel und diese kann als Maß für den Atmosphärendruck verwendet werden.

Für den Befüllungszustand sollen die in der Abbildung gegebenen Werte gelten. Dabei wurden das Gefäß und der Schnabel als zylindrisch angenommen.

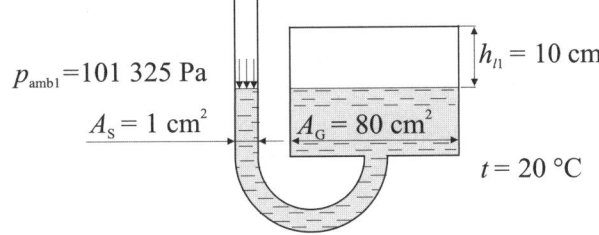

Für den Fall, dass bei gleich bleibender Temperatur der Atmosphärendruck einen geringeren Wert angenommen hat und der Wasserspiegel im Schnabel um 8 cm gestiegen ist, sollen berechnet werden:

a) der Wert, um den der Badspiegel im Gefäß gefallen ist,
b) der Luftdruck im Gefäß (Die Luft im Gefäß soll näherungsweise als ideales Gas angenommen werden.) und
c) der Atmosphärendruck.

1.3.3 Temperatur

Aufgabe 1.7

a) Rechnen Sie die Celsius-Temperatur t = 55 °C in K, °F, °R ,
b) die Temperatur t_F = 97 °F in °C, K und °R und
c) die Temperatur T_R = 110 °R in °C, K und °F um.

Aufgabe 1.8

Leiten Sie Zahlenwertgleichungen

a) für die Umrechnung von T in t_F ,
b) für die Umrechnung von T_R in t und
c) zwischen der Temperaturdifferenz in Grad Celsius und der Temperaturdifferenz in Grad Rankine her.

1.4 Thermische Zustandsgleichung

1.4.1 Thermische Zustandsgleichung eines homogenen Systems

1.4.2 Thermische Zustandsgleichung des idealen Gases

Beispiel 1.3

Gegeben ist ein mit Luft gefüllter Behälter (Volumen 10 m³). Bei einer konstant bleibenden Temperatur von 20 °C werden weitere 50 kg Luft in den Behälter gefüllt. Luft soll näherungsweise als ideales Gas angenommen werden.

Wie groß ist die dabei auftretende Druckänderung?

Gegeben:

Luft, ideales Gas
$V = 10 \text{ m}^3$
$t = 20 \text{ °C}$
$m_2 - m_1 = 50 \text{ kg}$

Gesucht: $p_2 - p_1$

(Gl 1.16) $\quad p_2 V = m_2 R_i T$
(Gl 1.16) $\quad p_1 V = m_1 R_i T$

$$(p_2 - p_1) V = (m_2 - m_1) R_i T \quad | : V$$

$$p_2 - p_1 = \frac{(m_2 - m_1) R_i T}{V}$$

$$R_i = 287{,}2 \frac{\text{J}}{\text{kg K}} \quad \text{(T 1.5)}$$

$$p_2 - p_1 = \frac{50 \text{ kg}}{10 \text{ m}^3} \cdot 287{,}2 \frac{\text{J}}{\text{kg K}} \cdot 293{,}15 \text{ K} \cdot \frac{\text{N m}}{\text{J}}$$

$$\underline{\underline{p_2 - p_1 = 420\,960 \text{ Pa} = 420{,}96 \text{ kPa}}}$$

Aufgabe 1.9

In einem Zylinder sind von einem Kolben 10 kg Luft eingeschlossen. Durch Zufuhr von Wärme, bei konstant bleibendem Druck von 2 MPa, vergrößert sich das Volumen der Luft um 0,1 m³. Luft soll näherungsweise als ideales Gas angenommen werden.

Um welchen Betrag ändert sich dabei die Temperatur der Luft?

1.5 Mengenmaße Kilomol und Normvolumen; molare Gaskonstante

Aufgabe 1.10

Zur Druckmessung eines gasgefüllten Behälters wird ein oben geschlossenes, mit Argon gefülltes U-Rohr-Manometer verwendet. Die in dem Bild angegebenen Daten gelten bei 0 °C. Argon soll näherungsweise als ideales Gas angenommen werden.

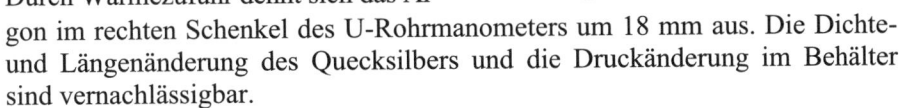

a) Welcher Absolutdruck herrscht im Behälter (ρ_{Hg} = 13 550 kg/m³)?

Durch Wärmezufuhr dehnt sich das Argon im rechten Schenkel des U-Rohrmanometers um 18 mm aus. Die Dichte- und Längenänderung des Quecksilbers und die Druckänderung im Behälter sind vernachlässigbar.

b) Wie groß ist die Temperaturänderung des Argons?

Aufgabe 1.11

Ein Gasthermometer ist mit gasförmigen Helium gefüllt, das unabhängig von der Temperatur ein Volumen von 100 cm³ einnimmt. Helium soll näherungsweise als ideales Gas angenommen werden. Bei einer Temperatur von 20 °C hat das Gas den gleichen Druck wie die Umgebung (p_{amb} = 100 kPa).

a) Wie groß ist die Masse des Gases?

Das Thermometer taucht in eine Flüssigkeit unbekannter Temperatur. Sein Manometer zeigt einen Überdruck von 20 kPa an.

b) Wie groß ist Temperatur der Flüssigkeit?

1.5 Mengenmaße Kilomol und Normvolumen; molare Gaskonstante

Aufgabe 1.12

Ein geschlossener Behälter mit einem Volumen von 5 m³ ist mit Helium gefüllt. Das Helium hat eine Temperatur von 25 °C und einen Druck von 5 MPa. Helium soll näherungsweise als ideales Gas angenommen werden.

Welche Stoffmenge Helium befindet sich im Behälter?

Aufgabe 1.13

Welche Dichte hat Argon bei einer Temperatur von 60 °C und einem Druck von 200 kPa? Argon soll näherungsweise als ideales Gas angenommen werden.

Aufgabe 1.14

Zwei Behälter, von denen der eine mit 220 mol Luft von 100 kPa, 20 °C, der andere mit 1600 mol Luft von 2 MPa, 20 °C gefüllt ist, sind durch eine Rohrleitung miteinander verbunden. Der Trennschieber wird geöffnet, sodass sich die Drücke durch Überströmen ausgleichen. Luft soll näherungsweise als ideales Gas angenommen werden. Die beiden Behälter sind gegenüber der Umgebung wärmedicht isoliert. Nach genügend langer Zeit stellt sich in beiden Behältern wieder eine Temperatur von 20 °C ein.

a) Berechnen Sie den Druck, der dann im System (in beiden miteinander verbundenen Behältern) vorhanden ist.
b) Welche Massen befinden sich nun in den Behältern?

Aufgabe 1.15

In einem Behälter befinden sich 10 kmol Erdgas (Zusammensetzung: 85 Vol.-% CH_4 und 15 Vol.-% N_2) bei 15 °C und 500 kPa. Erdgas soll näherungsweise als ideales Gas angenommen werden. Berechnen Sie:

a) das Volumen des Gases,
b) die molare Masse,
c) die spezielle Gaskonstante,
d) die Normdichte,
e) die Masse und
f) das Normvolumen.

Aufgabe 1.16

Ein Behälter ist mit 1 kmol Synthesegas (Gemisch aus 1 kmol Kohlenmonoxid und 2 kmol Wasserstoff) gefüllt. Mit einer chemischen Reaktion wird hieraus Methanol CH_3OH hergestellt. Alle genannten Stoffe sollen näherungsweise als ideale Gase angenommen werden.

Bestimmen Sie für das Gasgemisch im Behälter

a) die molare Masse,
b) die spezielle Gaskonstante,
c) die Normdichte,
d) die Masse und
e) das Normvolumen.
f) Welches Volumen nimmt das Gasgemisch bei einem Druck von 20 MPa und einer Temperatur von 400 °C ein?

1.6 Thermische Ausdehnung

Beispiel 1.4

Wie groß ist die Längenänderung einer 50 cm langen Aluminiumstange bei einer Temperaturänderung von 400 °C auf 600 °C?

Gegeben: $l_1 = 50$ cm, $t_1 = 400$ °C, $t_2 = 600$ °C, Aluminium

Gesucht: $l_2 - l_1$

$$l_2 - l_1 \approx l_1 \left.\alpha_m\right|_{t_1}^{t_2} (t_2 - t_1) \tag{Gl 1.40}$$

$$\left.\alpha_m\right|_{t_1}^{t_2} = \frac{1}{t_2 - t_1} \left[a(t_2 - t_1) + \frac{b}{2}(t_2^2 - t_1^2) + \frac{c}{3}(t_2^3 - t_1^3) + \frac{d}{4}(t_2^4 - t_1^4) \right] \frac{1}{K} \tag{Gl 1.42}$$

$$a = 22{,}69 \cdot 10^{-6}, \quad b = 39{,}02 \cdot 10^{-9} \frac{1}{°C}, \tag{T 1.8}$$

$$c = -118{,}56 \cdot 10^{-12} \frac{1}{(°C)^2}, \quad d = 154{,}84 \cdot 10^{-15} \frac{1}{(°C)^3} \tag{T 1.8}$$

$$\left.\alpha_m\right|_{400\,°C}^{600\,°C} = \frac{1}{(600\,°C - 400\,°C)} \Big[22{,}69 \cdot 10^{-6} (600\,°C - 400\,°C)$$

$$+ \frac{39{,}02 \cdot 10^{-9}}{2} \frac{1}{°C} \left((600\,°C)^2 - (400\,°C)^2 \right)$$

$$+ \frac{-118{,}56 \cdot 10^{-12}}{3} \frac{1}{(°C)^2} \left((600\,°C)^3 - (400\,°C)^3 \right)$$

$$+ \frac{154{,}84 \cdot 10^{-15}}{4} \frac{1}{(°C)^3} \left((600\,°C)^4 - (400\,°C)^4 \right) \Big] \frac{1}{K}$$

$$\left.\alpha_m\right|_{400\,°C}^{600\,°C} = \frac{1}{200} [0{,}004\,538 + 0{,}003\,902 - 0{,}006\,007 + 0{,}004\,026] \frac{1}{K}$$

$$\left.\alpha_m\right|_{400\,°C}^{600\,°C} = 32{,}3 \cdot 10^{-6} \frac{1}{K}$$

$$l_2 - l_1 \approx 500 \text{ mm} \cdot 32{,}3 \cdot 10^{-6} \frac{1}{\cancel{K}} (600 - 400)\,\cancel{K}$$

$$\underline{l_2 - l_1 = 3{,}23 \text{ mm}}$$

Beispiel 1.5

Wie groß ist die Längenänderung einer 30 cm langen Schubstange aus Quarzglas in einem Schubstangendilatometer bei einer Temperaturänderung von 100 °C auf 200 °C ?

Gegeben: $l_1 = 30$ cm , $t_1 = 100$ °C , $t_2 = 200$ °C , Quarzglas

Gesucht: $l_2 - l_1$

$$l_2 - l_1 \approx l_1 \, \alpha_m \big|_{t_1}^{t_2} (t_2 - t_1) \qquad \text{(Gl 1.40)}$$

$$\alpha_m \big|_{t_1}^{t_2} = \frac{\alpha_m \big|_{0\,°C}^{t_2} \cdot t_2 - \alpha_m \big|_{0\,°C}^{t_2} \cdot t_1}{t_2 - t_1} \qquad \text{(Gl 1.38)}$$

$$\alpha_m \big|_{0\,°C}^{200\,°C} = 0{,}6 \cdot 10^{-6} \, \frac{1}{K} \, , \qquad \text{(T 1.7)}$$

$$\alpha_m \big|_{0\,°C}^{100\,°C} = 0{,}5 \cdot 10^{-6} \, \frac{1}{K} \qquad \text{(T 1.7)}$$

$$\alpha_m \big|_{100\,°C}^{200\,°C} = \frac{0{,}6 \cdot 10^{-6} \, \frac{1}{K} \cdot 200\,°C - 0{,}5 \cdot 10^{-6} \, \frac{1}{K} \cdot 100\,°C}{100\,K}$$

$$\alpha_m \big|_{100\,°C}^{200\,°C} = 0{,}7 \cdot 10^{-6} \, \frac{1}{K}$$

$$l_2 - l_1 \approx 300 \text{ mm} \; 0{,}7 \cdot 10^{-6} \, \frac{1}{\cancel{K}} \, (200 - 100)\cancel{K} = 0{,}021 \text{ mm}$$

Aufgabe 1.17

Die Temperatur einer Flüssigkeit wird mit einem ganz eintauchend justierten Quecksilberthermometer ($\gamma_{m\,Hg} \big|_{20\,°C}^{t_f} = 182 \cdot 10^{-6}$ 1/K) gemessen. Der Flüssigkeitsspiegel liegt in Höhe der 25-°C-Markierung des Thermometers. Das Thermometer zeigt eine Temperatur von 55 °C an. Die Umgebungstemperatur sei 20 °C.

Welche Temperatur hat die Flüssigkeit?

(Vereinfachend soll angenommen werden, dass der eintauchende Teil des Quecksilberfadens die Temperatur der Flüssigkeit und der herausragende Teil des Quecksilberfadens die Temperatur der Umgebung hat, dass also in Höhe des Flüssigkeitsspiegels ein Temperatursprung vorhanden ist.)

2 Erster Hauptsatz der Thermodynamik

2.1 Energieerhaltung, Energiebilanz

2.2 Arbeit am geschlossenen System

Beispiel 2.1

Eine Glaskapillare mit einer inneren Querschnittsfläche von 5 mm² ist auf der einen Seite zugeschmolzen und auf der anderen Seite durch einen 10 cm langen Quecksilberfaden (ρ_{Hg} = 13 590 kg/m³) verschlossen. Der von der Glaskapillaren und dem Quecksilber begrenzte Raum ist mit Stickstoff gefüllt. Stickstoff soll näherungsweise als ideales Gas angenommen werden. Der Umgebungsdruck beträgt 98 kPa, die Umgebungstemperatur 22 °C.

a) Liegt die Kapillare waagerecht, beträgt die Länge des eingeschlossenen Gasvolumens 50 cm. Berechnen Sie für diese Lage die Dichte des Gases ($t_{Gas} = t_{amb}$).

b) Die Glaskapillare wird nun senkrecht gestellt mit der zugeschmolzenen Seite nach unten. Welche Länge hat nun das eingeschlossene Gasvolumen ($t_{Gas} = t_{amb}$)?

In der senkrechten Lage wird nun die Temperatur des Gases um 78 K erhöht.

c) Welche Länge hat nun das eingeschlossene Gasvolumen?

d) Wie groß ist die verrichtete Volumenänderungsarbeit?

e) Welche Arbeit wird am Quecksilber verrichtet?

<u>Gegeben:</u>

A = 5 mm²
p_{amb} = 98 kPa
$t_{amb} = t_1$ = 22 °C
ρ_{Hg} = 13 590 kg/m³
l_{Hg} = 10 cm
l_1 = 50 cm

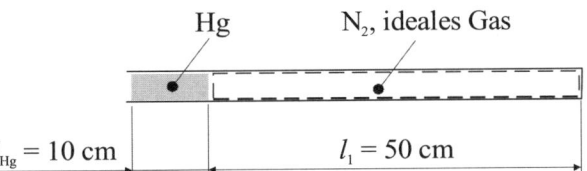

Zu a): <u>Gesucht:</u> ρ_1

Thermische Zustandsgleichung des idealen Gases:

(Gl 1.16) $\quad p_1 V_1 = m R_i T_1 \quad\quad | : m$

$$v = \frac{V}{m} \quad \to \quad \frac{V_1}{m} = v_1 \quad\quad \text{(Gl 1.1)}$$

$$p_1 v_1 = R_i T_1 \quad\quad | \cdot \rho : (R_i T_1)$$

$$\rho = \frac{1}{v} \quad \to \quad v_1 = \frac{1}{\rho_1} \quad\quad \text{(Gl 1.2)}$$

$$\rho_1 = \frac{p_1}{R_i T_1}$$

$R_i = 296{,}8 \text{ J/(kg K)}$ \hfill (T 1.5)

Kräftegleichgewicht am Quecksilberfaden
(Haftungskräfte werden vernachlässigt):

$$\sum F_{ix} = 0: p_{amb}A - p_1 A = 0 \rightarrow p_1 = p_{amb}$$

$$\rho_1 = \frac{98 \cdot 10^3 \text{ Pa}}{296{,}8 \cdot 295{,}15 \text{ K}} \frac{\text{kg K}}{\text{J}} \frac{N}{\text{Pa m}^2} \frac{J}{N\,m}$$

$$\underline{\rho_1 = 1{,}1187 \frac{\text{kg}}{\text{m}^3}}$$

Zu b): <u>Gegeben</u>: $t_2 = t_{amb} = 22\ °C$ \hspace{1em} <u>Gesucht</u>: l_2

(Gl 1.7) \hspace{1em} $p_2 = p_{amb} + \rho_{Hg}\, g\, h$

Die Längenänderung des Quecksilberfadens
hat keine Auswirkung auf den Druck.
$\rho_{Hg} = 13\,590 \text{ kg/m}^3$
$h = l_{Hg} = 10 \text{ cm}$
$g = 9{,}81 \text{ m/s}^2$

$$p_2 = 98 \cdot 10^3 \text{ Pa} + 13\,590 \frac{\text{kg}}{\text{m}^3}\, 9{,}81 \frac{\text{m}}{\text{s}^2}\, 0{,}1\text{m} \frac{N s^2}{\text{kg m}} \frac{\text{Pa m}^2}{N}$$

$$p_2 = 111\,332 \text{ Pa}$$

Kompression bei konstanter Temperatur $1 \rightarrow 2$:

(Gl 1.17) \hspace{1em} $p_2 V_2 = p_1 V_1$

$$p_2\, l_2\, A = p_1\, l_1\, A \hspace{2em} |: p_2$$

$$\underline{l_2 = \frac{p_1}{p_2} l_1 = \frac{98 \cdot 10^3 \text{ Pa}}{111\,332 \text{ Pa}}\, 50 \text{ cm} = 44{,}01 \text{ cm}}$$

Zu c): <u>Gegeben</u>: $t_3 - t_2 = 78 \text{ K}$ \hspace{1em} <u>Gesucht</u>: l_3

Temperaturerhöhung bei konstantem Druck $2 \rightarrow 3$:

(Gl 1.18) \hspace{1em} $\dfrac{V_1}{V_2} = \dfrac{T_1}{T_2}$

2.2 Arbeit am geschlossenen System

$$\frac{V_3}{V_2} = \frac{T_3}{T_2}$$

$$\frac{l_3 \cancel{A}}{l_2 \cancel{A}} = \frac{T_3}{T_2} \qquad \qquad |\cdot l_2$$

$$l_3 = \frac{T_3}{T_2} l_2 = \frac{373{,}15 \cancel{K}}{295{,}15 \cancel{K}} \; 44{,}01 \text{ cm} = 55{,}64 \text{ cm}$$

Zu d): Gesucht: W_{v23}

Temperaturerhöhung bei konstantem Druck $2 \to 3$:

(Gl 2.1) $\qquad W_{v23} = -\int_2^3 p \, dV$

$\qquad \qquad |\, p = \text{const}$

$$W_{v23} = p \, (V_2 - V_3) = p \, (l_2 - l_3) \, A$$

$$W_{v23} = 111\,332 \, \cancel{Pa} \; (0{,}4401 - 0{,}5564) \, \cancel{m} \; 5 \frac{\cancel{m^2}}{10^6} \frac{\cancel{N}}{\cancel{Pa}\,\cancel{m^2}} \frac{J}{\cancel{N}\,\cancel{m}}$$

$$\underline{\underline{W_{v23} = -\,0{,}0647 \text{ J}}}$$

Zu e): Gesucht: W_{Hg}

$$W_{Hg} = m_{Hg}\, g\, \Delta h$$

$\qquad \left| \; \rho = \frac{m}{V} = \frac{m}{l\,A} \; \to \; m_{Hg} = \rho_{Hg}\, l_{Hg}\, A \right. \qquad$ (Gl 1.2)

$$W_{Hg} = \rho_{Hg}\, l_{Hg}\, A\, g\, (l_3 - l_2)$$

$$W_{Hg} = 13\,590 \, \frac{kg}{\cancel{m^3}} \; 0{,}1 \, \cancel{m} \; 5 \, \frac{\cancel{m^2}}{10^6} \; 9{,}81 \, \frac{\cancel{m}}{\cancel{s^2}}$$

$$\cdot \; (0{,}5564 - 0{,}4401)\,\cancel{m} \, \frac{\cancel{N}\,\cancel{s^2}}{\cancel{kg}\,\cancel{m}} \, \frac{J}{\cancel{N}\,\cancel{m}}$$

$$\underline{\underline{W_{Hg} = 0{,}007752 \text{ J}}}$$

alternativ:

$$W_{n12} = -\int_1^2 (p - p_b) \, dV \qquad \qquad \text{(Gl 2.6)}$$

$\left| \begin{array}{l} p = p_2 = \text{const} \\ \text{Die thermische Ausdehnung des Quecksilberfadens} \\ \text{hat keine Auswirkung auf den Druck.} \\ p_b = p_{\text{amb}} \end{array} \right.$

$W_{n23} = (p_2 - p_{\text{amb}})(V_2 - V_3)$

$W_{n23} = (p_2 - p_{\text{amb}})(l_2 - l_3) A$

$W_{n23} = (111\,332 - 98\,000)\,\text{Pa}\,(0{,}4401 - 0{,}5561)\,\text{m}\,5\,\dfrac{\text{m}^2}{10^6}$

$W_{n23} = -13\,332\,\cancel{\text{Pa}}\,\dfrac{0{,}58\,\cancel{\text{m}^3}}{10^6}\,\dfrac{\cancel{\text{N}}}{\cancel{\text{Pa}}\,\cancel{\text{m}^2}}\,\dfrac{\text{J}}{\cancel{\text{N}}\cancel{\text{m}}}$

$\underline{\underline{W_{n23} = -\,0{,}007752\,\text{J}}}$

Aufgabe 2.1

Ein Niederdruckspeicher besteht aus einem zylindrischen Behälter und einer Scheibe, die wie ein Kolben das Gas (ideales Gas) im Zylinder von der Atmosphäre oberhalb der Scheibe trennt. Die Scheibe wird gegenüber dem Zylinder durch eine Rollmembran abgedichtet. Sie wirkt mit einer Gewichtskraft von 750 kN auf das Gas. Die Querschnittsfläche des Zylinders beträgt 250 m² und der Umgebungsdruck 101 kPa.

a) Welcher Druck herrscht im Gas?

Das Gas erwärmt sich infolge Sonneneinstrahlung. Dabei wird die Scheibe reibungsfrei um 10 cm angehoben.

b) Wie groß ist die verrichtete Volumenänderungsarbeit?
c) Welche Nutzarbeit wird bei dieser Erwärmung vom Gas abgegeben?

2.3 Innere Energie

Aufgabe 2.2

In einem adiabaten Zylinder sind von einem Kolben 10 kg Stickstoff bei 200 kPa und 20 °C eingeschlossen. Stickstoff soll näherungsweise als ideales Gas angenommen werden. Durch Zufuhr von 50 kJ Dissipationsenergie, bei konstant bleibendem Druck, erhöht sich die Temperatur um 40 K.

a) Wie groß ist die abgegebene Volumenänderungsarbeit?
b) Um welchen Wert ändert sich die innere Energie des Gases?
c) Skizzieren Sie die Zustandsänderung in einem p,V-Diagramm und tragen Sie die Volumenänderungsarbeit als Fläche ein.

2.4 Wärme

Aufgabe 2.3

In einem Zylinder befindet sich Luft, die durch einen konstant belasteten Zylinder auf einen Druck von 200 kPa gehalten wird. Durch Zufuhr von 200 kJ Wärme vergrößert sich das Volumen der Luft reversibel um 100 l.
Wie groß ist die Änderung der inneren Energie?

2.5 Arbeit am offenen System und Enthalpie

Beispiel 2.2

In einem gekühlten Verdichter werden pro Sekunde 2 kg Luft komprimiert. Luft soll näherungsweise als ideales Gas angenommen werden. Die Luft tritt mit 100 kPa und 20 °C in den Verdichter ein und verlässt ihn mit 500 kPa und 191,52 °C. Dabei wird der Luft eine technische Leistung von 386,16 kW zugeführt. 41,82 kW werden dissipiert. Durch die Kühlung wird der Luft ein Wärmestrom von 41,82 kW entzogen. Die Änderung der kinetischen und der potenziellen Energie soll vernachlässigt werden.

a) Wie groß ist der reversible Anteil der technischen Leistung?
b) Wie ändert sich der Enthalpiestrom der Luft während des Durchströmens?
c) Wie groß ist die Änderung des inneren Energiestroms?

Gegeben:

$\dot{W}_{diss12} = 41{,}82$ kW

$c_2 \approx c_1$, $z_2 = z_1$

Luft, ideales Gas

$\dot{m} = 2$ kg/s

$\dot{W}_{t12} = 386{,}16$ kW $\dot{Q}_{12} = -41{,}82$ kW

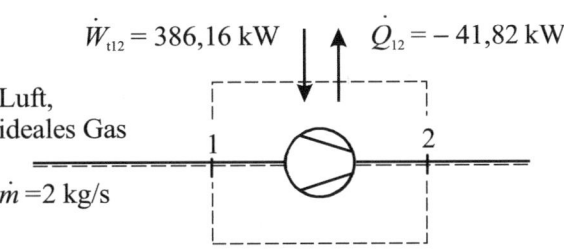

$p_1 = 100$ kPa $p_2 = 500$ kPa
$t_1 = 20$ °C $t_2 = 191{,}52$ °C

Zu a):   Gesucht: $\dot{W}_{t12}^{rev}$

$W_{t12} = W_{t12}^{rev} + W_{diss12}$ $\left| \dfrac{d}{d\tau} \right.$ (Gl 2.11)

$\dot{W}_{t12} = \dot{W}_{t12}^{rev} + \dot{W}_{diss12}$ $\left| -\dot{W}_{diss12} \right.$

$\dot{W}_{t12}^{rev} = \dot{W}_{t12} - \dot{W}_{diss12} = (386{,}16 - 41{,}82)$ kW

$\underline{\underline{\dot{W}_{t12}^{rev} = 344{,}34 \text{ kW}}}$

Zu b): Gesucht: $\dot{H}_2 - \dot{H}_1$

1. HS der Thermodynamik für offene Systeme:

$$W_{t12}^* + Q_{12} = H_2 - H_1 + \frac{m}{2}\cancel{(c_2^2 - c_1^2)} - \cancel{mg\,(z_2 - z_1)} \qquad \text{(Gl 2.17)}$$

| Vernachlässigung der Änderung der kinetischen und der potenziellen Energie.

$$W_{t12} + Q_{12} = H_2 - H_1 \qquad \left|\frac{d}{d\tau}(\ )\right.$$

$$\dot{W}_{t12} + \dot{Q}_{12} = \dot{H}_2 - \dot{H}_1$$

$$\underline{\underline{\dot{H}_2 - \dot{H}_1 = (386{,}16 - 41{,}82)\ \text{kW} = 344{,}34\ \text{kW}}}$$

Zu c): Gesucht: $\dot{U}_2 - \dot{U}_1$

Definition der Enthalpie:

$$H = U + pV \qquad \left|\frac{d}{d\tau}(\ )\right. \qquad \text{(Gl 2.12)}$$

$$\dot{H} = \dot{U} + p\dot{V}$$

$$\dot{H}_2 - \dot{H}_1 = \dot{U}_2 + p_2\dot{V}_2 - (\dot{U}_1 + p_1\dot{V}_1)$$

$$\dot{H}_2 - \dot{H}_1 = \dot{U}_2 - \dot{U}_1 + p_2\dot{V}_2 - p_1\dot{V}_1 \qquad \left|-p_2\dot{V}_2 + p_1\dot{V}_1\right.$$

$$\dot{U}_2 - \dot{U}_1 = \dot{H}_2 - \dot{H}_1 - p_2\dot{V}_2 + p_1\dot{V}_1$$

| Thermische Zustandsgleichung des idealen Gases:

$$pV = mR_i T \qquad \left|\frac{d}{d\tau}(\ )\right. \qquad \text{(Gl 1.16)}$$

$$p\dot{V} = \dot{m}R_i T \qquad \left|:p\right.$$

$$\dot{V}_1 = \frac{\dot{m}R_i T_1}{p_1}$$

| $R_i = 287{,}2\ \text{J/(kg K)}$ \qquad (T 1.5)

$$\dot{V}_1 = \frac{2\ \cancel{\text{kg}}\ 287{,}2\ \cancel{\text{J}}\ 293{,}15\ \cancel{\text{K}}}{\text{s}\qquad \cancel{\text{kg K}}\ 100\cdot 10^3\ \cancel{\text{Pa}}} \cdot \frac{\cancel{\text{N}}\ \text{m}\ \cancel{\text{Pa}}\ \text{m}^2}{\cancel{\text{J}}\ \cancel{\text{N}}}$$

$$\dot{V}_1 = 1{,}684\ \frac{\text{m}^3}{\text{s}}$$

$$\dot{V}_2 = \frac{2\ \cancel{\text{kg}}\ 287{,}2\ \cancel{\text{J}}\ 464{,}67\ \cancel{\text{K}}}{\text{s}\qquad \cancel{\text{kg K}}\ 500\cdot 10^3\ \cancel{\text{Pa}}} \cdot \frac{\cancel{\text{N}}\ \text{m}\ \cancel{\text{Pa}}\ \text{m}^2}{\cancel{\text{J}}\ \cancel{\text{N}}} = 0{,}534\ \frac{\text{m}^3}{\text{s}}$$

$$\dot{U}_2 - \dot{U}_1 = 344\,340 \text{ W} + (-500 \cdot 10^3 \cdot 0{,}534 + 100 \cdot 10^3 \cdot 1{,}684) \text{ Pa} \frac{\text{m}^3}{\text{s}}$$

$$\dot{U}_2 - \dot{U}_1 = 344\,340 \text{ W} + 98\,521 \text{ Pa} \frac{\text{m}^3}{\text{s}} \frac{\text{N}}{\text{Pa m}^2} \frac{\text{J}}{\text{N m}} \frac{\text{W s}}{\text{J}}$$

$$\dot{U}_2 - \dot{U}_1 = 245\,819 \text{ W} \frac{\text{kW}}{\text{W} \cdot 1000} = 245{,}819 \text{ kW}$$

Aufgabe 2.4

In einer Turbine werden stündlich 10 000 kg Helium von 3,5 MPa, 950 °C adiabat auf 500 kPa, 480 °C irreversibel expandiert. Helium soll näherungsweise als ideales Gas angenommen werden Dabei wird eine Leistung von 6779,75 kW abgegeben und eine Leistung von 4104,61 kW dissipiert. Die Änderung der kinetischen und der potenziellen Energie soll vernachlässigt werden.

a) Wie groß ist die Änderung des Enthalpiestromes?
b) Wie groß ist die reversible technische Leistung?

2.6 Formulierungen des ersten Hauptsatzes der Thermodynamik

Aufgabe 2.5

In einem Druckbehälter befindet sich 1 kmol eines idealen Gases bei einer Temperatur von 20 °C. Das Manometer zeigt einen Druck von 400 kPa an. Der Umgebungsdruck beträgt 101,3 kPa. $R_i = 4122$ J/(kg K).

a) Wie groß ist das Behältervolumen?
b) Wie groß ist das spezifische Volumen des Gases?

Durch Zufuhr von 623,6 kJ Wärme steigt der Druck im Behälter. Das Manometer zeigt nun eine Druck von 485,5 kPa an.

c) Wie groß ist die Änderung der inneren Energie des Gases?
d) Wie groß ist die Änderung der Enthalpie?

Aufgabe 2.6

In einem offenen System werden pro Sekunde 10 kg Luft von 100 kPa, 20 °C reibungsbehaftet, adiabat auf 500 kPa, 300 °C verdichtet. Luft soll näherungsweise als ideales Gas angenommen werden. Dabei wird eine Leistung von 2814,56 kW zugeführt und eine Leistung von 884,13 kW dissipiert. Die Änderung der kinetischen und der potenziellen Energie soll vernachlässigt werden.

a) Wie groß ist die reversible technische Leistung?
b) Wie groß ist die Änderung des Enthalpiestromes und
c) die Änderung des Stromes der inneren Energie?

2.7 Kalorische Zustandsgleichungen

2.7.1 Kalorische Zustandsgleichungen eines homogenen Systems

2.7.2 Spezifische Wärmekapazitäten eines homogenen Systems

Beispiel 2.3

a) Berechnen Sie die mittlere spezifische Wärmekapazität bei konstantem Druck von Luft für den Temperaturbereich von 40 °C bis 200 °C. Luft soll näherungsweise als ideales Gas angenommen werden.
b) Vergleichen Sie das Ergebnis mit der wahren spezifischen Wärmekapazität bei der mittleren Temperatur und
c) mit dem arithmetischen Mittelwert der wahren spezifischen Wärmekapazitäten von 40 °C und 200 °C.

Zu a): Gesucht: $c_{pm}\big|_{40\,°C}^{200\,°C}$

$$c_m\big|_{T_1}^{T_2} = \frac{1}{T_2 - T_1}\left[a(T_2 - T_1) + \frac{b}{2}(T_2^2 - T_1^2) + \frac{c}{3}(T_2^3 - T_1^3)\right.$$
$$\left. + \frac{d}{4}(T_2^4 - T_1^4) + \frac{e}{5}(T_2^5 - T_1^5)\right] \qquad \text{(Gl 2.39)}$$

$a = 1{,}0679 \text{ kJ/(kg K)}$, (T 2.2)

$b = -0{,}5378 \cdot 10^{-3} \text{ kJ/(kg K}^2)$, (T 2.2)

$c = 1{,}3544 \cdot 10^{-6} \text{ kJ/(kg K}^3)$, (T 2.2)

$d = -9{,}8872 \cdot 10^{-10} \text{ kJ/(kg K}^4)$, (T 2.2)

$e = 2{,}4484 \cdot 10^{-13} \text{ kJ/(kg K}^5)$ (T 2.2)

$$c_{pm}\big|_{40\,°C}^{200\,°C} = \frac{1}{(473{,}15 - 313{,}15)\text{ K}}\left[1{,}0679\,\frac{\text{kJ}}{\text{kg}\,\cancel{\text{K}}}(473{,}15 - 313{,}15)\,\cancel{\text{K}}\right.$$
$$- \frac{0{,}5378 \cdot 10^{-3}}{2}\,\frac{\text{kJ}}{\text{kg}\,\cancel{\text{K}^2}}(473{,}15^2 - 313{,}15^2)\,\cancel{\text{K}^2}$$
$$+ \frac{1{,}3544 \cdot 10^{-6}}{3}\,\frac{\text{kJ}}{\text{kg}\,\cancel{\text{K}^3}}(473{,}15^3 - 313{,}15^3)\,\cancel{\text{K}^3}$$
$$- \frac{9{,}8872 \cdot 10^{-10}}{4}\,\frac{\text{kJ}}{\text{kg}\,\cancel{\text{K}^4}}(473{,}15^4 - 313{,}15^4)\,\cancel{\text{K}^4}$$

2.7 Kalorische Zustandsgleichungen

$$+\frac{2{,}4484 \cdot 10^{-13}}{5} \frac{kJ}{kg\,K^5} \left(473{,}15^5 - 313{,}15^5\right) K^5 \Bigg]$$

$$c_{pm}\Big|_{40\,°C}^{200\,°C} = 1012{,}4643 \frac{J}{kg\,K}$$

Zu b): <u>Gesucht</u>: $c_p(t_m)$

$$c = a + bT + cT^2 + dT^3 + eT^4 \qquad \text{(Gl 2.35)}$$

$$\bigg| \; t_m = \frac{40\,°C + 200\,°C}{2} = 120\,°C$$

$$c_p(120\,°C) = 1{,}0679 \frac{kJ}{kg\,K} - 0{,}5378 \cdot 10^{-3} \frac{kJ}{kg\,K^2} 393{,}15\,K$$

$$+ 1{,}3544 \cdot 10^{-6} \frac{kJ}{kg\,K^3} 393{,}15^2\,K^2$$

$$- 9{,}8872 \cdot 10^{-10} \frac{kJ}{kg\,K^4} 393{,}15^3\,K^3$$

$$+ 2{,}4484 \cdot 10^{-13} \frac{kJ}{kg\,K^5} 393{,}15^4\,K^4$$

$$c_p(120\,°C) = 1011{,}5763 \frac{J}{kg\,K}$$

Zu c): <u>Gesucht</u>: $c_{pm} = \left(c_p(200\,°C) + c_p(40\,°C)\right)/2$

$$c = a + bT + cT^2 + dT^3 + eT^4 \qquad \text{(Gl 2.35)}$$

$$c_p(40\,°C) = 1{,}0679 \frac{kJ}{kg\,K} - 0{,}5378 \cdot 10^{-3} \frac{kJ}{kg\,K^2} 313{,}15\,K$$

$$+ 1{,}3544 \cdot 10^{-6} \frac{kJ}{kg\,K^3} 313{,}15^2\,K^2$$

$$- 9{,}8872 \cdot 10^{-10} \frac{kJ}{kg\,K^4} 313{,}15^3\,K^3$$

$$+ 2{,}4484 \cdot 10^{-13} \frac{kJ}{kg\,K^5} 313{,}15^4\,K^4 = 1004{,}2968 \frac{J}{kg\,K}$$

$$c_p(200\,°C) = 1{,}0679 \frac{kJ}{kg\,K} - 0{,}5378 \cdot 10^{-3} \frac{kJ}{kg\,K^2} 473{,}15\,K$$

$$+1{,}3544 \cdot 10^{-6} \frac{kJ}{kg\,K^3} 473{,}15^2\,K^2$$

$$-9{,}8872 \cdot 10^{-10} \frac{kJ}{kg\,K^4} 473{,}15^3\,K^3$$

$$+2{,}4484 \cdot 10^{-13} \frac{kJ}{kg\,K^5} 473{,}15^4\,K^4 = 1024{,}1919 \frac{J}{kg\,K}$$

$$c_{pm} = \frac{c_p(200\,°C) + c_p(40\,°C)}{2} = \frac{1024{,}1919 + 1004{,}2968}{2} \frac{J}{kg\,K}$$

$$c_{pm} = 1014{,}2444 \frac{J}{kg\,K}$$

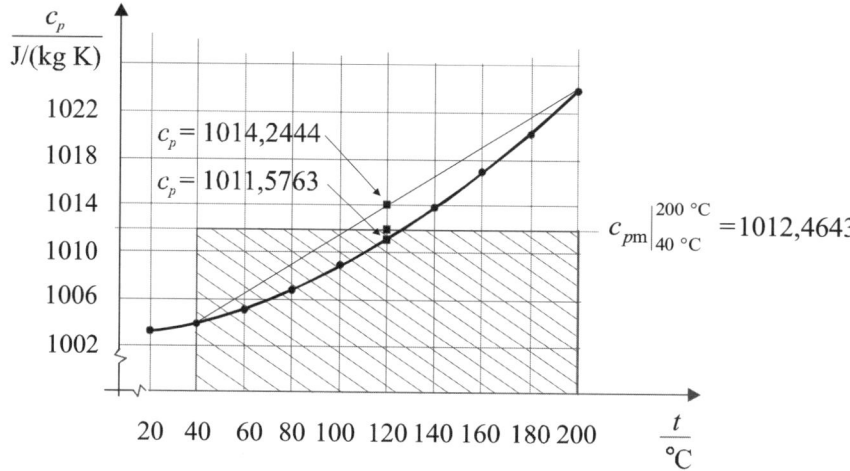

Die mittlere spezifische Wärmekapazität $c_{pm}\big|_{40\,°C}^{200\,°C} = 1012{,}4643$ J/(kg K) kann nur in grober Näherung durch die wahre spezifische Wärmekapazität bei der mittleren Temperatur $c_p(120\,°C) = 1011{,}5763$ J/(kg K) oder durch die durch eine lineare Interpolation berechnete mittlere spezifische Wärmekapazität $c_{pm} = 1014{,}2444$ J/(kg K) ersetzt werden. Die Abweichung dieser Näherungen hängt vom Verlauf der Funktion der wahren spezifischen Wärmekapazität über der Temperatur ab.

Aufgabe 2.7

Berechnen Sie die mittlere spezifische Wärmekapazität bei konstantem Druck für Stickstoff für den Temperaturbereich von 27 °C bis 500 °C. Stickstoff soll näherungsweise als ideales Gas angenommen werden.

2.7 Kalorische Zustandsgleichungen

Aufgabe 2.8

Ein Aluminiumklotz mit einer Masse von 800 g wird von 100 °C auf 300 °C erwärmt.
a) Ermitteln Sie die mittlere spezifische Wärmekapazität für diese Zustandsänderung.
b) Wie groß ist die aufgenommene Wärme?

2.7.3 Kalorische Zustandsgleichungen des idealen Gases

Aufgabe 2.9

Schwefeldioxid wird in einem offenen System bei konstantem Druck von 100 °C auf 200 °C erwärmt. Schwefeldioxid soll näherungsweise als ideales Gas angenommen werden.

Wie ändert sich dabei die spezifische Enthalpie?

2.7.4 Spezifische Wärmekapazitäten des idealen Gases

Beispiel 2.4

In einem adiabaten, geschlossenen Behälter von 10 m³ befindet sich ideales Gas mit der molaren Masse 25 kg/kmol. Ein Manometer zeigt den Behälterdruck mit 600 kPa an. Die Temperatur beträgt 20 °C. Der atmosphärische Bezugsdruck sei 99 kPa. Durch eine im Inneren des Behälters befindliche elektrische Heizung mit 3,5 kW Anschlussleistung, die 10 Minuten lang eingeschaltet wird, steigt die Temperatur auf 50 °C an. Ermitteln Sie:
a) die Stoffmenge im Behälter in kmol,
b) die Gasmasse im Behälter,
c) das Normvolumen des Gases im Behälter,
d) die spezielle Gaskonstante des Gases,
e) die Dichte des Gases vor der Beheizung,
f) die Normdichte des Gases,
g) die Druckanzeige des Manometers nach der Beheizung,
h) die spezifische Wärmekapazität bei konstantem Volumen und bei konstantem Druck und
i) den mittleren Isentropenexponenten.

Gegeben:

$t_2 = 50\,°C$

Ideales Gas, $M = 25\,\dfrac{kg}{kmol}$

$V = 10\,m^3$

$t_1 = 20\,°C$

$p_{el} = 600\,kPa$

$p_{amb} = 99\,kPa$

$P_{el} = 3{,}5\,kW$

$\tau = 10\,min$

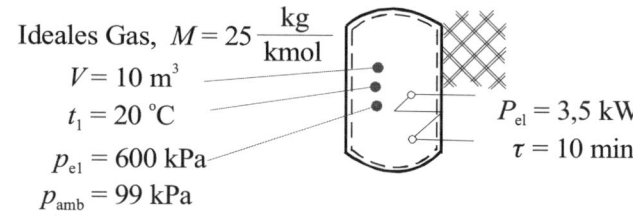

Zu a): Gesucht: n

Thermische Zustandsgleichung des idealen Gases:

$pV = mR_i T$ \hfill (Gl 1.16)

$\quad | \ mR_i = nR_m$ \hfill (Gl 1.31) u. (Gl 1.19)

$pV = nR_m T$ \hfill $|:(R_m T)$

$n = \dfrac{p_1 V}{R_m T_1}$ \hfill (1)

$\quad | \ R_m = 8314{,}51\ \text{J/(kmol K)}$ \hfill (Gl 1.30)

$\quad | \ p_1 = p_{amb} + p_{el} = 99\,kPa + 600\,kPa = 699\,kPa$ \hfill (Gl 1.6)

$n = \dfrac{699 \cdot 10^3\ \cancel{Pa}\ \ 10\ \cancel{m^3}\ \ kmol\ \cancel{K}}{8314{,}51\ \ 293{,}15\ \cancel{K}\ \ \cancel{J}} \cdot \dfrac{\cancel{N}}{\cancel{Pa}\,\cancel{m^2}} \cdot \dfrac{\cancel{J}}{\cancel{N}\,\cancel{m}}$

$\underline{\underline{n = 2{,}8678\,kmol}}$

Zu b): Gesucht: m

$m = nM$ \hfill (Gl 1.19)

$\underline{\underline{m = 2{,}8679\,kmol\ \ 25\,\dfrac{kg}{kmol} = 71{,}695\,kg}}$

Zu c): Gesucht: V_n

$V_n = n V_{mn}$ \hfill (Gl 1.22)

$\quad | \ V_{mn} = 22{,}4\,m^3/kmol$ \hfill (Gl 1.21)

$\underline{\underline{V_n = 2{,}8679\,kmol\ \ 22{,}4\,\dfrac{m^3}{kmol} = 64{,}239\,m^3}}$

alternativ:

Thermische Zustandsgleichung des idealen Gases:

$pV = mR_i T$ \hfill (Gl 1.16)

2.7 Kalorische Zustandsgleichungen

$$\left| mR_i = nR_m \right. \quad \text{(Gl 1.31) u. (Gl 1.19)}$$

$$pV = nR_m T$$

$$p_n V_n = nR_m T_n \quad \left| :p_n \right.$$

$$V_n = \frac{nR_m T_n}{p_n}$$

$$\left| n = \frac{p_1 V}{R_m T_1} \right. \quad (1)$$

$$\underline{\underline{V_n = \frac{p_1}{p_n} \frac{T_n}{T_1} V}} = \frac{699}{101,325} \frac{273,15}{293,15} \, 10 \text{ m}^3 = \underline{\underline{64,279 \text{ m}^3}}$$

$$\left| \begin{array}{l} p_1 = p_{\text{amb}} + p_{el} = 99 \text{ kPa} + 600 \text{ kPa} = 699 \text{ kPa} \quad \text{(Gl 1.6)} \\ p_n = 101,325 \text{ kPa} \quad \text{(T 1.6)} \\ T_n = 273,15 \text{ kPa} \quad \text{(T 1.6)} \end{array} \right.$$

Zu d): <u>Gesucht</u>: R_i

$$R_i = \frac{R_m}{M} \quad \text{(Gl 1.31)}$$

$$\underline{\underline{R_i}} = \frac{8314,51}{25} \frac{\text{J}}{\text{kmol K}} \frac{\cancel{\text{kmol}}}{\text{kg}} = \underline{\underline{332,5804 \frac{\text{J}}{\text{kg K}}}}$$

Zu e): <u>Gesucht</u>: ρ_1

Thermische Zustandsgleichung des idealen Gases:

$$pV = mR_i T \quad \left| :m \right. \quad \text{(Gl 1.16)}$$

$$pv = R_i T$$

$$\left| \rho = \frac{1}{v} \right. \quad \text{(Gl 1.2)}$$

$$\frac{p}{\rho} = R_i T \quad \left| \cdot \frac{\rho}{R_i T} \right.$$

$$\rho = \frac{p}{R_i T}$$

$$\underline{\underline{\rho_1}} = \frac{699 \cdot 10^3 \, \cancel{\text{Pa}} \quad \text{kg} \, \cancel{\text{K}}}{332,5804 \, \cancel{\text{J}} \quad 293,15 \, \cancel{\text{K}}} \frac{\cancel{\text{N}}}{\cancel{\text{Pa}} \, \text{m}^2} \frac{\cancel{\text{J}}}{\cancel{\text{N}} \, \text{m}}$$

$$\rho_1 = 7{,}1695 \ \frac{\text{kg}}{\text{m}^3}$$

Zu f): Gesucht: ρ_n

$$\rho = \frac{m}{V} \qquad (\text{Gl 1.2})$$

(Gl 1.26) $\quad \rho_n = \dfrac{m}{V_n} = \dfrac{71{,}695 \ \text{kg}}{64{,}239 \ \text{m}^3} = 1{,}116 \dfrac{\text{kg}}{\text{m}^3}$

Zu g): Gesucht: p_{2e}

Thermische Zustandsgleichung des idealen Gases:

(Gl 1.16) $\quad p_2 V = m R_i T_2$
(Gl 1.16) $\quad p_1 V = m R_i T_1 \qquad \Big| :$

$$\frac{p_2}{p_1} = \frac{T_2}{T_1} \qquad \Big| \cdot p_1$$

$$p_2 = \frac{T_2}{T_1} p_1 = \frac{323{,}15}{293{,}15} 699 \ \text{kPa} = 770{,}53 \ \text{kPa}$$

(Gl 1.6) $\quad p_{e2} = p_2 - p_{amb} = (770{,}53 - 99) \ \text{kPa} = 671{,}53 \ \text{kPa}$

Zu h): Gesucht: $c_{vm}\Big|_{20\,°C}^{50\,°C}, \ c_{pm}\Big|_{20\,°C}^{50\,°C}$

1. HS der Thermodynamik für geschlossene Systeme:

$$W_{g12} + Q_{12} = U_2 - U_1 \qquad (\text{Gl 2.9})$$

$\Big|$ Adiabate Zustandsänderung: $Q_{12} = 0$
$\Big|$ Kalorische Z. des idealen Gases: $\qquad (\text{Gl 2.44}) \cdot m$
$\Big| \ U_2 - U_1 = m \ c_{vm}\Big|_{20\,°C}^{50\,°C} (T_2 - T_1)$

$$W_{g12} = m \ c_{vm}\Big|_{20\,°C}^{50\,°C} (T_2 - T_1)$$

$\Big| \ W_{g12} = P_{el} \tau$

$$P_{el} \tau = m \ c_{vm}\Big|_{20\,°C}^{50\,°C} (T_2 - T_1) \qquad \Big| : \big[m \ (T_2 - T_1) \big]$$

2.7 Kalorische Zustandsgleichungen

$$c_{vm}\Big|_{20\,°C}^{50\,°C} = \frac{P_{el}\,\tau}{m(T_2 - T_1)}$$

$$c_{vm}\Big|_{20\,°C}^{50\,°C} = \frac{3{,}5 \cdot 10^3\,\text{W} \cdot 10 \cdot 60\,\text{s}}{71{,}695\,\text{kg} \cdot 30\,\text{K}} \frac{\text{J}}{\text{W s}} = 976{,}358\,\frac{\text{J}}{\text{kg K}}$$

$$c_{pm}\Big|_{20\,°C}^{50\,°C} - c_{vm}\Big|_{20\,°C}^{50\,°C} = R_i \qquad\qquad \Big| + c_{vm}\Big|_{20\,°C}^{50\,°C} \qquad \text{(Gl 2.46)}$$

$$c_{pm}\Big|_{20\,°C}^{50\,°C} = c_{vm}\Big|_{20\,°C}^{50\,°C} + R_i$$

$$c_{pm}\Big|_{20\,°C}^{50\,°C} = (976{,}358 + 332{,}5804)\,\frac{\text{J}}{\text{kg K}} = 1308{,}94\,\frac{\text{J}}{\text{kg K}}$$

Zu i): Gesucht: $\kappa_m\Big|_{20\,°C}^{50\,°C}$

$$\kappa_m\Big|_{20\,°C}^{50\,°C} = \frac{c_{pm}\Big|_{20\,°C}^{50\,°C}}{c_{vm}\Big|_{20\,°C}^{50\,°C}} = \frac{1308{,}94}{976{,}358} = 1{,}3406 \qquad \text{(Gl 2.47)}$$

Aufgabe 2.10

Für die Zustandsänderung eines idealen Gases (R_i = 296,8 J/(kg K)) ist der mittlere Isentropenexponent gegeben. Er hat den Wert 1,3913.

a) Bestimmen Sie für diese Zustandsänderung die mittlere spezifische Wärmekapazität bei konstantem Volumen und
b) bei konstantem Druck.

Aufgabe 2.11

In einem durch einen Kolben verschlossenen Zylinder befinden sich 0,197 kg Gas bei 400 kPa und 20 °C. Das Volumen des Gases in diesem Zustand ist 0,3 m³. Das Gas soll näherungsweise als ideales Gas angenommen werden. Dem Gas wird reversibel bei konstantem Druck 40 kJ Wärme zugeführt. Bei dieser Zustandsänderung erhöht sich seine Temperatur um 39,1 K. Der Umgebungsdruck beträgt 100 kPa. Berechnen Sie:

a) die molare Masse,
b) die mittlere isobare spezifische Wärmekapazität,
c) die mittlere isochore spezifische Wärmekapazität und
d) das Normvolumen.

2.7.5 Molare Wärmekapazitäten des idealen Gases

Aufgabe 2.12

Von einem einatomigen idealen Gas ist die molare Masse mit 20,179 kg/kmol bekannt.

a) Geben Sie die Normdichte,
b) das Normvolumen von 1 kg des Gases,
c) die individuelle Gaskonstante,
d) den Isentropenexponenten,
e) die molare Wärmekapazität bei konstantem Druck,
f) die molare Wärmekapazität bei konstantem Volumen,
g) die spezifische Wärmekapazität bei konstantem Druck und
h) die spezifische Wärmekapazität bei konstantem Volumen an.

Aufgabe 2.13

Ein geschlossener Behälter ist mit 15 kmol gasförmigen Propan (Molmasse: $M(C_3H_8) = 44{,}093$ kg/kmol) gefüllt. Propan soll näherungsweise als ideales Gas angenommen werden. Das Propan hat eine Temperatur von 15 °C und einen Druck von 400 kPa.

Berechnen Sie für das Propan:

a) das Volumen,
b) die spezielle Gaskonstante,
c) die Normdichte,
d) die Masse und das
e) Normvolumen.

Bei einer reversiblen, isochoren Zustandsänderung des Gases wird 30 MJ Wärme übertragen. Dadurch erhöht sich die Temperatur des Gases um 30 K. Berechnen Sie für diese Zustandsänderung

f) die mittlere molare Wärmekapazität bei konstantem Volumen und
g) den mittleren Isentropenexponenten.

3 Zweiter Hauptsatz der Thermodynamik

3.1 Definition der Entropie

Beispiel 3.1

Die Luft in einem Stirlingmotor wird bei einer konstanten Temperatur von 40 °C komprimiert. Dabei wird eine Dissipationsenergie von 50 J verrichtet und eine Wärme von 240 J abgeführt.
Wie groß ist die Änderung der Entropie?

<u>Gegeben:</u> $W_{\text{diss}12} = 50$ J, $Q_{12} = -240$ J, $t = 40\,°C$ <u>Gesucht:</u> $S_2 - S_1$

$$S_2 - S_1 = \int_1^2 \frac{dQ + dW_{\text{diss}}}{T} \quad \text{(Gl 3.6)}$$

$$\bigg| T = \text{const}$$

$$S_2 - S_1 = \frac{Q_{12} + W_{\text{diss}12}}{T} = \frac{-240\,\text{J} + 50\,\text{J}}{313{,}15\,\text{K}} = -0{,}6067\,\frac{\text{J}}{\text{K}}$$

3.2 Entropie und zweiter Hauptsatz der Thermodynamik

Aufgabe 3.1

Um das Wasser in einem elektrisch beheizten Speicher auf 50 °C zu halten, ist eine Leistung von 10 W erforderlich.
a) Wie groß ist der mit dem Verlustwärmestrom aus dem Speicher fließende Entropiestrom?
b) Welcher Entropiestrom fließt in die Umgebung ($t_{\text{amb}} = 20\,°C$)?
c) Wie groß ist der bei der Wärmeübertragung vom Speicher an die Umgebung erzeugte Entropiestrom?

3.3 T,S-Diagramm

Aufgabe 3.2

In einem adiabaten Verdichter wird Luft verdichtet. Die Temperatur der Luft ändert sich dabei von 17 °C auf 200 °C. Der Entropiestrom nimmt dabei um 0,878 W/K zu.
Tragen Sie diese Zustandsänderung in ein $T, \dot{S}$-Diagramm ein und kennzeichnen Sie die dissipierte Leistung als Fläche.

3.4 Einfache Zustandsänderungen des idealen Gases

3.4.1 Isochore Zustandsänderung

Beispiel 3.2

In einem Druckbehälter befindet sich 1 kmol eines idealen, einatomigen Gases (spezifische isochore Wärmekapazität 618 J/(kg K)) bei einer Temperatur von 20 °C. Das Manometer zeigt einen Druck von 400 kPa an (p_{amb} = 101,3 kPa).
a) Wie groß ist das Behältervolumen?
b) Wie groß ist das spezifische Volumen des Gases?
c) Um wie viel Grad Celsius steigt die Temperatur bei einer Wärmezufuhr von 623,6 kJ?
d) Welchen Druck zeigt das Manometer nach der Erwärmung an?
e) Wie groß ist die Änderung der inneren Energie des Gases?
f) Wie groß ist die Änderung der Enthalpie?

Zu a): Gegeben:

$$c_v = 618 \frac{J}{kg\,K}$$

ideales Gas, einatomig
n = 1 kmol
t_1 = 20 °C
p_{el} = 400 kPa
p_{amb} = 101,3 kPa

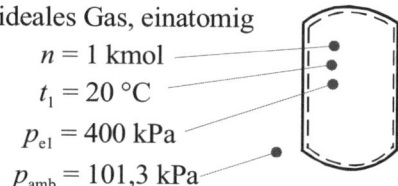

Gesucht: V

Thermische Zustandsgleichung des idealen Gases:

$$pV = mR_i T \qquad \text{(Gl 1.16)}$$

$$\big|\; mR_i = nR_m \qquad \text{(Gl 1.31) u. (Gl 1.19)}$$

$$p_1 V = nR_m T_1 \qquad \big|\; : p_1$$

$$V = \frac{nR_m T_1}{p_1}$$

$\quad R_m = 8314{,}47\ \text{J/(kmol K)} \qquad \text{(Gl 1.30)}$

$\quad p_1 = p_{amb} + p_{el} = 101{,}3\ \text{kPa} + 400\ \text{kPa} \qquad \text{(Gl 1.6)}$

$\quad p_1 = 501{,}3\ \text{kPa}$

$\quad \{T_1\} = \{t_1\} + 273{,}15 \qquad \text{(Gl 1.11)}$

$\quad \{T_1\} = 20 + 273{,}15 = 293{,}15 \ \rightarrow\ T_1 = 293{,}15\ \text{K}$

3.4 Einfache Zustandsänderungen des idealen Gases

$$V = \frac{1 \, \text{kmol} \; 8314,47 \, \text{J} \; 293,15 \, \text{K}}{501,3 \cdot 10^3 \, \text{Pa} \, \text{kmol} \, \text{K}} \frac{\text{Pa m}^2}{\text{N}} \frac{\text{Nm}}{\text{J}}$$

$$\underline{\underline{V = 4,862 \, \text{m}^3}}$$

Zu b): Gesucht: v

$$pV = mR_\text{i}T \qquad\qquad |:m \qquad\qquad (\text{Gl 1.16})$$

$$\left| v = \frac{V}{m} \right. \qquad\qquad (\text{Gl 1.1})$$

$$p\,v = R_\text{i}T \qquad\qquad |:p$$

$$v = \frac{R_\text{i}T_1}{p_1}$$

$$\left| R_\text{i} = c_v(\kappa - 1) \right. \qquad\qquad (\text{Gl 2.48})$$

$$\left| \kappa = 1,667 = \text{const} \right. \qquad\qquad (\text{T 2.6})$$

$$\left| R_\text{i} = 618 \frac{\text{J}}{\text{kg K}}(1,667 - 1) = 412,206 \frac{\text{J}}{\text{kg K}} \right.$$

$$v = \frac{412,206 \, \text{J} \; 293,15 \, \text{K}}{\text{kg K} \; 501,3 \cdot 10^3 \, \text{Pa}} \frac{\text{Pa m}^2}{\text{N}} \frac{\text{Nm}}{\text{J}}$$

$$\underline{\underline{v = 0,241 \, \frac{\text{m}^3}{\text{kg}}}}$$

Zu c): Gegeben: $Q_{\text{ich}12}^{\text{rev}} = 623,6 \, \text{kJ}$ \qquad Gesucht: $t_2 - t_1$

Isochore Wärmezufuhr 1→2:

$$Q_{\text{ich}12}^{\text{rev}} = m \; c_{vm}\big|_{t_1}^{t_2} (T_2 - T_1) \qquad\qquad (\text{Gl 3.24})$$

$$\left| mc_v = nC_{mv} \right. \qquad\qquad (\text{Gl 2.52}) \text{ u. } (\text{Gl 1.19})$$

$$Q_{\text{ich}12}^{\text{rev}} = n \; C_{mv}\big|_{t_1}^{t_2} (t_2 - t_1) \qquad\qquad |:(n \; C_{mv}\big|_{t_1}^{t_2})$$

$$\left| C_{mv}\big|_{t_1}^{t_2} = 3/2 \; R_m \right. \qquad\qquad (\text{T 2.6})$$

$$t_2 - t_1 = \frac{Q_{\text{ich}12}^{\text{rev}}}{n} \frac{2}{3 R_m} = \frac{623,6 \cdot 10^3 \, \text{J}}{1 \, \text{kmol}} \frac{2}{3 \cdot 8314,47 \, \text{J}} \frac{\text{kmol K}}{} = \underline{\underline{50 \, \text{K}}}$$

Zu d): Gesucht: p_{e2}

$$\frac{p_1}{T_1} = \frac{p_2}{T_2} \qquad |\cdot T_2 \qquad \text{(Gl 3.20)}$$

$$t_2 = 50\,\text{K} + t_1 = 50\,\text{K} + 20\,°\text{C} = 70\,°\text{C}$$

$$\{T_2\} = \{t_2\} + 273{,}15 \qquad \text{(Gl 1.11)}$$

$$\{T_2\} = 70 + 273{,}15 = 343{,}15 \;\rightarrow\; T_2 = 343{,}15\,\text{K}$$

$$p_2 = \frac{T_2}{T_1} p_1 = \frac{343{,}15\,\text{K}}{293{,}15\,\text{K}}\, 501{,}3\,\text{kPa} = 586{,}8\,\text{kPa}$$

(Gl 1.6) $\quad \underline{\underline{p_{e2}}} = p_2 - p_{amb} = (586{,}8 - 101{,}3)\,\text{kPa} = \underline{\underline{485{,}5\;\text{kPa}}}$

Zu e): Gesucht: $U_2 - U_1$

$$U_2 - U_1 = m\, c_{vm}\Big|_{t_1}^{t_2} (T_2 - T_1) \qquad \text{(Gl 2.44)}\cdot m$$

$$|\; mc_v = nC_{mv} \qquad \text{(Gl 2.52) u. (Gl 1.19)}$$

$$U_2 - U_1 = n\, C_{mv}\Big|_{t_1}^{t_2} (T_2 - T_1)$$

$$U_2 - U_1 = 1\,\cancel{\text{kmol}}\, \frac{3}{2} \cdot 8314{,}47\,\frac{\text{J}}{\cancel{\text{kmol K}}}\, 50\,\cancel{\text{K}}$$

$$\underline{\underline{U_2 - U_1 = 623{,}6 \cdot 10^3\,\text{J} = 623{,}6\,\text{kJ}}} = Q_{ich12}^{rev} \qquad \text{(Gl 3.24)}$$

Zu f): Gesucht: $H_2 - H_1$

$$H_2 - H_1 = U_2 + p_2 V_2 - (U_1 + p_1 V_1)$$

Definition der Enthalpie:
$$H = U + pV \qquad \text{(Gl 2.12)}$$

$$H_2 - H_1 = U_2 - U_1 + V(p_2 - p_1)$$

$$H_2 - H_1 = 623{,}6 \cdot 10^3\,\text{J} + 4{,}862\,\text{m}^3 (586{,}8 - 501{,}3)\,10^3\,\text{Pa}$$

$$H_2 - H_1 = 623{,}6 \cdot 10^3\,\text{J} + 415{,}701 \cdot 10^3\,\cancel{\text{m}^3}\,\cancel{\text{Pa}}\,\frac{\cancel{\text{N}}}{\cancel{\text{Pa}}\,\cancel{\text{m}^2}}\,\frac{\text{J}}{\cancel{\text{N}}\,\cancel{\text{m}}}$$

$$\underline{\underline{H_2 - H_1 = 1039{,}3 \cdot 10^3\,\text{J} = 1039{,}3\,\text{kJ}}}$$

3.4 Einfache Zustandsänderungen des idealen Gases

alternativ:
$$h_2 - h_1 = \kappa(u_2 - u_1) \quad\quad |\cdot m \quad\quad (Gl\ 2.50)$$

$$\underline{\underline{H_2 - H_1}} = 1{,}667 \cdot 623{,}6 \text{ kJ} = \underline{\underline{1039{,}54 \text{ kJ}}}$$

Aufgabe 3.3

In einer Druckflasche mit einem Volumen von 0,08 m³ befinde sich Kohlendioxid bei einer Temperatur von 18 °C. Das Manometer zeigt einen Druck von 360 kPa an. Kohlendioxid soll näherungsweise als ideales Gas angenommen werden. Für die spezifische Wärmekapazität soll die wahre spezifische Wärmekapazität bei 0 °C verwendet werden.

a) Welchen Druck zeigt das Manometer an (p_{amb} = 100 kPa), wenn die Temperatur des Gases infolge eines Brandes in dem Gebäude, in dem die Flasche steht, auf 212 °C steigt?
b) Um welchen Wert ändert sich die Entropie des in der Druckflasche eingeschlossenen Gases aufgrund der Temperaturerhöhung?
c) Nach dem Löschen des Brandes und nach Absenkung der Umgebungstemperatur auf 18 °C kühlt sich das Gas in der Flasche unter Wärmeabgabe an die Umgebung wieder auf 18 °C ab. Welche Entropieänderung ist mit dieser Abkühlung (Umgebung eingeschlossen) verbunden?

Aufgabe 3.4

Ein geschlossener Behälter ist mit 15 kmol gasförmigen Propan gefüllt. Das Propan (Molmasse: $M(C_3H_8)$ = 44,093 kg/kmol) hat eine Temperatur von 15 °C und einen Druck von 400 kPa. Propan soll näherungsweise als ideales Gas angenommen werden. Berechnen Sie für das Propan:

a) das Volumen,
b) die spezielle Gaskonstante,
c) die Normdichte,
d) die Masse und das
e) Normvolumen.

Bei einer reversiblen, isochoren Zustandsänderung des Gases werden 30 MJ Wärme übertragen. Dadurch erhöht sich die Temperatur des Gases um 30 K. Berechnen Sie für diese Zustandsänderung

f) die mittlere isochore Wärmekapazität und
g) den mittleren Isentropenexponenten.

3.4.2 Isobare Zustandsänderung

Beispiel 3.3

Ein Gasometer besteht aus einer doppelwandigen Tasse mit einer zylinderförmigen Haube (Innendurchmesser: 5 m), die mit ihrem Eigengewicht Druck auf das eingeschlossene Gas (ideales Gas, $V = 100$ m^3) ausübt. Der Spalt zwischen Innen- und Außenwand der Tasse ist mit Öl gefüllt, um eine Abdichtung zur Umgebungsluft zu erreichen. Die Haube kann sich reibungsfrei auf und ab bewegen. Der Umgebungsdruck beträgt 100 kPa.

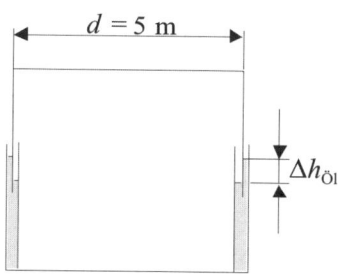

a) Das Gas soll unter einem konstanten Manometerdruck von 2 kPa stehen. Berechnen Sie die notwendige Masse der Haube (Der Auftrieb, den die Haubenwand im Trennöl erfährt, soll vernachlässigt werden).

b) Das Trennöl im Spalt hat eine Dichte von 850 kg/m^3. Wie groß ist die Höhendifferenz $\Delta h_{Öl}$ der Flüssigkeitsspiegel?

c) Wie groß ist der Druck auf den Boden des ölgefüllten Spaltes, wenn dieser 4 m unter dem äußeren Flüssigkeitsspiegel liegt?

d) Durch Sonnenbestrahlung erwärmt sich das Gas im Gasometer von 7 °C auf 18 °C. Wie groß ist dann das Gasvolumen V_2? Um welche Höhe wird die Gasometer-Haube angehoben?

e) Wie groß ist die vom Gas verrichtete Volumenänderungsarbeit während der Erwärmung?

Zu a): <u>Gegeben:</u>

$p_{amb} = 100$ kPa

$F_A \approx 0$

Ideales Gas

$V_1 = 100$ m^3

$p_e = 2$ kPa

4 m

Öl

<u>Gesucht:</u> m_H

Gleichgewichtsbedingung:

$$\sum_{i=1}^{n} F_{iy} = 0: \quad pA - p_{amb}A - F_G = 0$$

$$\quad\quad\quad\quad\quad\quad\quad\quad | \; F_G = m_H g$$

$$(p - p_{amb})A - m_H g = 0 \quad\quad | \; +m_H g$$

$$\quad\quad\quad\quad\quad\quad\quad\quad | \; p_e = p - p_{amb} \quad\quad\quad (\text{Gl 1.6})$$

3.4 Einfache Zustandsänderungen des idealen Gases

$$p_e A = m_H g \qquad |:g$$

$$m_H = \frac{p_e A}{g} = \frac{p_e \pi d^2}{g \, 4}$$

$$m_H = \frac{2 \cdot 10^3 \text{Pa}}{9{,}81 \text{ m}} \frac{\text{s}^2}{4} \frac{\pi (5 \text{ m})^2}{\text{Pa m}^2} \frac{\text{N}}{\text{Pa m}^2}$$

$$m_H = 4003 \; \frac{\text{s}^2 \text{N}}{\text{m}} \frac{\text{kg m}}{\text{N s}^2} = 4003 \text{ kg}$$

Zu b): Gegeben: $\rho_{\text{Öl}} = 850 \text{ kg/m}^3$ \qquad Gesucht: $\Delta h_{\text{Öl}}$

(Gl 1.7) $\quad p = p_{\text{amb}} + \rho_{\text{Öl}} g \Delta h_{\text{Öl}} \qquad\qquad |- p_{\text{amb}}$

$$p - p_{\text{amb}} = \rho_{\text{Öl}} g \Delta h_{\text{Öl}} \qquad\qquad |: \rho_{\text{Öl}} g$$

$$| \; p_e = p - p_{\text{amb}} \qquad\qquad\qquad\qquad (\text{Gl 1.6})$$

$$\Delta h_{\text{Öl}} = \frac{p_e}{\rho_{\text{Öl}} g} = \frac{2 \cdot 10^3 \text{Pa m}^3}{850 \text{ kg } 9{,}81 \text{ m}} \frac{\text{s}^2}{\text{Pa m}^2} \frac{\text{N}}{\text{N s}^2} \frac{\text{kg m}}{\text{N s}^2} = 0{,}23985 \text{ m}$$

Zu c): Gegeben: $h = 4 \text{ m}$ \qquad Gesucht: $p(h = 4 \text{ m})$

(Gl 1.7) $\quad p = p_{\text{amb}} + \rho_{\text{Öl}} g h$

$$p = 100 \cdot 10^3 \text{ Pa} + 850 \frac{\text{kg}}{\text{m}^3} \; 9{,}81 \frac{\text{m}}{\text{s}^2} \; 4 \text{ m} \frac{\text{s}^2 \text{N}}{\text{kg m}} \frac{\text{m}^2 \text{ Pa}}{\text{N}}$$

$$p = 133{,}345 \cdot 10^3 \text{ Pa} = 133{,}345 \text{ kPa}$$

Zu d): Gegeben: $t_1 = 7 \text{ °C}$, $t_2 = 18 \text{ °C}$ \qquad Gesucht: V_2, Δh_H

Isobare Wärmezufuhr $1 \rightarrow 2$:

$$\frac{V_2}{T_2} = \frac{V_1}{T_1} \qquad\qquad |\cdot T_2 \qquad (\text{Gl 1.18})$$

$$\begin{aligned} &\{T\} = \{t\} + 273{,}15 &&(\text{Gl 1.11}) \\ &\{T_1\} = 7 + 273{,}15 = 280{,}15 \;\; \rightarrow T_1 = 280{,}15 \text{ K} \\ &\{T_2\} = 18 + 273{,}15 = 291{,}15 \;\; \rightarrow T_2 = 291{,}15 \text{ K} \end{aligned}$$

$$V_2 = \frac{T_2}{T_1}V_1 = \frac{291{,}15 \text{ K}}{280{,}15 \text{ K}} 100 \text{ m}^3 = 103{,}93 \text{ m}^3$$

$$V_2 = A \cdot h_2$$
$$V_1 = A \cdot h_1$$

$$V_2 - V_1 = A(h_2 - h_1) \qquad | : A$$

$$\Delta h_H = h_2 - h_1 = \frac{1}{A}(V_2 - V_1)$$

$$\Delta h_H = \frac{4}{\pi (5 \text{ m})^2}(103{,}93 - 100) \text{ m}^3 = 0{,}2 \text{ m}$$

Zu e): Gesucht: $W_{\text{v ib12}}$

$$W_{\text{v ib12}} = p \, (V_1 - V_2) \qquad \text{(Gl 3.28)}$$

$$W_{\text{v ib12}} = 102 \text{ kPa} \, (100 - 103{,}93) \text{ m}^3 = -400{,}5 \text{ kJ}$$

Aufgabe 3.5

Um die Temperatur eines Wohnraumes (Grundfläche 4 m x 6 m, Höhe 2,6 m) auf 20 °C zu halten, ist eine Heizleistung von 2 kW erforderlich.
a) Auf welchen Wert kann die Heizleistung reduziert werden, wenn eine Lampe mit einer Leistung von 200 W eingeschaltet wird und sich drei Personen mit einer mittleren Energieabgabe von je 120 W im Raum aufhalten?
b) Wie würde sich die Temperatur der Raumluft in 5 min ändern, wenn die Heizleistung nicht reduziert würde? Die Wärmverluste des Raumes sollen gleich bleiben. Die Aufheizung des Mobiliars usw. soll vernachlässigt werden. Der Druck der Raumluft soll sich nicht ändern. Er ist gleich dem Umgebungsdruck p_{amb} = 101,33 kPa. Luft soll näherungsweise als ideales Gas angenommen werden. Die Temperaturabhängigkeit der Wärmekapazität ist zu vernachlässigen, es ist mit dem Wert von trockener Luft bei 0 °C zu rechnen.

Aufgabe 3.6

Ein Stahlblock von der Masse 100 kg und der Temperatur 400 °C kühlt sich in freier Luft auf die konstante Umgebungstemperatur 20 °C ab. Die mittlere spezifische Wärmekapazität des Stahlblockes beträgt 535 J/(kg K).
a) Wie groß ist die Entropieänderung des Stahlblockes?
b) Wie groß ist die Entropieänderung des Gesamtsystems: Stahlblock und beteiligte Umgebung?

3.4 Einfache Zustandsänderungen des idealen Gases

Aufgabe 3.7

Ein Niederdruckspeicher besteht aus einem zylindrischen Behälter und einer Scheibe, die wie ein Kolben das Gas (M = 17,7 kg/kmol) im Zylinder von der Atmosphäre oberhalb der Scheibe trennt. Die Scheibe wird gegenüber dem Zylinder durch eine Rollmembran abgedichtet. Sie wirkt mit einer Gewichtskraft von 750 kN auf das Gas. Die Querschnittsfläche des Zylinders beträgt 250 m^2 und der Umgebungsdruck 101 kPa. Das Gas soll näherungsweise als ideales Gas angenommen werden.

a) Welcher Druck herrscht im Gas?

Das Gas erwärmt sich infolge Sonneneinstrahlung reversibel von 20 °C auf 60 °C. Dabei wird die Scheibe reibungsfrei um 10 cm angehoben.

b) Wie groß ist die verrichtete Volumenänderungsarbeit?
c) Wie groß ist die verrichtete Verschiebearbeit?
d) Welche Nutzarbeit wird bei dieser Erwärmung vom Gas abgegeben?
e) Wie groß ist das Gasvolumen vor der Erwärmung?
f) Wie groß ist das Gasvolumen nach der Erwärmung?
g) Wie groß ist die Masse des Gases im Behälter?
h) Tragen Sie die unter b), c) und d) berechneten Arbeiten als Flächen in ein p,V-Diagramm ein.

3.4.3 Isotherme Zustandsänderung

Aufgabe 3.8

Eine zylindrische, unten offene Taucherglocke wird in Wasser (ρ_w = 998,2 kg/m^3) abgesenkt. Dabei ändert sich die Höhe des Luftvolumens in der Taucherglocke von 4 m auf 0,718 m. Im abgesenkten Zustand wird die Taucherglocke anschließend wieder vollständig mit Luft aufgefüllt. Die Luft in der Taucherglocke soll als ideales Gas betrachtet werden. Während des Absenkens und des anschließenden Befüllens soll gelten: $t_l = t_w$ = 20 °C. Der Umgebungsdruck beträgt p_{amb} = 100 kPa.

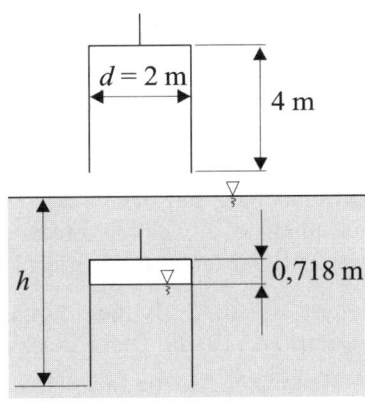

a) In welcher Tiefe h befindet sich die Unterkante der Taucherglocke nach dem Absenken?
b) Welche Luftmasse muss zum vollständigen Befüllen in die Taucherglocke gepumpt werden?

3.4.4 Isentrope Zustandsänderung

Aufgabe 3.9

3 m³/h Helium von 93,3 kPa (abs.), 20 °C werden in einem adiabaten Verdichter reversibel auf 1 MPa (abs.) verdichtet. Vom Verdichter aus strömt das Helium in einen Wärmeübertrager, in dem es bei konstantem Druck auf 20 °C gekühlt wird. Helium soll näherungsweise als ideales Gas angenommen werden. Die Änderungen der kinetischen und der potenziellen Energien sollen vernachlässigt werden.

a) Skizzieren Sie den Vorgang im $p,\dot{V}$- und $T,\dot{S}$-Diagramm.
b) Ermitteln Sie die dem Verdichter zuzuführende Leistung in W,
c) den im Wärmeübertrager abgegebenen Wärmestrom in W,
d) die Änderung des Enthalpie- und Entropiestromes sowie die zeitliche Änderung der inneren Energie in W im Verdichter und
e) die Änderung des Enthalpie- und Entropiestromes sowie die zeitliche Änderung der inneren Energie in W im Wärmeübertrager.
f) Tragen Sie die dem Verdichter zugeführte Leistung als Flächen in das $p,\dot{V}$- und $T,\dot{S}$-Diagramm ein.

3.4.5 Polytrope Zustandsänderung

Beispiel 3.4

Ein reibungsfrei gelagerter Kolben teilt einen liegenden Zylinder, der mit Stickstoff gefüllt ist, in zwei Kammern. Stickstoff soll näherungsweise als ideales Gas angenommen werden. Zu Beginn herrscht in den beiden Kammern ein Druck von 200 kPa und eine Temperatur von 27 °C. Der linken Kammer wird über eine elektrische Heizwicklung reversibel solange Wärme zugeführt, bis der Kolben sich um 3 cm nach rechts verschoben hat. Der mittlere Isentropenexponent für diese Zustandsänderung hat den Wert 1,391. In der rechten Kammer durchläuft Stickstoff eine adiabate, reversible Zustandsänderung. Der mittlere Isentropenexponent für diese Zustandsänderung beträgt 1,399.

Weitere Angaben: Zylinderdurchmesser 10 cm, Länge der linken Kammer im Anfangszustand 10 cm, Dicke des Kolbens 2 cm, Gesamtlänge des Zylinders 22 cm

a) Berechnen Sie die Luftmassen in den beiden Kammern,
b) die sich nach der Wärmezufuhr in den beiden Kammern einstellenden Drücke und Temperaturen.
c) Tragen Sie beide Zustandsänderungen in ein p,V- und ein T,S-Diagramm und in das T,S-Diagramm die zugeführte Wärme als Fläche ein.
d) Wie groß ist die der linken Kammer zugeführte Wärme?

3.4 Einfache Zustandsänderungen des idealen Gases

Zu a): Gegeben:
N_2, ideales Gas
$p_{A1} = 200$ kPa
$t_{A1} = 27$ °C
$\kappa_A = 1{,}391$

$p_{B1} = 200$ kPa
$t_{B1} = 27$ °C
$\kappa_B = 1{,}399$

$d = 10$ cm

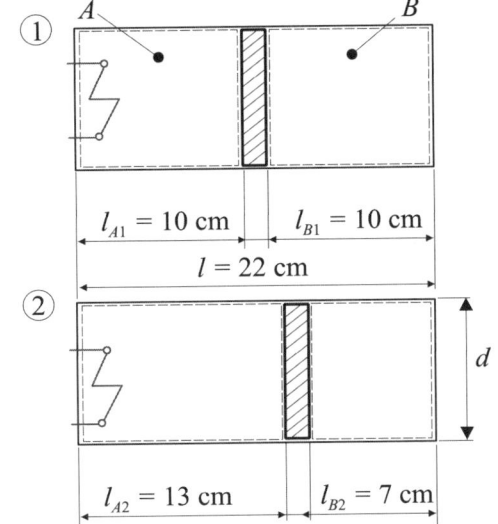

Gesucht: m_A, m_B

$$V_{A1} = V_{B1} = V_1 = \frac{\pi d^2}{4} l_1 = \frac{\pi (0{,}1 \text{ m})^2}{4} 0{,}1 \text{ m} = 7{,}854 \cdot 10^{-4} \text{ m}^3$$

Thermische Zustandsgleichung des idealen Gases:

$$p\,V = m R_i T \qquad \big|:(R_i T) \qquad \text{(Gl 1.16)}$$

$$m = \frac{p_1 V_1}{R_i T_1}$$

$$\left|\begin{array}{l} R_i = 296{,}8 \text{ J}/(\text{kg K}) \\ \{T_1\} = 27 + 273{,}15 = 300{,}15 \quad \rightarrow T_1 = 300{,}15 \text{ K}\end{array}\right. \qquad \begin{array}{l}\text{(T 1.5)}\\ \text{(Gl 1.11)}\end{array}$$

$$m = \frac{200 \cdot 10^3 \, \text{Pa} \cdot \text{kg} \cdot \text{K} \cdot 7{,}854 \cdot 10^{-4} \, \text{m}^3}{296{,}8 \, \text{J} \cdot 300{,}15 \, \text{K}} \cdot \frac{\text{N}}{\text{Pa} \cdot \text{m}^2} \cdot \frac{\text{J}}{\text{Nm}}$$

$$\underline{\underline{m_A = m_B = m = 1{,}763 \cdot 10^{-3} \text{ kg}}}$$

Zu b): Gesucht: p_2, t_{A1}, t_{A2}

Isentrope Kompression $B1 \rightarrow B2$:

$$V_{B2} = \frac{\pi d^2}{4} l_{B2} = \frac{\pi (0{,}1 \text{ m})^2}{4} 0{,}07 \text{ m} = 5{,}498 \cdot 10^{-4} \text{m}^3$$

$$\frac{p_2}{p_1} = \left(\frac{V_1}{V_2}\right)^{\kappa} \qquad \big|\cdot p_1 \qquad \text{(Gl 3.47)}$$

$$p_{B2} = p_1 \left(\frac{V_1}{V_{B2}}\right)^{\kappa}$$

$$p_{B2} = 200 \text{ kPa} \left(\frac{7,854 \cdot 10^{-4}}{5,498 \cdot 10^{-4}}\right)^{1,399} = 329,41 \text{ kPa}$$

Die beiden Systeme stehen im mechanischen Gleichgewicht:

$$\underline{p_{B1} = p_{B2} = p_2 = 329,41 \text{ kPa}}$$

$$\frac{T_1}{T_2} = \left(\frac{V_2}{V_1}\right)^{\kappa-1} \qquad \text{(Gl 3.49)}$$

$$\frac{T_{B2}}{T_1} = \left(\frac{V_1}{V_{B2}}\right)^{\kappa-1} \qquad\qquad\qquad |\cdot T_1$$

$$T_{B2} = T_1 \left(\frac{V_1}{V_{B2}}\right)^{\kappa-1} = 300,15 \text{ K} \left(\frac{7,854 \cdot 10^{-4}}{5,498 \cdot 10^{-4}}\right)^{1,399-1}$$

$$T_{B2} = 346,05 \text{ K}$$

$$\Big| \{T\} = \{t\} + 273,15 \qquad\qquad |-273,15 \qquad \text{(Gl 1.11)}$$
$$\Big| \{t_{B2}\} = \{T_{B2}\} - 273,15 = 346,05 - 273,15 = 72,9$$

$$\underline{t_{B2} = 72,9 \text{ °C}}$$

Polytrope Expansion $A1 \rightarrow A2$:

$$n = \frac{\ln\left(\dfrac{p_2}{p_1}\right)}{\ln\left(\dfrac{V_1}{V_{A2}}\right)} = \frac{\ln\left(\dfrac{329,41}{200}\right)}{\ln\left(\dfrac{7,854 \cdot 10^{-4}}{1,021 \cdot 10^{-3}}\right)} = -1,9019 \qquad \text{(Gl 3.62)}$$

$$\frac{T_1}{T_2} = \left(\frac{V_2}{V_1}\right)^{n-1} \qquad \text{(Gl 3.61)}$$

$$\frac{T_{A2}}{T_1} = \left(\frac{V_1}{V_{A2}}\right)^{n-1} \qquad\qquad\qquad |\cdot T_1$$

$$\Big| V_{A2} = \frac{\pi d^2}{4} l_{A2} = \frac{\pi (0,1 \text{ m})^2}{4} 0,13 \text{ m} = 1,021 \cdot 10^{-3} \text{ m}^3$$

3.4 Einfache Zustandsänderungen des idealen Gases

$$T_{A2} = T_1\left(\frac{V_1}{V_{A2}}\right)^{\kappa-1} = 300{,}15 \text{ K} \left(\frac{7{,}853 \cdot 10^{-4}}{1{,}021 \cdot 10^{-3}}\right)^{-1{,}9019-1}$$

$$T_{A2} = 642{,}67 \text{ K}$$

$$\left| \begin{array}{l} \{T\} = \{t\} + 273{,}15 \\ \{t_{A2}\} = \{T_{A2}\} - 273{,}15 = 642{,}67 - 273{,}15 = 368{,}52 \end{array} \right| -273{,}15 \quad \text{(Gl 1.11)}$$

$$\underline{\underline{t_{A2} = 369{,}52 \text{ °C}}}$$

Zu c):

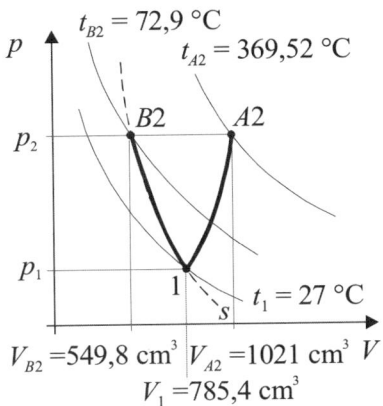
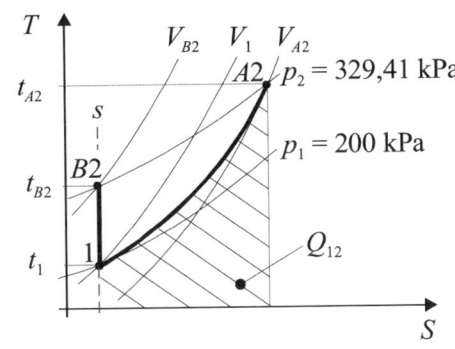

Zu d):   Gesucht: $Q_{\text{pol }A1A2}^{\text{rev}}$

Polytrope Expansion $A1 \rightarrow A2$:

$$Q_{\text{pol }12}^{\text{rev}} = m \; c_{vm}\Big|_{t_1}^{t_2} \frac{n-\kappa}{n-1}(T_2 - T_1) \quad \text{(Gl 3.73)}$$

$$\left| c_{vm}\Big|_{t_1}^{t_2} = \frac{R_i}{\kappa - 1} \right. \quad \text{(Gl 2.48)}$$

$$Q_{\text{pol }A1A2}^{\text{rev}} = m_A \frac{R_i}{\kappa_A - 1} \frac{n - \kappa_A}{n - 1}(T_{A2} - T_1)$$

$$Q_{\text{pol }A1A2}^{\text{rev}} = 1{,}763 \cdot 10^{-3} \text{ kg} \; \frac{296{,}8 \text{ J}}{(1{,}391 - 1) \text{ kg K}} \; \frac{-1{,}9019 - 1{,}391}{-1{,}9019 - 1}$$

$$\cdot (642{,}67 - 300{,}15) \text{ K}$$

$$\underline{\underline{Q_{\text{pol }A1A2}^{\text{rev}} = 520{,}14 \text{ J}}}$$

Aufgabe 3.10

Der Zylinder einer Kolbenmaschine ist mit Luft gefüllt. Über die Zylinderwände wird eine Wärme von 186,82 kJ zugeführt. Gleichzeitig dehnt sich die Luft unter Druckänderung reibungsbehaftet aus, wobei eine Arbeit von 258,48 kJ verrichtet wird. Luft soll näherungsweise als ideales Gas angenommen werden. Die Temperaturabhängigkeit der spezifischen Wärmekapazität ist zu vernachlässigen, es ist mit dem Wert bei 0 °C zu rechnen.

a) Welche Luftmasse befindet sich im Zylinder, wenn sich die Temperatur während der Zustandsänderung um 100 K erniedrigt hat?
b) Der Anfangszustand ist durch einen Druck von 5 MPa und ein spezifisches Volumen von 0,0304 m^3/kg, der Endzustand durch einen Druck von 500 kPa und durch ein spezifisches Volumen von 0,2467 m^3/kg festgelegt. Wie groß ist der mittlere Polytropenexponent der Zustandsänderung?
c) Wie groß ist die verrichtete Volumenänderungsarbeit?
d) Welche Arbeit wird an der Kolbenstange abgegeben (p_{amb} = 100 kPa)?
e) Tragen Sie die Zustandsänderung in ein p,v-Diagramm ein und kennzeichnen Sie die spezifische Volumenänderungsarbeit und die spezifische Nutzarbeit als Flächen.

Aufgabe 3.11

Bei einer reversiblen, polytropen Verdichtung in einem geschlossenen System werden 5 kg Ammoniak (NH_3) von 100 kPa, 20 °C verdichtet, wobei eine Arbeit von 1000 kJ verrichtet wird. Endtemperatur 100 °C. Ammoniak soll näherungsweise als ideales Gas angenommen werden. Für den mittleren Isentropenexponenten soll der Wert 1,312 verwendet werden.

a) Ermitteln Sie die bei der Verdichtung zu- oder abgeführte Wärme (Betrag, Vorzeichen, zu/ab?) und
b) den Druck nach der Verdichtung.

Aufgabe 3.12

Ein Massenstrom von 2 kg/s Luft wird in einem offenen System vom Eintrittszustand 100 kPa (absolut), 20 °C auf den Austrittszustand 500 kPa und 191,52 °C verdichtet. Das System wird durch einen isobar fließenden Wassermassenstrom von 0,5 kg/s gekühlt, der sich dadurch um 20 K erwärmt. Die Änderungen der kinetischen und der potenziellen Energien sollen vernachlässigt werden. Luft soll näherungsweise als ideales Gas angenommen werden. (Stoffwerte für Luft bei 0 °C, für Wasser bei 20 °C nehmen).

a) Berechnen Sie den Polytropenexponenten der Verdichtung,
b) den von der Luft abgegebenen Wärmestrom,
c) die von der Luft verrichtete Dissipationsleistung und
d) die dem Gas zugeführte technische Leistung.

3.4 Einfache Zustandsänderungen des idealen Gases

Aufgabe 3.13

In einem Wärmeübertrager eines mit Fernwärme versorgten Hauses werden 0,3 kg/s Wasser bei konstantem Druck von 70 °C auf 48 °C gekühlt. Damit wird ein Luftstrom von 0,9 kg/s erwärmt, der aus der Umgebung angesaugt wird (Umgebungszustand 15 °C, 100 kPa). Das Sauggebläse liegt vor dem Wärmeübertrager und bringt die Luft auf 104 kPa. Am Ende des Wärmeübertragers beträgt der Luftdruck noch 100 kPa. Das Sauggebläse ist wärmedicht isoliert und nimmt eine Leistung von 4,5 kW auf. Die Änderungen der kinetischen und der potenziellen Energien sollen vernachlässigt werden. Luft soll näherungsweise als ideales Gas angenommen werden. Die Temperaturabhängigkeit der spezifischen Wärmekapazität ist zu vernachlässigen, es ist mit dem Wert bei 0 °C zu rechnen.

a) Welche Temperatur hat die Luft nach der Verdichtung?
b) Wie groß ist die Lufttemperatur am Ende des wärmedichten Wärmeübertragers?
c) Bestimmen Sie die charakteristischen Größen für die Zustandsänderungen der Luft im Wärmeübertrager und im Gebläse.
d) Skizzieren Sie die Zustandsänderungen im $p,\dot{V}$- und im $T,\dot{S}$-Diagramm, indem Sie die Isothermen und die Isobaren der vorkommenden Temperaturen und Drücke eintragen.

Aufgabe 3.14

In der Pressluftkammer eines Luftgewehres, dass mit vorkomprimierter Luft arbeitet, befindet sich im gespannten Zustand 0,1 g Luft, die einen Druck von 1 MPa und eine Temperatur von 20 °C hat. Nach dem Auslösen treibt die expandierende Luft das Geschoss durch den Lauf. Wenn die Kugel den Lauf verlässt nimmt die Luft ein Volumen von 40 cm^3 ein und hat einen Druck von 20 kPa. Das Geschoss von 1 g hat zu diesem Zeitpunkt eine Geschwindigkeit von 100 m/s. Die Volumenänderung in der Umgebung erfordert bei dieser Zustandsänderung eine Verschiebearbeit von 3,16 J. Luft soll näherungsweise als ideales Gas angenommen werden. Die Temperaturabhängigkeit der spezifischen Wärmekapazität ist zu vernachlässigen, es ist mit dem Wert bei 0 °C zu rechnen.

Berechnen Sie:
a) die an das Geschoss abgegebene Arbeit,
b) die insgesamt vom System abgegebene Arbeit,
c) die Volumenänderungsarbeit,
d) die Dissipationsenergie,
e) die übertragene Wärme,
f) die Entropieänderungen des Gases und der Umgebung (t_{amb} = 20 °C) und
g) die größtmögliche Geschossgeschwindigkeit für das gegebene Endvolumen.

Aufgabe 3.15

In einem Druckluftwerkzeug wird Luft von einem Überdruck von 630 kPa auf Umgebungsdruck p_{amb} = 101 kPa entspannt. Der angesaugte Luftvolumenstrom beträgt 2 l/s. Die Luft wird mit t_{amb} = 20 °C angesaugt und verlässt die Maschine mit – 40 °C. Die Zustandsänderung soll als adiabat angenommen werden. Die Änderung der kinetischen und der potenziellen Energie soll vernachlässigt werden. Luft soll näherungsweise als ideales Gas angenommen werden. Der mittlere Isentropenexponent für diese Zustandsänderung beträgt 1,406.

a) Ermitteln Sie den Polytropenexponenten.

b) Skizzieren Sie die Zustandsänderung im $p,\dot{V}$- und im $T,\dot{S}$-Diagramm.

Berechnen Sie

c) den Massenstrom der Luft,

d) die von der Luft abgegebene technische Leistung,

e) die pro Zeit dissipierte Energie,

f) die pro Zeit verrichtete reversible technische Arbeit,

g) die von der Maschine bei einer reversiblen, adiabaten Zustandsänderung abgegebenen Leistung und

h) die Änderung des Entropiestromes.

i) Tragen Sie entweder im $p,\dot{V}$- oder im $T,\dot{S}$-Diagramm die unter d) e) und f) berechneten Leistungen als Flächen ein.

Aufgabe 3.16

In einem Verdichter wird Luft von Umgebungsdruck und Umgebungstemperatur (p_{amb} = 101 kPa, t_{amb} = 20 °C) auf 800 kPa, 150 °C verdichtet. Dabei wird ein Wärmestrom von 400 W abgegeben. Der Volumenstrom am Verdichtereintritt beträgt 200 l/min. Die Änderung der kinetischen und der potenziellen Energie soll vernachlässigt werden. Luft soll näherungsweise als ideales Gas angenommen werden. Der mittlere Isentropenexponent hat den Wert 1,3978.

a) Ermitteln Sie den Polytropenexponenten.

b) Skizzieren Sie die Zustandsänderung in einem $p,\dot{V}$- und einem $T,\dot{S}$-Diagramm.

Berechnen Sie

c) den Massenstrom,

d) die dem Verdichter zuzuführende Leistung,

e) die Dissipationsleistung und

f) die Änderung des Entropiestromes.

3.4.6 Zustandsänderungen in adiabaten Systemen

Beispiel 3.5

In einem adiabaten Verdichter wird Luft von 100 kPa, 17 °C auf 500 kPa, Endtemperatur 200 °C verdichtet. Der Luftvolumenstrom wird am Verdichteraustritt gemessen, er beträgt 30 m³/h. Luft soll näherungsweise als ideales Gas angenommen werden. Es sollen die Stoffwerte bei 0 °C verwendet werden. Die Änderung der kinetischen und der potenziellen Energie ist vernachlässigbar.

a) Skizzieren Sie den Vorgang im $p,\dot{V}$- und im $T,\dot{S}$-Diagramm.
b) Ermitteln Sie den Massenstrom,
c) die dissipierte Leistung in kW,
d) die der Luft zuzuführende Verdichterleistung in kW,
e) die Änderung des Entropiestromes in W/K und
f) die Änderung der spezifischen inneren Energie.

Zu a): Gegeben:

Stoffwerte bei 0 °C   Luft, ideales Gas

$\dot{V}_2 = 30$ m³/h
$p_1 = 100$ kPa $p_1 = 500$ kPa
$t_1 = 17$ °C $t_2 = 200$ °C

$$n = \frac{\ln\left(\dfrac{p_2}{p_1}\right)}{\ln\left(\dfrac{p_2}{p_1}\right) - \ln\left(\dfrac{T_2}{T_1}\right)} = \frac{\ln\left(\dfrac{500}{100}\right)}{\ln\left(\dfrac{500}{100}\right) - \ln\left(\dfrac{473,15}{290,15}\right)} = 1{,}4365 \quad \text{(Gl 3.62)}$$

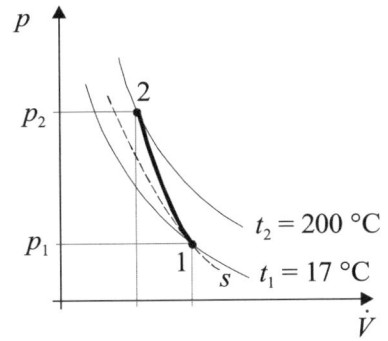
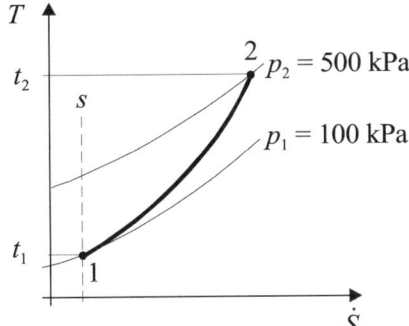

Zu b): Gesucht: $\dot{m}$

Thermische Zustandsgleichung des idealen Gases:
$$p V = m R_i T \qquad |:(R_i T) \qquad \text{(Gl 1.16)}$$

$$m = \frac{p_2 V_2}{R_i T_2} \qquad \left| \frac{d}{d\tau}( ) \right.$$

$$\dot{m} = \frac{p_2 \dot{V}_2}{R_i T_2} = \frac{500 \cdot 10^3 \, \cancel{Pa} \quad kg \, \cancel{K} \quad 30 \, \cancel{m^3}}{287{,}2 \, \cancel{J} \quad 3600 \, s \quad 473{,}15 \, \cancel{K}} \cdot \frac{\cancel{N}}{\cancel{Pa} \, \cancel{m^2}} \cdot \frac{\cancel{J}}{N \cancel{m}}$$

$$\left| \begin{array}{l} R_i = 287{,}2 \text{ J/(kg K)} \qquad \text{(T 1.5)} \\ \{T_2\} = 200 + 273{,}15 = 473{,}15 \;\to\; T_1 = 473{,}15 \text{ K} \qquad \text{(Gl 1.11)} \end{array} \right.$$

$$\underline{\underline{\dot{m} = 0{,}03066 \, \frac{\text{kg}}{\cancel{s}} \, \frac{3600 \, \cancel{s}}{\text{h}} = 110{,}38 \, \frac{\text{kg}}{\text{h}}}}$$

Zu c): Gesucht: $\dot{W}_{diss12}$

$$W_{diss12} = m \, c_{vm} \Big|_{t_1}^{t_2} \, \frac{n - \kappa}{n - 1} (T_2 - T_1) \qquad \left| \frac{d}{d\tau}( ) \right. \qquad \text{(Gl 3.79)}$$

$$\dot{W}_{diss12} = \dot{m} \, c_{vm} \Big|_{t_1}^{t_2} \, \frac{n - \kappa}{n - 1} (T_2 - T_1)$$

$$\left| \begin{array}{l} c_{vm}\Big|_{t_1}^{t_2} \approx c_v (0 \,°C) = 717{,}1 \text{ J/(kg K)} \qquad \text{(T 1.5)} \\ \{T_1\} = 17 + 273{,}15 = 290{,}15 \;\to\; T_1 = 290{,}15 \text{ K} \qquad \text{(Gl 1.11)} \end{array} \right.$$

$$\dot{W}_{diss12} = 0{,}03066 \, \frac{\text{kg}}{\cancel{s}} \, 717{,}1 \, \frac{\cancel{J}}{\text{kg} \, \cancel{K}} \, \frac{1{,}4365 - 1{,}401}{1{,}4365 - 1}$$

$$\cdot (473{,}15 - 290{,}15) \, \cancel{K} \, \frac{W \, \cancel{s}}{\cancel{J}}$$

$$\underline{\underline{\dot{W}_{diss12} = 327{,}23 \text{ W}}}$$

Zu d): Gesucht: $\dot{W}_{t12}$

1. HS der Thermodynamik für offene Systeme:
$$\dot{W}_{t12} + Q_{12} = H_2 - H_1 + \frac{m}{2}\cancel{(c_2^2 - c_1^2)} - \cancel{mg\,(z_2 - z_1)} \qquad \text{(Gl 2.17)}$$

| Vernachlässigung der Änderung der kinetischen und der potenziellen Energie.
Adiabate Zustandsänderung: $Q_{12} = 0$

3.4 Einfache Zustandsänderungen des idealen Gases

Kalorische Zustandsgleichung für das ideale Gas:

$$H_2 - H_1 = m \, c_{pm}\Big|_{t_1}^{t_2} (T_2 - T_1) \qquad \text{(Gl 2.45)} \cdot m$$

$$W_{t12} = m \, c_{pm}\Big|_{t_1}^{t_2} (T_2 - T_1) \qquad \left|\frac{d}{d\tau}(\ )\right.$$

$$\dot{W}_{t12} = \dot{m} \, c_{pm}\Big|_{t_1}^{t_2} (T_2 - T_1)$$

$$c_{pm}\Big|_{t_1}^{t_2} \approx c_p(0\,°C) = 1004{,}3 \text{ J/(kg K)} \qquad \text{(T 1.5)}$$

$$\dot{W}_{t12} = 0{,}03066\,\frac{\text{kg}}{\text{s}} \, 1004{,}3\,\frac{\text{J}}{\text{kg K}} (473{,}15 - 290{,}15)\,\text{K}\,\frac{\text{Ws}}{\text{J}}$$

$$\underline{\underline{\dot{W}_{t12} = 5635 \text{ W}}}$$

Zu e): Gesucht: $\dot{S}_2 - \dot{S}_1$

$$S_2 - S_1 = m \, c_{pm}\Big|_{t_1}^{t_2} \ln\left(\frac{T_2}{T_1}\right) - m \, R_i \ln\left(\frac{p_2}{p_1}\right) \qquad \left|\frac{d}{d\tau}(\ )\right. \qquad \text{(Gl 3.77)}$$

$$\dot{S}_2 - \dot{S}_1 = \dot{m}\left(c_{pm}\Big|_{t_1}^{t_2} \ln\left(\frac{T_2}{T_1}\right) - R_i \ln\left(\frac{p_2}{p_1}\right) \right)$$

$$\dot{S}_2 - \dot{S}_1 = 0{,}03066\,\frac{\text{kg}}{\text{s}} \left(1004{,}3\,\frac{\text{J}}{\text{kg K}} \ln\left(\frac{473{,}15}{290{,}15}\right) \right.$$

$$\left. - 287{,}2\,\frac{\text{J}}{\text{kg K}} \ln\left(\frac{500}{100}\right) \right) \frac{\text{Ws}}{\text{J}}$$

$$\underline{\underline{\dot{S}_2 - \dot{S}_1 = 0{,}8857\,\frac{\text{W}}{\text{K}}}}$$

Zu f): Gesucht: $u_2 - u_1$

Kalorische Zustandsgleichung des idealen Gases:

$$u_2 - u_1 = c_{vm}\Big|_{t_1}^{t_2} (T_2 - T_1) \qquad \text{(Gl 2.44)}$$

$$u_2 - u_1 = 716{,}66\,\frac{\text{J}}{\text{kg K}} (473{,}15 - 290{,}15)\,\text{K}\,\frac{\text{kJ}}{1000\,\text{J}}$$

$$\underline{\underline{u_2 - u_1 = 131\,\frac{\text{kJ}}{\text{kg}}}}$$

Aufgabe 3.17

In einem adiabaten Verdichter wird ein Normvolumenstrom von 100 000 m³/h Methan mit Reibung von 1 MPa, 12 °C auf 4 MPa verdichtet, wodurch die Temperatur auf 150 °C steigt. Methan soll näherungsweise als ideales Gas angenommen werden. Die Temperaturabhängigkeit der spezifischen Wärmekapazität ist zu vernachlässigen, es ist mit dem Wert bei 0 °C zu rechnen. Die Änderung der kinetischen und der potenziellen Energie soll vernachlässigt werden.

a) Skizzieren Sie den Vorgang im $p,\dot{V}$- und im $T,\dot{S}$-Diagramm.
b) Welche Verdichterleistung ist zuzuführen?
c) Wie ändert sich der Entropiestrom?
d) Wie groß ist die reversible technische Verdichterleistung?
e) Welche Leistung wird dissipiert?
f) Tragen Sie die reversible technische Verdichterleistung und die Dissipationsleistung als Flächen in das $p,\dot{V}$- oder in das $T,\dot{S}$-Diagramm ein.

Aufgabe 3.18

In zwei verschiedenen Turbinen werden 100 kg/s Luft von 900 kPa, 900 °C auf 100 kPa entspannt. Die Expansion erfolgt im Fall A in einer adiabaten Turbine mit Dissipation, wobei eine Endtemperatur von 500 °C erreicht wird und im Fall B in einer gekühlten Turbine ohne Dissipation, wobei eine Endtemperatur von 300 °C erreicht wird. Luft soll näherungsweise als ideales Gas angenommen werden. Die Temperaturabhängigkeit der spezifischen Wärmekapazität ist zu vernachlässigen, es ist mit dem Wert bei 0 °C zu rechnen. Die Änderungen der kinetischen und der potenziellen Energien sollen vernachlässigt werden.

a) Stellen Sie beide Vorgänge in getrennten $T,\dot{S}$-Diagrammen dar.
b) Ermitteln Sie die jeweils an das Turbinenlaufrad abgegebene Leistung.
c) Wie groß ist im Fall A die dissipierte Leistung?
d) Wie groß ist im Fall B der zu- oder abgeführte Wärmestrom (zu-/abgeführt)?
e) Kennzeichnen Sie die im Fall A dissipierte Leistung und den im Fall B zu- oder abgeführten Wärmestrom in den $T,\dot{S}$-Diagrammen des Aufgabenteils a).

Aufgabe 3.19

Einer Heliumturbine werden stündlich 10 000 kg Helium von 3,5 MPa, 950 °C zugeführt, das in der Turbine adiabat irreversibel auf 500 kPa, 480 °C expandiert. Helium soll näherungsweise als ideales Gas angenommen werden. Die Änderung der kinetischen und der potenziellen Energie soll vernachlässigt werden.

a) Skizzieren Sie den Vorgang im $p,\dot{V}$- und $T,\dot{S}$-Diagramm.
b) Ermitteln Sie die von der Turbine abgegebene Leistung,
c) die dissipierte Leistung und die Änderung des Entropiestromes.
d) Tragen Sie die berechneten Leistungen als Flächen in ein $T,\dot{S}$-Diagramm ein.

3.5 Kreisprozesse

Beispiel 3.6

Stickstoff durchläuft in vier hintereinandergeschalteten, offenen Systemen folgenden Kreisprozess:

1 → 2: adiabate Expansion von 200 kPa, 700 K auf 100 kPa, 580 K

2 → 3: reversible, isobare Wärmeabfuhr bis auf 300 K ($c_{pm}\big|_{t_2}^{t_3} = 1050{,}4\ \dfrac{\text{J}}{\text{kg K}}$)

3 → 4: adiabate Kompression bis 200 kPa, 380 K

4 → 1: reversible, isobare Wärmezufuhr bis auf 700 K ($c_{pm}\big|_{t_4}^{t_1} = 1065{,}4\ \dfrac{\text{J}}{\text{kg K}}$).

Stickstoff soll näherungsweise als ideales Gas angenommen werden. Die Änderungen der kinetischen und der potenziellen Energien sollen vernachlässigt werden.

a) Skizzieren Sie den Kreisprozess im p,v- und im T,s-Diagramm. Liefert der Prozess Arbeit (Begründung erforderlich)?
b) Berechnen Sie die bei 2 → 3 abgeführte spezifische Wärme und die bei 4 → 1 zugeführte spezifische Wärme.
c) Bestimmen Sie die spezifische Arbeit des Kreisprozesses.
d) Bestimmen Sie den thermischen Wirkungsgrad.
e) Tragen Sie im T,s-Diagramm die bei den Zustandsänderungen 2 → 3 und 4 → 1 übertragenen spezifischen Wärmen als Flächen ein.

Zu a):   Gegeben: N_2, ideales Gas, $dE_{\text{kin}} = dE_{\text{pot}} = 0$

$$c_{pm}\big|_{t_2}^{t_3} = 1050{,}4\ \dfrac{\text{J}}{\text{kg K}},\quad c_{pm}\big|_{t_4}^{t_1} = 1065{,}4\ \dfrac{\text{J}}{\text{kg K}}$$

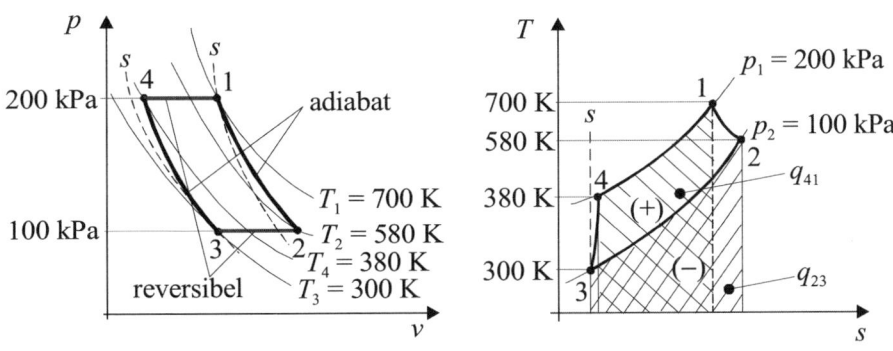

Ein rechtslaufender Kreisprozess liefert Arbeit.

$$n_{12} = \frac{\ln\left(\dfrac{p_2}{p_1}\right)}{\ln\left(\dfrac{p_2}{p_1}\right) - \ln\left(\dfrac{T_2}{T_1}\right)} = \frac{\ln\left(\dfrac{100}{200}\right)}{\ln\left(\dfrac{100}{200}\right) - \ln\left(\dfrac{580}{700}\right)} \qquad (Gl\ 3.62)$$

$$n_{12} = 1{,}3723$$

$$n_{34} = \frac{\ln\left(\dfrac{p_4}{p_3}\right)}{\ln\left(\dfrac{p_4}{p_3}\right) - \ln\left(\dfrac{T_4}{T_3}\right)} = \frac{\ln\left(\dfrac{200}{100}\right)}{\ln\left(\dfrac{200}{100}\right) - \ln\left(\dfrac{380}{300}\right)} \qquad (Gl\ 3.62)$$

$$n_{34} = 1{,}5175$$

Zu b):   Gesucht: q_{23}^{rev}

Reversible, isobare Wärmeabfuhr 2→3 :

$$Q_{ib12}^{rev} = m\ c_{pm}\Big|_{t_1}^{t_2}(T_2 - T_1) \qquad\qquad |:m \qquad (Gl\ 3.32)$$

$$q_{ib23}^{rev} = c_{pm}\Big|_{t_2}^{t_3}(T_3 - T_2)$$

$$q_{ib23}^{rev} = 1050{,}4\,\frac{J}{kg\,K}(300 - 580)\,K = -294{,}112\,\frac{kJ}{kg}$$

Reversible, isobare Wärmezufuhr 4→1 :

$$q_{ib41}^{rev} = c_{pm}\Big|_{t_4}^{t_1}(T_1 - T_4) \qquad\qquad (Gl\ 3.32) : m$$

$$q_{ib41}^{rev} = 1065{,}4\,\frac{J}{kg\,K}(700 - 380)\,K = 340{,}928\,\frac{kJ}{kg}$$

Zu c):   Gesucht: w_k

$$w_k = -\left(q_{ib23}^{rev} + q_{ib41}^{rev}\right) = -46{,}816\,\frac{kJ}{kg} \qquad (Gl\ 3.81) : m$$

Zu d):   Gesucht: η_{th}

$$\eta_{th} = \frac{|w_k|}{q_{zu}} = \frac{46{,}816}{340{,}928} = 0{,}137 \quad\to\quad 13{,}7\,\% \qquad (Gl\ 3.84)$$

Zu e):   siehe Zu a)

3.5 Kreisprozesse

Aufgabe 3.20

a) Bestimmen Sie die Leistungszahl eines Gefrierschrankes unter der Annahme, dass die Kältemaschine einen (reversiblen) Carnot-Prozess mit einem idealen Gas ausführt. Sie messen −22 °C an der Kühlflächenoberfläche (= Temperatur des Arbeitsmittels) und 43 °C an der hinten liegenden Wärmeabgabefläche (= Temperatur des Arbeitsmittels).

b) Welche Kreisprozessarbeit ist erforderlich, um bei einem vollständigen Luftaustausch des Kühlschrank-Luftinhalts von 165 l Luft die eingebrachte Luft von 22 °C auf −18 °C zu kühlen? Leistungszahl von a) verwenden. Umgebungsdruck 101 kPa. Luft soll näherungsweise als ideales Gas angenommen werden. Die Temperaturabhängigkeit der spezifischen Wärmekapazität ist zu vernachlässigen, es ist mit dem Wert bei 0 °C zu rechnen.

c) Welcher Unterdruck entsteht dabei im vollständig geschlossenen Kühlschrank?

Aufgabe 3.21

Es soll geprüft werden, ob es sich lohnt, einen Kreisprozess mit einfachen Maschinen aufzubauen. Dazu ist der folgende reibungsfreie Kreisprozess zu untersuchen: Luft wird in einem adiabaten Verdichter von 100 kPa, 10 °C auf 102 kPa verdichtet. Danach wird zunächst die Temperatur der Luft bei konstantem Druck auf 420 °C erhöht und anschließend der Druck in einer adiabaten Turbine auf 100 kPa entspannt. Danach wird die Temperatur der Luft bei konstantem Druck wieder auf 10 °C gebracht. Luft soll näherungsweise als ideales Gas angenommen werden. Alle Zustandsänderungen sollen mit einem mittleren Isentropenexponenten von 1,386 gerechnet werden. Die Änderungen der kinetischen und der potenziellen Energien sollen vernachlässigt werden.

a) Stellen Sie den Kreisprozess in einem p,v- und einem T,s-Diagramm dar.
b) Berechnen Sie die mit dieser Anlage erreichbare spezifische Arbeit des Kreisprozesses und
c) den thermischen Wirkungsgrad der Anlage.

Aufgabe 3.22

Ein Massenstrom von 100 kg/s Luft durchläuft in drei hintereinandergeschalteten, offenen Systemen einen Kältemaschinenprozess mit der Leistungszahl 2,7:
1 → 2: adiabate Kompression mit Reibung von 100 kPa, −40 °C auf 400 kPa
2 → 3: reversible, isobare Wärmeabgabe bis auf 50 °C
3 → 1: reibungsfreie polytrope Expansion mit Wärmeaufnahme.
Luft soll näherungsweise als ideales Gas angenommen werden. Stoffwerte bei 0 °C. Die Änderungen der kinetischen und der potenziellen Energien sollen vernachlässigt werden.

a) Berechnen Sie den abgegebenen Wärmestrom.
b) Stellen Sie den Kreisprozess im $p,\dot{V}$- und im $T,\dot{S}$-Diagramm dar.

Aufgabe 3.23

Luft durchläuft in einem geschlossenen System folgenden reversiblen Kreisprozess:
1 → 2: isotherme Kompression bei 20 °C von 0,84 m³/kg auf 0,42 m³/kg
2 → 3: isochore Wärmeabfuhr bis auf −10 °C ($c_{pm}\big|_{t_2}^{t_3} = 1004{,}3$ J/(kg K))
3 → 4: isotherme Expansion bis 0,84 m³/kg
4 → 1: isochore Wärmezufuhr bis auf 20 °C ($c_{pm}\big|_{t_1}^{t_4} = 1004{,}3$ J/(kg K))

Luft soll näherungsweise als ideales Gas angenommen werden.
a) Skizzieren Sie den Kreisprozess im p,v- und im T,s-Diagramm. Liefert der Prozess Arbeit (Begründung erforderlich)?
b) Bestimmen Sie die spezifische Arbeit des Kreisprozesses.
c) Bestimmen Sie die bei der isothermen Expansion zugeführte spez. Wärme.
d) Tragen Sie diese Wärme als Fläche in das T,s-Diagramm ein.

3.6 Adiabate Drosselung

Aufgabe 3.24

Ein Versorgungsunternehmen erhält aus einer Pipeline 16 000 Normkubikmeter Erdgas pro Stunde. Das Gas hat einen Überdruck von 4,2 MPa und eine Temperatur von 20 °C. Es wird auf einen Überdruck von 90 kPa adiabat gedrosselt und weiterverteilt. Erdgas soll näherungsweise als ideales Gas angenommen werden. Alle Zustandsänderungen sollen mit einem mittleren Isentropenexponenten von 1,32 gerechnet werden. R_i = 512,9 J/(kg K); p_{amb} = 100 kPa. Die Änderungen der kinetischen und der potenziellen Energien sollen vernachlässigt werden.

a) Wie groß ist der Massenstrom des Gases in kg/s? Wie groß ist die Temperatur hinter der Drosselstelle (mit Begründung!)? Berechnen Sie den bei der Drosselung erzeugten Entropiestrom.
b) Die Drosselung soll durch eine Turbine ersetzt werden. Wie groß wäre die Leistung dieser Turbine bei einer reversiblen, isothermen Expansion?
c) Welche Austrittstemperatur t_2 würde bei einer reversiblen, adiabaten Expansion erreicht werden? Wie groß wäre dann die Turbinenleistung?
d) Auf welche Temperatur t_4 müsste das Gas isobar vorgewärmt werden, damit es bei der anschließenden reversiblen, adiabaten Expansion wieder eine Temperatur von 20 °C hat?
e) Stellen Sie in einem gemeinsamen $p, \dot{V}$-Diagramm die drei unter b), c) und d) genannten Zustandsänderungen dar. Kennzeichnen Sie die bei der isentropen Expansion nach d) abgegebene reversible technische Leistung.
f) Stellen Sie die drei Zustandsänderungen in einem gemeinsamen $T, \dot{S}$-Diagramm dar! Kennzeichnen Sie den bei der isobaren Vorwärmung zuzuführenden Wärmestrom.

Aufgabe 3.25

Von einem adiabaten Verdichter werden 10 000 m³/h Luft bei Umgebungsdruck und Umgebungstemperatur (Zustand 1: 98 kPa, 15 °C) angesaugt und irreversibel auf 600 kPa verdichtet. Nach der Verdichtung beträgt die Lufttemperatur 250 °C (Zustand 2). Bei der anschließenden Fortleitung der Luft in Rohrleitungen findet Druckverlust (Drosselung) und Abkühlung statt, sodass die Luft mit 500 kPa, 40 °C (Zustände 3 und 4) bei den Verbrauchern ankommt. Neben anderen Verbrauchern wird ein Presslufthammer mit 5 kW Antriebsleistung betrieben, in dem die Luft adiabat und ohne Verluste (reversibel) auf den Umgebungsdruck expandiert (Zustandsänderung: 4 →5) . Luft soll näherungsweise als ideales Gas angenommen werden. Die Änderungen der kinetischen und der potenziellen Energien sollen vernachlässigt werden. Die Temperaturabhängigkeit der spezifischen Wärmekapazität ist zu vernachlässigen, alle Zustandsänderungen sind mit dem Wert $c_{pm} = 1016{,}99$ J/(kg K) zu rechnen.

a) Skizzieren Sie das Anlagenschema und
b) das p,v- und das T,s-Diagramm der Vorgänge.
c) Ermitteln Sie die erforderliche Verdichtungsleistung in kW,
d) den Luftmassenstrom in dem Presslufthammer in kg/s,
e) die Entropieänderung des Luftstromes bei der Fortleitung in der Rohrleitung in kW/K.

3.7 Füllen eines Behälters

Aufgabe 3.26

In einem adiabaten Behälter ($V = 1$ m³) befindet sich Propan bei 20 °C und 100 kPa. Mit einem Druck von 200 kPa wird 1 kg Propan (Temperatur 20 °C) aufgefüllt. Propan ($R_i(C_3H_8) = 188{,}58$ J/(kg K)) soll näherungsweise als ideales Gas angenommen werden. Es ist mit $c_{vm} = 1480$ J/(kg K) zu rechnen.

a) Berechnen Sie die Masse des Propans im Behälter vor dem Befüllen,
b) die Temperatur nach dem Befüllen,
c) den Druck, der sich nach dem Befüllen im Behälter einstellt und
d) die verrichtete Einschubarbeit.

3.8 Temperaturausgleich

Aufgabe 3.27

500 g Metall von 100 °C werden in ein Kalorimeter mit 1 kg Wasserfüllung ($c_{pm}(H_2O) = 4182$ J/(kg K)) gebracht. Die Wärmekapazität des Kalorimeters einschließlich des Kalorimetermantels beträgt 400 J/K. Die Temperatur des Kalorimeters steigt durch das eingebrachte Metall von 19 °C auf 25 °C .
Ermitteln Sie die spezifische Wärmekapazität des Metalls.

Aufgabe 3.28

Eine wärmedurchlässige Wand teilt einen liegenden Zylinder, der mit Luft gefüllt ist, in zwei gleich große Kammern. Die Zylinderwände sind gegenüber der Umgebung wärmeundurchlässig. Luft soll näherungsweise als ideales Gas angenommen werden. Zu Beginn herrscht in der linken Kammer eine Temperatur von 500 K und ein Druck von 150 kPa und in der rechten Kammer eine Temperatur von 300 K und ein Druck von 100 kPa. Es findet ein Temperaturausgleich statt. Die Temperaturabhängigkeit der spezifischen Wärmekapazität ist zu vernachlässigen, es ist mit dem Wert bei 0 °C zu rechnen.

a) Berechnen Sie die Ausgleichstemperatur und
b) die Änderung der Entropie bezogen auf die gesamte Luftmasse.

3.9 Exergie und Anergie

3.9.1 Begrenzte Umwandelbarkeit der inneren Energie und der Wärme

3.9.2 Exergie und Anergie eines strömenden Fluids

Beispiel 3.7

Wasser ($t_b = 15$ °C, $p_b = 100$ kPa) wird in einem als adiabat angenommenen elektrisch beheizten Durchlauferhitzer isobar zum Sieden gebracht. Die Änderung der kinetischen und der potenziellen Energie soll vernachlässigt werden. Für die mittlere isobare spezifische Wärmekapazität zwischen 15 °C und 99,61 °C soll näherungsweise der Wert 4190 J/(kg K) verwendet werden.

a) Welche spezifische elektrische Energie muss dem Durchlauferhitzer zugeführt werden?
b) Wie viel Prozent der zugeführten Energie werden in Anergie verwandelt?

Gegeben:

$c_1 = c_2$, $z_1 = z_2$

$c_{pm}\big|_{15\,°C}^{99,61\,°C} = 4190 \dfrac{J}{kg\,K}$

$t_2 = t_s(100\text{ kPa}) = 99{,}61$ °C   (T 5.4)

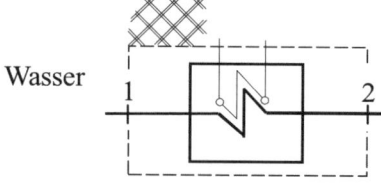

Wasser

$t_b = t_1 = 15$ °C $t_2 = 99{,}61$ °C
$p_b = p = 100$ kPa $p = 100$ kPa

Zu a): Gesucht: w_{t12}

1. HS der Thermodynamik für offene Systeme:

$$\cancel{W_{t12}} + \cancel{Q_{12}} = H_2 - H_1 + \frac{m}{2}\cancel{(c_2^2 - c_1^2)} - \cancel{mg(z_2 - z_1)} \qquad \text{(Gl 2.26)}$$

3.9 Exergie und Anergie

Vernachlässigung der Änderung der kinetischen und der potenziellen Energie.
Adiabate Zustandsänderung $1 \to 2$: $Q_{12} = 0$

$$W_{t12} = H_2 - H_1 \qquad |:m$$

kalorische Zustandsgleichung für eine isobare Zustandsänderung:

$$H_2 - H_1 = m\, c_{pm}\Big|_{t_1}^{t_2}(T_2 - T_1) \qquad \text{(Gl 3.32)}$$

$$w_{t12} = c_{pm}\Big|_{t_1}^{t_2}(T_2 - T_1)$$

$$w_{t12} = 4190 \frac{\cancel{J}}{\text{kg}\,\cancel{K}}(372{,}76 - 288{,}15)\,\cancel{K}\, \frac{\text{kJ}}{10^3\,\cancel{J}}$$

$$\underline{\underline{w_{t12} = 354{,}516\ \frac{\text{kJ}}{\text{kg}}}}$$

Zu b):
$$E_2 - E_1 = H_2 - H_1 + T_b(S_1 - S_2) \qquad |:m \quad \text{(Gl 3.112)}$$

Isobare Zustandsänderung $1 \to 2$:

$$S_2 - S_1 \approx m\, c_{pm}\Big|_{t_1}^{t_2} \ln\!\left(\frac{T_2}{T_1}\right) \qquad \text{(Gl 3.33)}$$

kalorische Zustandsgleichung für eine isobare Zustandsänderung:

$$H_2 - H_1 = m\, c_{pm}\Big|_{t_1}^{t_2}(T_2 - T_1) \qquad \text{(Gl 3.32)}$$

$$e_2 - e_1 \approx c_{pm}\Big|_{t_1}^{t_2}\left[(T_2 - T_1) - T_b \ln\!\left(\frac{T_2}{T_1}\right)\right]$$

$$e_2 - e_1 \approx 4190\ \frac{\text{J}}{\text{kg}\,\cancel{K}}\left[(372{,}76 - 288{,}15)\,\cancel{K}\right.$$
$$\left. - 288{,}15\ \text{K}\ \ln\!\left(\frac{372{,}76}{288{,}15}\right)\right] \approx 43{,}68\ \frac{\text{kJ}}{\text{kg}}$$

$$\frac{w_{t12} - (e_2 - e_1)}{w_{t12}} = \frac{(354{,}516 - 43{,}68)\frac{\cancel{\text{kJ}}}{\cancel{\text{kg}}}}{354{,}516\frac{\cancel{\text{kJ}}}{\cancel{\text{kg}}}}\ 100\ \% = \underline{\underline{87{,}68\ \%}}$$

Aufgabe 3.29

In einer Kältemaschine wird Ammoniak (NH_3) von -10 °C, 100 kPa auf 200 kPa reversibel, isotherm verdichtet. Umgebungszustand: 20 °C, 100 kPa. Ammoniak soll näherungsweise als ideales Gas angenommen werden. Die Temperaturabhängigkeit der spezifischen Wärmekapazität ist zu vernachlässigen, es ist mit dem Wert bei 0 °C zu rechnen. Die Änderung der kinetischen und der potenziellen Energie soll vernachlässigt werden.

a) Wie groß ist die Änderung der spezifischen Exergie?
b) Wie groß ist der Anteil infolge der verrichteten Verdichterarbeit und
c) wie groß ist der Anteil infolge der Wärmeabfuhr?
d) Skizzieren Sie die berechneten Größen als Flächen in einem T,s-Diagramm.

3.9.3 Exergie und Anergie eines geschlossenen Systems

Aufgabe 3.30

1 kg Wasser soll in einem geschlossenen System bei 98,0665 kPa isobar, reversibel von 20 °C auf 0 °C abgekühlt werden ($c_{pm}\big|_{0\,°C}^{20\,°C} = 4182\ \dfrac{J}{kg\ K}$).

a) Welche Wärme muss entzogen werden?
b) Wie groß ist die Änderung der Exergie (Umgebungszustand: $p_b = 98{,}0665$ kPa, $t_b = 20$ °C)?

Aufgabe 3.31

200 l trockene Luft bilden ein geschlossenes System. Die Luft hat eine Temperatur von 5 °C und einen Druck von 100 kPa. Die Umgebungstemperatur beträgt 20 °C, der Umgebungsdruck 100 kPa. Wegen mangelhafter Isolation erwärmt sich die Luft auf 10 °C. Luft soll näherungsweise als ideales Gas angenommen werden. Die Temperaturabhängigkeit der spezifischen Wärmekapazität ist zu vernachlässigen, es ist mit dem Wert bei 0 °C zu rechnen.

Wie viel Wärme fließt über die Systemgrenze und wie ändert sich die Exergie des Systems, wenn die Zustandsänderung

a) isochor oder
b) isobar erfolgt?
c) Für beide Zustandsänderungen ist die Änderung der Exergie als Fläche in ein p,V-Diagramm einzutragen.
d) Bei welcher Zustandsänderung ist der Betrag der Exergieänderung größer?

3.9 Exergie und Anergie 65

Aufgabe 3.32

Energie (Exergie) kann unter anderem auch in Druckluftspeichern (zum Teil in Kavernen unter Tage) gespeichert werden. Ein Energiespeicher mit einem Volumen von 1000 m³ enthält Druckluft von 5 MPa, 20 °C (Zustand 1). Luft soll näherungsweise als ideales Gas angenommen werden. Umgebungszustand: 100 kPa, 20 °C. Die Temperaturabhängigkeit der spezifischen Wärmekapazität ist zu vernachlässigen, es ist mit dem Isentropenexponenten $\kappa = 1{,}4$ zu rechnen. Der Entleerungsvorgang kann bis zu einem Druck von 500 kPa im Behälter erfolgen.

a) Welche Exergie ist in dem Druckluftbehälter im Zustand 1 vorhanden?

b) Die Luft im Behälter werde reibungsfrei und adiabat auf den Enddruck von 500 kPa gebracht, indem ein Teil der Luft in das Anschlussrohr eintritt und dort einen Kolben verschiebt (gedachter idealisierter Ersatzvorgang). Welche Exergie ist nach dem Vorgang im Behälter vorhanden?

3.9.4 Exergie und Anergie der Wärme

Beispiel 3.8

Ein im Freien aufgestellter Energiespeicher mit einem Volumen von 1000 m³ enthält Druckluft von 5 MPa, 20 °C (Zustand 1). Luft soll näherungsweise als ideales Gas angenommen werden. Umgebungszustand: 100 kPa, 20 °C.

Aufgrund intensiver Sonneneinstrahlung steige die Temperatur der Luft im Behälter ausgehend vom Zustand 1 auf 25 °C. Die Temperaturabhängigkeit der spezifischen Wärmekapazität ist zu vernachlässigen, es ist mit dem Isentropenexponenten $\kappa = 1{,}4$ zu rechnen..

a) Die Zustandsänderung ist in ein p,V- und ein T,S-Diagramm einzutragen.

b) Welche Wärme wird aufgrund der Sonneneinstrahlung vom Gas aufgenommen?

c) Die aufgenommene Wärme ist als Fläche in das T,S-Diagramm einzutragen.

d) Wie viel Exergie fließt mit der Wärme in das Gas?

e) Diese Exergie ist als Fläche in das p,V- und das T,S-Diagramm einzutragen.

Gegeben:

Luft, ideales Gas
$\kappa = 1{,}4$

$p_b = 100$ kPa
$t_b = 20$ °C

$V = 1000$ m³
$p_1 = 5$ MPa
$t_1 = 20$ °C

$t_2 = 25$ °C

Zu a):

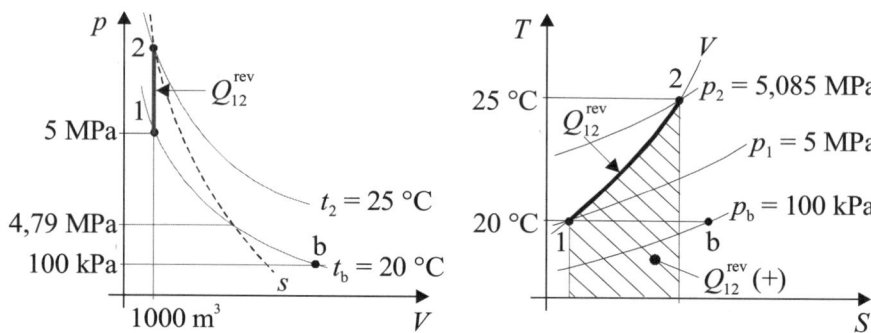

Zu b): Gesucht: Q_{12}^{rev}

Isochore Wärmezufuhr $1 \rightarrow 2$:

$$Q_{ich12}^{rev} = m \; c_{vm}\big|_{t_1}^{t_2} (t_2 - t_1) \qquad \text{(Gl 3.24)}$$

$\bigg|$ Thermische Zustandsgleichung des idealen Gases:
$\bigg| \quad p_1 V = m R_i T_1 \qquad \big| : (R_i T) \qquad \text{(Gl 1.16)}$

$$m = \frac{p_1 V}{R_i T_1} = 59\,387,59 \text{ kg}$$

$$c_v = \frac{R_i}{\kappa - 1} = \frac{287,2}{1,4 - 1} \frac{\text{J}}{\text{kg K}} = 718 \frac{\text{J}}{\text{kg K}} \qquad \text{(Gl 2.48)}$$

$$Q_{ich12}^{rev} = \frac{p_1 V}{\cancel{R_i} T_1} \frac{\cancel{R_i}}{\kappa - 1}(t_2 - t_1) = \frac{p_1 V}{T_1} \frac{1}{\kappa - 1}(t_2 - t_1)$$

$$Q_{ich12}^{rev} = \frac{5 \cdot 10^6 \,\cancel{\text{Pa}} \cdot 1000 \,\cancel{\text{m}^3}}{293,15 \,\cancel{\text{K}}} \frac{1}{1,4 - 1} \, 5\,\cancel{\text{K}} \frac{\cancel{\text{N}}}{\cancel{\text{Pa m}^2}} \frac{\cancel{\text{J}}}{\cancel{\text{Nm}}} \frac{\text{MJ}}{10^6 \cancel{\text{J}}}$$

$$\underline{\underline{Q_{ich12}^{rev} = 213,201 \text{ MJ}}}$$

Zu c): siehe Zu a)

Zu d): Gesucht: E_{q12}

$$E_{q12} = Q_{12} - T_b (S_2 - S_1) \qquad \text{(Gl 3.121)}$$

$\bigg|$ Isochore Zustandsänderung $1 \rightarrow 2$:

$$S_2 - S_1 = m \; c_{vm}\big|_{t_1}^{t_2} \ln\left(\frac{T_2}{T_1}\right) \qquad \text{(Gl 3.25)}$$

Thermische Zustandsgleichung des idealen Gases:

3.9 Exergie und Anergie

$$p_1 V = m R_i T_1 \qquad \Big| : (R_i T) \qquad \text{(Gl 1.16)}$$

$$m = \frac{p_1 V}{R_i T_1}$$

$$c_v = \frac{R_i}{\kappa - 1} \qquad \text{(Gl 2.48)}$$

$$E_{q12} = Q_{12} - \cancel{T_b} \frac{p_1 V}{\cancel{R_i T_1}} \frac{\cancel{R_i}}{\kappa - 1} \ln\left(\frac{T_2}{T_1}\right)$$

$$\Big| T_b = T_1$$

$$E_{q12} = 231{,}201 \cdot 10^6 \text{ J} - \frac{5 \cdot 10^6 \cancel{Pa} \cdot 1000 \cancel{m^3}}{1{,}4 - 1} \ln\left(\frac{298{,}15}{293{,}15}\right) \frac{\cancel{N}}{\cancel{Pa\,m^2}} \frac{J}{\cancel{Nm}}$$

$$\underline{\underline{E_{q12} = 1{,}797 \text{ MJ}}}$$

alternativ:

Da am System keine Arbeit verrichtet wird und die Zustandsänderung reversibel ist, ist die Exergie der Wärme gleich der Exergieänderung des Systems.

$$E_{g2} - E_{g1} = U_2 - U_1 + T_b (S_1 - S_2) - p_b (V_1 - V_2) \qquad \text{(Gl 3.117)}$$

$$\Big| \text{Kalorische Zustandsgleichung des idealen Gases:}$$

$$\Big| U_2 - U_1 = m \, c_{vm}\Big|_{t_1}^{t_2} (t_2 - t_1) \qquad \text{(Gl 2.44)} \cdot m$$

$$\Big| \text{Isochore Zustandsänderung } 1 \to 2 :$$

$$\Big| S_2 - S_1 = m \, c_{vm}\Big|_{t_1}^{t_2} \ln\left(\frac{T_2}{T_1}\right) \qquad \text{(Gl 3.25)}$$

$$\Big| p_b (V_2 - V_1) = 0$$

$$E_{g2} - E_{g1} = m c_{vm}\Big|_{t_1}^{t_2} (t_2 - t_1) - T_b \, m c_{vm}\Big|_{t_1}^{t_2} \ln\left(\frac{T_2}{T_1}\right)$$

$$E_{g2} - E_{g1} = \frac{p_1 V}{\cancel{R_i T_1}} \frac{\cancel{R_i}}{\kappa - 1} \left[(T_2 - T_1) - T_b \ln\left(\frac{T_2}{T_1}\right) \right]$$

$$E_{g2} - E_{g1} = \frac{p_1 V}{\kappa - 1} \left[\frac{T_2}{T_1} - 1 - \frac{T_b}{T_1} \ln\left(\frac{T_2}{T_1}\right) \right]$$

$$\Big| T_b = T_1$$

$$E_{g2} - E_{g1} = \frac{5 \cdot 10^6 \, \text{Pa} \cdot 1000 \, \text{m}^3}{1{,}4-1} \left[\frac{298{,}15}{293{,}15} - 1 - \ln\left(\frac{298{,}15}{293{,}15}\right) \right] \frac{\text{N}}{\text{Pa m}^2} \frac{\text{J}}{\text{Nm}}$$

$$\underline{\underline{E_{g2} - E_{g1} = 1{,}797 \text{ MJ}}}$$

alternativ:

$$E_{g1} = U_1 - U_b + T_b (S_b - S_1) - p_b (V_b - V_1) \quad \text{(Gl 3.115)}$$

Isotherme Entspannung $1 \to b$:

$$U_1 - U_b = 0$$

$$S_2 - S_1 = m \, R_i \ln\left(\frac{p_1}{p_2}\right) = \frac{p_1 V_1}{T_1} \ln\left(\frac{p_1}{p_2}\right) \quad \text{(Gl 3.42)}$$

$$p_1 V_1 = p_2 V_2 \quad \to \quad V_b = \frac{p_1}{p_b} V_1 \quad \text{(Gl 3.35)}$$

$$E_{g1} = T_b \frac{p_1 V_1}{T_1} \ln\left(\frac{p_1}{p_b}\right) - p_b \left(\frac{p_1}{p_b} V_1 - V_1\right)$$

$$E_{g1} = p_1 V_1 \ln\left(\frac{p_1}{p_b}\right) - V_1 (p_1 - p_b)$$

$$E_{g1} = 5 \cdot 10^6 \, \text{Pa} \, 1000 \, \text{m}^3 \ln\left(\frac{5000}{100}\right) - 1000 \, \text{m}^3 \left(5 \cdot 10^6 \, \text{Pa} - 100 \cdot 10^3 \, \text{Pa}\right)$$

$$E_{g1} = 14\,660{,}115 \text{ MJ}$$

$$E_{g2} = U_2 - U_b + T_b (S_b - S_2) - p_b (V_b - V_2) \quad \text{(Gl 3.115)}$$

Polytrope Zustandsänderung $2 \to b$:

$$U_2 - U_b = m \, c_{vm}\Big|_{t_b}^{t_2} (T_2 - T_b) \quad \text{(Gl 2.44)} \cdot m$$

$$S_2 - S_b = m \, c_{vm}\Big|_{t_b}^{t_2} \ln\left(\frac{T_2}{T_b}\right) + m \, R_i \ln\left(\frac{V_2}{V_b}\right) \quad \text{(Gl 3.78)}$$

$$p_b V_b = m R_i T_b \quad \Big| : p_b \quad \text{(Gl 1.16)}$$

$$V_b = \frac{p_1 V_1}{R_i T_1} R_i \frac{T_b}{p_b} = \frac{p_1}{p_b} V_1$$

$$V_b = \frac{5 \cdot 10^6 \, \text{Pa}}{100 \cdot 10^3 \, \text{Pa}} 1000 \, \text{m}^3 = 50\,000 \, \text{m}^3$$

3.9 Exergie und Anergie

$$E_{g2} = mc_{vm}\Big|_{t_b}^{t_2}\left[T_2 - T_b - T_b \ln\left(\frac{T_2}{T_b}\right)\right] - T_b m R_i \ln\left(\frac{V_2}{V_b}\right) - p_b(V_b - V_2)$$

$$E_{g2} = \frac{p_1 V_1}{\cancel{R_i} T_1}\frac{\cancel{R_i}}{\kappa-1}\left[T_2 - T_b - T_b \ln\left(\frac{T_2}{T_b}\right)\right] - \cancel{T_b}\frac{p_1 V_1}{\cancel{T_1}}\ln\left(\frac{V_2}{V_b}\right) - p_b(V_b - V_2)$$

$$E_{g2} = \frac{5\cdot 10^6 \text{ Pa} \; 1000 \text{ m}^3}{293{,}15 \text{ K} \; 0{,}4}[298{,}15 \text{ K} - 293{,}15 \text{ K}$$

$$-293{,}15 \text{ K } \ln\left(\frac{298{,}15 \text{ K}}{293{,}15 \text{ K}}\right)] - 5\cdot 10^6 \text{ Pa } 1000 \text{ m}^3 \ln\left(\frac{1000}{50\,000}\right)$$

$$-100\cdot 10^3 \text{ Pa}(50\,000 - 1000)\text{ m}^3$$

$$E_{g2} = 14\,661{,}9128 \text{ MJ}$$

$$\underline{\underline{E_{g2} - E_{g1} = 1{,}797 \text{ MJ}}}$$

Zu e):

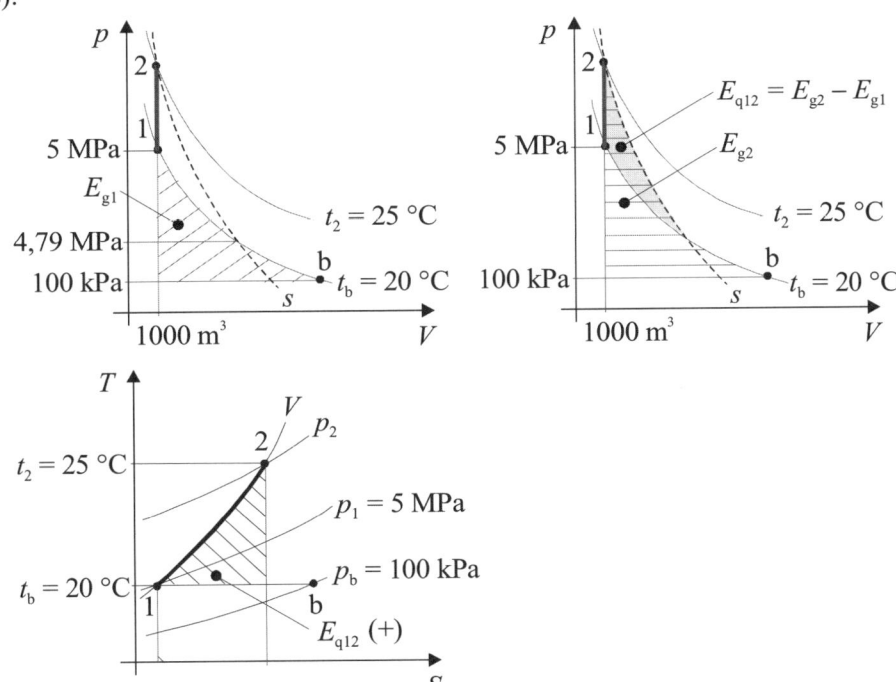

3.9.5 Exergieverlust

Beispiel 3.9

In einem Brennelement eines vollkommen wärmeisolierten Kernreaktors wird Energie frei. Diese wird als Wärme an das Kühlmittel übertragen. Die Temperatur des Brennelementes beträgt an seiner Oberfläche 400 °C. Als Kühlmittel dient CO_2, das nahezu isobar durch den Reaktor strömt. Seine Temperatur erhöht sich im Reaktor von 100 °C auf 300 °C. Kohlendioxid soll näherungsweise als ideales Gas angenommen werden. Die Änderung der kinetischen und der potenziellen Energie soll vernachlässigt werden. Die Umgebungstemperatur beträgt 20 °C.

Der auftretende Exergieverluststrom ist für einen Wärmestrom von 1000 kW zu berechnen.

<u>Gegeben:</u>

CO_2, ideales Gas
$\dot{Q}_{12} = 1000$ kW
$c_1 = c_2$, $z_1 = z_2$

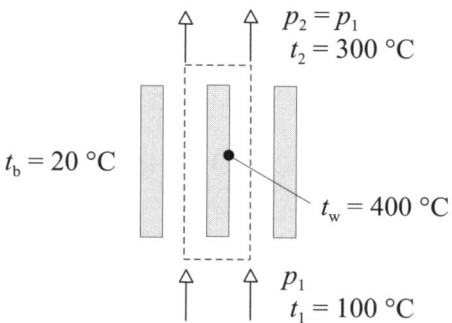

$p_2 = p_1$
$t_2 = 300$ °C
$t_b = 20$ °C
$t_w = 400$ °C
p_1
$t_1 = 100$ °C

<u>Gesucht:</u> $\dot{E}_{v12}$

Die Systemgrenze wird so gelegt, dass über sie keine Wärme fließt. Die Brennelemente werden als Wärmequelle aufgefasst. Da keine Arbeit über die Systemgrenze fließt, handelt es sich um einen Strömungsprozess:

$$\overset{\ast}{W}_{t12} = W_{t12}^{\text{rev}\ast} + W_{\text{diss}12} = 0 \qquad \left| -W_{t12}^{\text{rev}\ast} \right. \qquad \text{(Gl 2.19)}$$

> Vernachlässigung der Änderung der kinetischen und der potenziellen Energie.
>
> $$W_{t12}^{\text{rev}} = \int_1^2 V \, dp \qquad \text{(Gl 2.21)}$$

$$W_{\text{diss}12} = -W_{t12}^{\text{rev}} = -\int_1^2 V \, dp$$

> Da die Druckänderung vernachlässigbar sein soll, folgt, dass die Dissipationsenergie null ist:

$$W_{\text{diss}12} = 0$$

3.9 Exergie und Anergie

Exergiebilanz:

(Gl 3.128) $\quad \cancel{E_1^*} + E_{q12} + \cancel{W_{t12}^*} = \cancel{E_2^*} + E_{v12} \qquad \left|-E_2^*\right.$

> Strömungsprozess: $W_{t12}^* = 0$
> Vernachlässigung der Änderung der kinetischen und der potenziellen Energie.

$E_{v12} = E_1 - E_2 + E_{q12}$

> $E_2 - E_1 = H_2 - H_1 + T_b(S_1 - S_2)$ \hfill (Gl 3.112)
>
> $E_{q12} = \int_1^2 \left(1 - \dfrac{T_b}{T}\right) \mathrm{d}Q$
>
> > Wärmezufuhr bei konstanter Temperatur t_w:
> >
> > $E_{q12} = \left(1 - \dfrac{T_b}{T_w}\right) Q_{12} = \left(1 - \dfrac{293{,}15\,\mathrm{K}}{673{,}15\,\mathrm{K}}\right) 1000\,\mathrm{kW}$
> >
> > $E_{q12} = 564{,}51\,\mathrm{kW}$

$E_{v12} = H_1 - H_2 + T_b(S_2 - S_1) + \left(1 - \dfrac{T_b}{T_w}\right) Q_{12}$

> Isobare Zustandsänderung $1 \rightarrow 2$:
>
> $S_2 - S_1 = m\,c_{pm}\big|_{t_1}^{t_2} \ln\left(\dfrac{T_2}{T_1}\right)$ \hfill (Gl 3.33)
>
> 1. HS der Thermodynamik für offene Systeme:
>
> $\cancel{W_{t12}^*} + Q_{12} = H_2 - H_1 + \cancel{\dfrac{1}{2}m(c_2^2 - c_1^2)} + \cancel{mg(z_2 - z_1)}$ \hfill (Gl 2.17)
>
> > Strömungsprozess: $W_{t12}^* = 0$
> > Vernachlässigung der Änderung der kinetischen und der potenziellen Energie.
> >
> > Kalorische Zustandsgleichung des idealen Gases:
> >
> > $H_2 - H_1 = m\,c_{pm}\big|_{t_1}^{t_2}(t_2 - t_1)$ \hfill (Gl 2.45) $\cdot m$
>
> $Q_{12} = H_2 - H_1 = m\,c_{pm}\big|_{t_1}^{t_2}(t_2 - t_1) \qquad \left|: t_2 - t_1\right.$

$$\left| m\ c_{pm}\right|_{t_1}^{t_2} = \frac{Q_{12}}{t_2 - t_1}$$

$$\left| S_2 - S_1 = \frac{Q_{12}}{t_2 - t_1} \ln\left(\frac{T_2}{T_1}\right) \right.$$

$$E_{v12} = -Q_{12} + T_b \frac{Q_{12}}{t_2 - t_1} \ln\left(\frac{T_2}{T_1}\right) + \left(1 - \frac{T_b}{T_w}\right) Q_{12} \qquad \left|\frac{d}{d\tau}(\ )\right.$$

$$\dot{E}_{v12} = \dot{Q}_{12} \left[\frac{T_b}{t_2 - t_1} \ln\left(\frac{T_2}{T_1}\right) - \frac{T_b}{T_w}\right]$$

$$\dot{E}_{v12} = 1000 \text{ kW} \left[\frac{293{,}15}{200} \ln\left(\frac{573{,}15}{373{,}15}\right) - \frac{293{,}15}{673{,}15}\right] = 193{,}56 \text{ kW}$$

Der Exergieverlust entsteht dadurch, dass die Wärme von der Wandtemperatur der Brennelemente zur niedrigeren Temperatur des Fluids (100 bis 300 °C) fließt.

Aufgabe 3.33

Luft wird in einer wärmedichten Turbine mit Reibung von 800 kPa, 700 °C auf 100 kPa entspannt, wobei eine Zunahme der spezifischen Entropie von 0,2 kJ/(kg K) festgestellt wird. Luft soll näherungsweise als ideales Gas angenommen werden. Die Änderung der kinetischen und der potenziellen Energie soll vernachlässigt werden. Umgebungstemperatur 20 °C. Die Temperaturabhängigkeit der spezifischen Wärmekapazität ist zu vernachlässigen, es ist mit dem Wert bei 0 °C zu rechnen.

a) Stellen Sie den Vorgang im T,s-Diagramm und p,v-Diagramm dar. Tragen Sie dazu die Isotherme und die Isentrope durch Punkt 1 ein.
b) Ermitteln Sie den spezifischen Exergieverlust und
c) die Endtemperatur.

Aufgabe 3.34

Für einen Verbraucher werden 36 kg/h Luft von 500 kPa und 400 °C bereitgestellt. Die Luft wird aus einem Druckluftnetz mit 800 kPa und 20 °C entnommen. Um die geforderten Parameter zu erreichen, wird sie zunächst durch ein wärmeisoliertes Drosselventil geführt und anschließend durch eine elektrische Heizung isobar erwärmt. Luft soll näherungsweise als ideales Gas angenommen werden. Die Änderungen der kinetischen und der potenziellen Energien sollen vernachlässigt werden. Die Umgebungstemperatur beträgt 20 °C und die mittlere spezifische Wärmekapazität der Luft ist 1,005 kJ/(kg K).
Wie groß ist der Exergieverluststrom bei diesem Vorgang?

3.9 Exergie und Anergie

Aufgabe 3.35

Ein Normvolumenstrom von 1000 m³/h Druckluft wird mit 8 °C, 2 MPa (abs.), in eine Druckluftleitung eingespeist. Infolge von Reibungsverlusten beträgt der Druck am Leitungsende 1,5 MPa (abs.). Die Umgebungstemperatur beträgt 20 °C. Die Temperatur am Leitungsende beträgt ebenfalls 8 °C. Luft soll näherungsweise als ideales Gas angenommen werden. Die Änderung der kinetischen und der potenziellen Energie ist zu vernachlässigen.

a) Stellen Sie den Vorgang im $T, \dot{S}$-Diagramm dar.
b) Welcher Exergieverluststrom in kW tritt ein?
c) Welche Dissipationsleistung in kW wird verrichtet?
d) Tragen Sie den Exergieverluststrom und die Dissipationsleistung als Flächen in ein $T, \dot{S}$-Diagramm ein.

Aufgabe 3.36

Ein Verdichter speist in eine Druckluftleitung für einen Verbraucher einen Massenstrom von 4000 kg/h Luft mit einem Druck von 500 kPa (Manometeranzeige) und einer Temperatur von 100 °C ein. In der Rohrleitung zum Verbraucher (Druckluftturbine) sinkt die Lufttemperatur durch Wärmeabfuhr auf 25 °C und der Luftdruck durch Drosselung auf 450 kPa (Manometeranzeige). Die Luft wird in der Turbine adiabat auf Umgebungsdruck entspannt, die Austrittstemperatur beträgt −17,8 °C. Luft soll näherungsweise als ideales Gas angenommen werden. Die Änderungen der kinetischen und der potenziellen Energien sollen vernachlässigt werden. Die Umgebungstemperatur beträgt 20 °C, der Umgebungsdruck 100 kPa. Die Temperaturabhängigkeit der spezifischen Wärmekapazität ist zu vernachlässigen, es ist mit dem Wert bei 0 °C zu rechnen.

a) Wie groß ist die Exergieänderung des Luftstromes in der Druckluftleitung?
b) Wie groß ist der Exergieverluststrom in der Druckluftturbine?

Aufgabe 3.37

10 l Wasser (Temperatur: 80 °C; Dichte: 970,5 kg/m³) werden in einem geschlossenen System bei einem gleich bleibenden Druck von 300 kPa reversibel auf 20 °C (Umgebungstemperatur) abgekühlt (mittlere isobare spezifische Wärmekapazität c_{pm} = 4190 J/(kg K)). Der Umgebungsdruck beträgt 100 kPa.

a) Wie groß ist die Änderung der Exergie?
b) Wie groß ist die mit der Wärme abgeführte Exergie?

3.9.6 **Exergetischer Wirkungsgrad**

3.9.7 **Energiequalitätsgrad**

3.9.8 Energie- und Exergie-Flussbild

Beispiel 3.10

Zur Wärmerückgewinnung ist am Austritt einer Turbine ein Wärmeübertrager nachgeschaltet. Das heiße Gas (ideales Gas, $R_i = 287{,}2$ J/(kg K)) tritt mit einem Massenstrom von 10 kg/s bei einem Druck von 500 kPa und einer Temperatur von 500 °C in die Turbine ein, wo es reibungsbehaftet, adiabat auf einen Druck von 100 kPa bei einem Polytropenexponent $n = 1{,}3$ entspannt wird. Das Gas strömt anschließend in den Gegenstromwärmeübertrager und gibt dort isobar Wärme an einen Wassermassenstrom von 12 kg/s ab, der mit 100 kPa und $t_b = 16{,}85$ °C (Umgebungszustand) in den Wärmeübertrager strömt. Der Druckverlust der Wasserströmung ist vernachlässigbar. Das Gas verlässt den Wärmeübertrager mit einer Temperatur von 66,85 °C. Alle Zustandsänderungen des Gases sind mit $c_{pmG} = 1100$ J/(kg K) zu rechnen. Die Änderungen der kinetischen und der potenziellen Energien sind zu vernachlässigen.

a) Skizzieren Sie die Zustandsänderungen des Gases im p,V-Diagramm.

b) Berechnen Sie den Exergiestrom des Gases am Eintritt der Turbine, am Austritt der Turbine und am Austritt des Wärmeübertragers.

c) Bestimmen Sie die Turbinenleistung.

d) Berechnen Sie den Exergieverluststrom in der Turbine und im Wärmeübertrager sowie den an das Wasser übertragenen Exergiestrom.

e) Zeichnen Sie ein maßstäbliches Exergieflussbild für die Turbine und tragen Sie die Exergieströme ein.

f) Zeichnen Sie ein maßstäbliches Exergieflussbild für den Wärmeübertrager und tragen Sie die Exergieströme ein.

Gegeben:

ideales Gas
$R_i = 287{,}2$ J/(kg K)
$c_{pmG} = 1100$ J/(kg K)

$\dot{m}_G = 10$ kg/s
$p_1 = 500$ kPa
$t_1 = 500$ °C

$p_2 = 100$ kPa

reibungsbehaftet, adiabat
$n = 1{,}3$

$\dot{m}_w = 12$ kg/s
$p_{w1} = p_{w2} = p_b = 100$ kPa
$t_{w1} = t_b = 16{,}85$ °C
isobare Wärmezufuhr

$p_3 = p_2 = 100$ kPa
$t_3 = 66{,}85$ °C

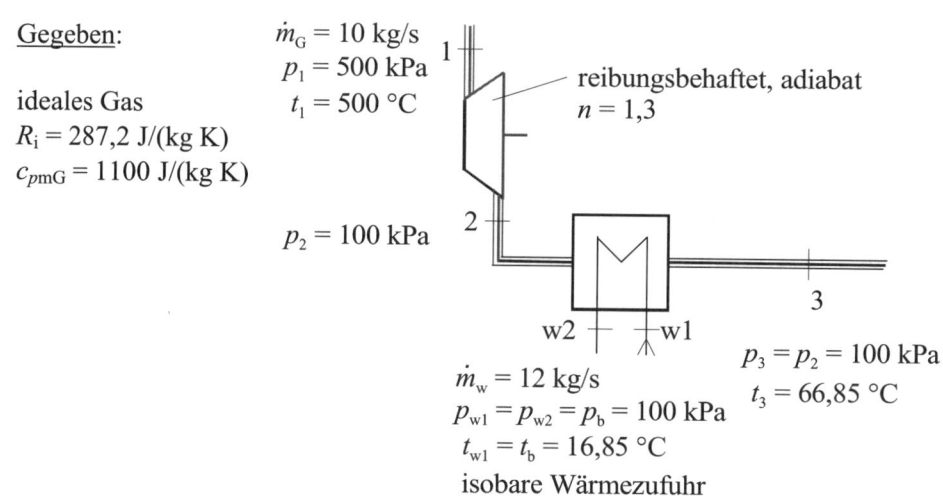

Zu a):

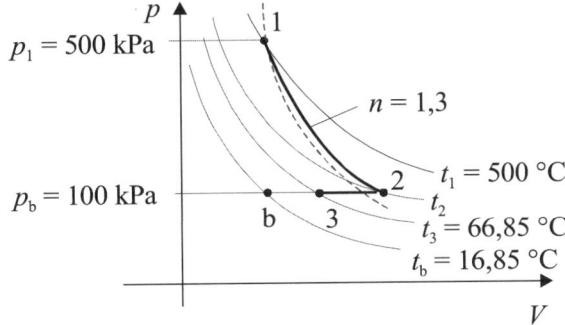

Zu b): Gesucht: $\dot{E}_1$, $\dot{E}_2$, $\dot{E}_3$

$$E_1 = H_1 - H_b + T_b(S_b - S_1) \qquad \left|\frac{d}{d\tau}(\ )\right. \qquad (Gl\ 3.110)$$

Kalorische Zustandsgleichung des idealen Gases:

$$H_2 - H_1 = m\,c_{pm}\Big|_{t_1}^{t_2}(t_2 - t_1) \qquad (Gl\ 2.45)\cdot m$$

$$H_1 - H_b = m\,c_{pm}\Big|_{t_b}^{t_1}(t_1 - t_b)$$

$$\dot{E}_1 = \dot{m}_G\,c_{pmG}(T_1 - T_b) + T_b(\dot{S}_b - \dot{S}_1)$$

Polytrope Zustandsänderung $1 \to b$:

$$\dot{S}_2 - \dot{S}_1 = \dot{m}\,c_{pm}\Big|_{t_1}^{t_2}\ln\left(\frac{T_2}{T_1}\right) - \dot{m}R_i\ln\left(\frac{p_2}{p_1}\right) \qquad \frac{d}{d\tau}\ (Gl\ 3.77)$$

$$\dot{S}_b - \dot{S}_1 = \dot{m}_G\,c_{pmG}\ln\left(\frac{T_b}{T_1}\right) - \dot{m}_G R_i\ln\left(\frac{p_b}{p_1}\right)$$

$$\dot{S}_b - \dot{S}_1 = 10\,\frac{\cancel{kg}}{\cancel{s}}\ 1{,}1\,\frac{\cancel{kJ}}{\cancel{kg}\,K}\ln\left(\frac{290}{773{,}15}\right)\frac{kW\,\cancel{s}}{\cancel{kJ}}$$

$$\qquad\qquad -10\,\frac{\cancel{kg}}{\cancel{s}}\ 0{,}2872\,\frac{\cancel{kJ}}{\cancel{kg}\,K}\ln\left(\frac{1}{5}\right)\frac{kW\,\cancel{s}}{\cancel{kJ}}$$

$$\dot{S}_b - \dot{S}_1 = -6{,}1642\,\frac{kW}{K}$$

$$\dot{E}_1 = 10\,\frac{\cancel{kg}}{\cancel{s}}\ 1{,}1\,\frac{\cancel{kJ}}{\cancel{kg}\,\cancel{K}}\ (483{,}15\,\cancel{K})\frac{kW\,\cancel{s}}{\cancel{kJ}} + 290\,\cancel{K}\ (-6{,}1642)\frac{kW}{\cancel{K}}$$

$$\underline{\underline{\dot{E}_1 = 3527\ kW}}$$

$$\dot{E}_2 = \dot{m}_G\, c_{pmG}(T_2 - T_b) + T_b(\dot{S}_b - \dot{S}_2)$$

| Polytrope Expansion $1 \to 2$:

$$\frac{T_2}{T_1} = \left(\frac{p_2}{p_1}\right)^{\frac{n-1}{n}} \qquad \text{(Gl 3.61)}$$

$$T_2 = 773{,}15\ \text{K}\left(\frac{1}{5}\right)^{\frac{0{,}3}{1{,}3}} = 533{,}29\ \text{K} \;\to\; t_2 = 260{,}14\ °\text{C}$$

Isobare Zustandsänderung $2 \to b$:

$$\dot{S}_2 - \dot{S}_1 = \dot{m}\, c_{pm}\big|_{t_1}^{t_2}\ln\left(\frac{T_2}{T_1}\right) \qquad \frac{\text{d}}{\text{d}\tau}\ \text{(Gl 3.33)}$$

$$\dot{S}_b - \dot{S}_2 = 10\,\frac{\cancel{\text{kg}}}{\cancel{\text{s}}}\ 1{,}1\,\frac{\cancel{\text{kJ}}}{\cancel{\text{kg}}\,\text{K}} \ln\left(\frac{290}{533{,}29}\right)\frac{\text{kW}\,\cancel{\text{s}}}{\cancel{\text{kJ}}}$$

$$\dot{S}_b - \dot{S}_2 = -6{,}701\ \frac{\text{kW}}{\text{K}}$$

$$\dot{E}_2 = 10\,\frac{\text{kg}}{\text{s}}\ 1{,}1\,\frac{\text{kJ}}{\cancel{\text{kg}}\,\cancel{\text{K}}}(533{,}29 - 290)\cancel{\text{K}} + 290\,\cancel{\text{K}}\left(-6{,}701\,\frac{\text{kW}}{\cancel{\text{K}}}\right)$$

$$\underline{\underline{\dot{E}_2 = 732{,}9\ \text{kW}}}$$

$$\dot{E}_3 = \dot{m}_G\, c_{pmG}(T_3 - T_b) + T_b(\dot{S}_b - \dot{S}_3)$$

| Isobare Zustandsänderung $3 \to b$:

$$\dot{S}_b - \dot{S}_3 = 10\,\frac{\text{kg}}{\cancel{\text{s}}}\ 1{,}1\,\frac{\cancel{\text{kJ}}}{\text{kg}\,\text{K}}\ln\left(\frac{290}{340}\right)\frac{\text{kW}\,\cancel{\text{s}}}{\cancel{\text{kJ}}} = -1{,}7497\ \frac{\text{kW}}{\text{K}}$$

$$\dot{E}_3 = 10\,\frac{\text{kg}}{\cancel{\text{s}}}\ 1{,}1\,\frac{\cancel{\text{kJ}}}{\text{kg}\,\cancel{\text{K}}}(340{,}00 - 290)\cancel{\text{K}}\,\frac{\text{kW}\,\cancel{\text{s}}}{\cancel{\text{kJ}}} + 290\,\cancel{\text{K}}\left(-1{,}7497\,\frac{\text{kW}}{\cancel{\text{K}}}\right)$$

$$\underline{\underline{\dot{E}_3 = 42{,}6\ \text{kW}}}$$

Zu c): <u>Gesucht</u>: $\dot{W}_{t12}$

1. HS der Thermodynamik für offene Systeme:

$$\dot{W}_{t12} + \cancel{\dot{Q}_{12}} = H_2 - H_1 + \cancel{\frac{m}{2}(c_2^2 - c_1^2)} - \cancel{mg(z_2 - z_1)} \qquad \text{(Gl 2.17)}$$

| Vernachlässigung der Änderung der kinetischen und der potenziellen Energie.

3.9 Exergie und Anergie

Adiabate Expansion $1 \to 2$: $Q_{12} = 0$

$$W_{t12} = H_2 - H_1 \qquad \left|\frac{d}{d\tau}(\ )\right.$$

Kalorische Zustandsgleichung des idealen Gases:

$$H_2 - H_1 = m\, c_{pm}\Big|_{t_1}^{t_2} (t_2 - t_1) \qquad (\text{Gl 2.45}) \cdot m$$

$$\dot{W}_{t12} = \dot{m}_G\, c_{pmG} (T_2 - T_1)$$

$$\dot{W}_{t12} = 10\,\frac{\cancel{kg}}{\cancel{s}}\, 1{,}1\,\frac{\cancel{kJ}}{\cancel{kg}\,\cancel{K}}\,(500 - 260{,}14)\,\cancel{K}\,\frac{kW\,\cancel{s}}{\cancel{kJ}}$$

$$\underline{\dot{W}_{t12} = 2638{,}46\ kW}$$

Zu d): Gesucht: $\dot{E}_{v12}$, $\dot{E}_{v\,W\ddot{U}}$, $\dot{E}_{w2}$

Exergiebilanz:

$$E_1^* + \cancel{E_{q12}^*} + W_{t12}^* = E_2^* + E_{v12} \qquad \left|-E_2^*\right. \qquad (\text{Gl 3.128})$$

Adiabate Zustandsänderung $1 \to 2$: $E_{q12} = 0$
Vernachlässigung der Änderung der kinetischen und der potenziellen Energie.

$$E_{v12} = E_1 - E_2 + W_{t12} \qquad \left|\frac{d}{d\tau}(\ )\right.$$

$$\dot{E}_{v12} = \dot{E}_1 - \dot{E}_2 + \dot{W}_{t12}$$

$$\underline{\dot{E}_{v12} = 3527\ kW - 732{,}9\ kW - 2638{,}46\ kW = 155{,}64\ kW}$$

alternativ:
Adiabate Expansion von $1 \to 2$:

$$\dot{E}_{v12} = T_b\, (\dot{S}_2 - \dot{S}_1) \qquad \frac{d}{d\tau}\quad (\text{Gl 3.130})$$

Polytrope Expansion $1 \to 2$:

$$\dot{S}_2 - \dot{S}_1 = \dot{m}_G\, c_{pmG}\ln\!\left(\frac{T_2}{T_1}\right) - \dot{m}_G R_i \ln\!\left(\frac{p_2}{p_1}\right) \qquad \frac{d}{d\tau}\quad (\text{Gl 3.77})$$

$$\dot{S}_2 - \dot{S}_1 = 10\,\frac{kg}{s}\,1{,}1\,\frac{kJ}{kg\,K}\ln\!\left(\frac{533{,}29}{773{,}15}\right) - 10\,\frac{kg}{s}\,0{,}2872\,\frac{kJ}{kg\,K}\ln\!\left(\frac{1}{5}\right)$$

$$\left| \dot{S}_2 - \dot{S}_1 \right| = 0{,}5373\,\frac{\text{kW}}{\text{K}}$$

$$\underline{\underline{\dot{E}_{v12} = 290\,\text{K} \cdot 0{,}5373\,\frac{\text{kW}}{\text{K}} = 155{,}82\,\text{kW}}}$$

$$\dot{E}_{v\,\text{WÜ}} = T_b \left(\dot{S}_3 - \dot{S}_2 + \dot{S}_{w2} - \dot{S}_{w1} \right) \qquad \text{(Gl 8.55)}$$

Isobare Wärmeabfuhr $2 \to 3$:

$$\dot{S}_3 - \dot{S}_2 = \dot{m}_G\, c_{pmG}\, \ln\!\left(\frac{T_3}{T_2}\right) \qquad \text{(Gl 3.33)}$$

$$\dot{S}_3 - \dot{S}_2 = 10\,\frac{\text{kg}}{\text{s}} \cdot 1{,}1\,\frac{\text{kJ}}{\text{kg K}} \cdot \ln\!\left(\frac{340}{533{,}29}\right) \frac{\text{kW s}}{\text{kJ}} = -4{,}9513\,\frac{\text{kW}}{\text{K}}$$

Isobare Wärmezufuhr $w1 \to w2$:

$$\dot{S}_{w2} - \dot{S}_{w1} = \dot{m}_w\, c_{pmw}\Big|_{t_{w1}}^{t_{w2}} \ln\!\left(\frac{T_{w2}}{T_{w1}}\right) \qquad \text{(Gl 3.33)}$$

$$\dot{S}_{w2} - \dot{S}_{w1} = 12\,\frac{\text{kg}}{\text{s}} \cdot 4{,}183\,\frac{\text{kJ}}{\text{kg K}} \cdot \ln\!\left(\frac{332{,}4}{290}\right) \frac{\text{kW s}}{\text{kJ}}$$

$$c_{pmw}\Big|_{t_{w1}}^{t_{w2}} \approx c_{pw}(40\,°\text{C}) = 4{,}183\,\frac{\text{kJ}}{\text{kg K}} \qquad \text{(T 8.2)}$$

Energiebilanz:

$$\dot{m}_w\, c_{pmw}\Big|_{t_{w1}}^{t_{w2}} (t_{w2} - t_{w1}) = -\dot{m}_G\, c_{pmG}\Big|_{t_3}^{t_2} (t_3 - t_2)$$

$$t_{w2} - t_{w1} = \frac{10\,\frac{\text{kg}}{\text{s}}}{12\,\frac{\text{kg}}{\text{s}}} \cdot \frac{1{,}1}{4{,}183} (260{,}14\,°\text{C} - 66{,}85\,°\text{C})$$

$$t_{w2} - t_{w1} = 42{,}40\,\text{K}$$

$$t_{w2} = 59{,}25\,°\text{C} \quad \to \quad T_{w2} = 332{,}4\,\text{K}$$

$$\dot{S}_{w2} - \dot{S}_{w1} = 6{,}8447\,\frac{\text{kW}}{\text{K}}$$

$$\dot{E}_{v\,\text{WÜ}} = 290\,\text{K} \cdot (-4{,}9513 + 6{,}8447)\,\frac{\text{kW}}{\text{K}}$$

$$\underline{\underline{\dot{E}_{v\,\text{WÜ}} = 549{,}16\,\text{kW}}}$$

3.9 Exergie und Anergie

$\dot{E}_{w1} = 0$

$E_{w2} = H_{w2} - H_b + T_b(S_b - S_{w2})$ $\qquad \left|\dfrac{d}{d\tau}(\ )\right.$ (Gl 3.110)

Isobare Zustandsänderung w2 → b:

$\dot{H}_2 - \dot{H}_1 = \dot{m} c_{pm}\Big|_{t_1}^{t_2}(t_2 - t_1)$ $\qquad \dfrac{d}{d\tau}$ (Gl 3.32)

$\dot{H}_b - \dot{H}_{w2} = \dot{m} c_{pmw}\Big|_{t_b}^{t_{w2}}(t_b - t_{w2})$

Isobare Zustandsänderung w2 → b:

$\dot{S}_2 - \dot{S}_1 = \dot{m} c_{pm}\Big|_{t_1}^{t_2} \ln\left(\dfrac{T_2}{T_1}\right)$ $\qquad \dfrac{d}{d\tau}$ (Gl 3.33)

$\dot{S}_b - \dot{S}_{w2} = 12\dfrac{kg}{\cancel{s}} \, 4{,}183\dfrac{\cancel{kJ}}{kg\,K} \ln\left(\dfrac{290}{332{,}4}\right)\dfrac{kW\,\cancel{s}}{\cancel{kJ}}$

$\dot{S}_b - \dot{S}_{w2} = -6{,}8497\,\dfrac{kW}{K}$

$\dot{E}_{w2} = \dot{m}_w c_{pmw}\Big|_{t_b}^{t_{w2}}(t_{w2} - t_b) + T_b(\dot{S}_b - \dot{S}_{w2})$

$\dot{E}_{w2} = 12\dfrac{kg}{\cancel{s}} \, 4{,}183\dfrac{kJ}{kg\,\cancel{K}}(42{,}4\,\cancel{K})\dfrac{kW\,\cancel{s}}{\cancel{kJ}} + 290\,\cancel{K}\left(-6{,}8497\,\dfrac{kW}{\cancel{K}}\right)$

$\underline{\underline{\dot{E}_{w2} = 141{,}96\,kW}}$

Zu e): $\qquad\qquad\qquad$ Zu f):

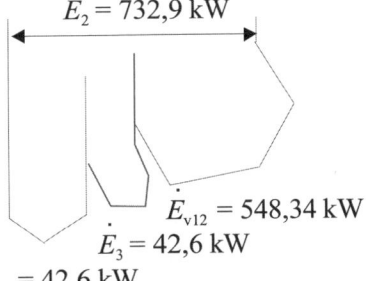

$\dot{E}_1 = 3527$ kW

$\dot{W}_{t12} = 2638{,}46$ kW

$\dot{E}_{v12} = 155{,}64$ kW

$\dot{E}_2 = 732{,}9$ kW

Turbine

$\dot{E}_2 = 732{,}9$ kW

$\dot{E}_{v12} = 548{,}34$ kW

$\dot{E}_3 = 42{,}6$ kW

$\dot{E}_{w2} = 42{,}6$ kW

Wärmeübertrager

Aufgabe 3.38

In einem gegenüber der Umgebung wärmeisolierten Durchlauferhitzer wird mithilfe einer elektrischen Widerstandsheizung Wasser kontinuierlich, isobar von 25 °C, 100 kPa auf 90 °C erhitzt. Das Wasser soll als inkompressibel angenommen werden (c_{pm} (H_2O) = 4,19 kJ/(kg K)). Die Änderung der kinetischen und der potenziellen Energie soll vernachlässigt werden.

a) Welche Heizleistung in kW ist erforderlich, wenn pro Stunde 130 kg Wasser durch den Durchlauferhitzer fließen?

b) Welcher Exergiestrom tritt mit dem Wasser in den Durchlauferhitzer ein und welcher tritt aus (Umgebungsdruck: 100 kPa, Umgebungstemperatur: 293,15 K)?

c) Welcher Aufwand an elektrischer Energie wäre in einem optimal geführten Wärmepumpenprozess zur Durchführung der obigen Zustandsänderung erforderlich (Mindestaufwand)?

d) Welcher Exergieverluststrom tritt bei obigem Prozess auf (Prozess unter a)?

e) Zeichnen Sie ein Exergieflussbild des Prozesses!

Aufgabe 3.39

In einem Verdichter werden 14,4 kg/h Luft von Umgebungsdruck und Umgebungstemperatur auf 300 kPa, 150 °C verdichtet. Luft soll näherungsweise als ideales Gas angenommen werden. Die Änderung der kinetischen und der potenziellen Energie ist zu vernachlässigen. Der mittlere Isentropenexponent für diese Zustandsänderung beträgt 1,3978, die mittlere isobare Wärmekapazität 1009,17 J/(kg K). $p_b = p_{amb}$ = 101 kPa, $t_b = t_{amb}$ = 20 °C

Berechnen Sie für den Fall, dass die Zustandsänderung adiabat ist

a) die Verdichterleistung,

b) den mit der Luft abgegebenen Exergiestrom,

c) den Exergieverluststrom und

d) zeichnen Sie ein maßstäbliches Exergieflussdiagramm und benennen Sie die darin vorkommenden Exergieströme.

Berechnen Sie nun für den Fall, dass der Verdichter gekühlt wird und ein Wärmestrom von 400 W abgeführt wird

e) die Verdichterleistung,

f) die mit der Wärme abgeführte Exergie (Dabei soll angenommen werden, dass die Wärme isotherm bei einer mittleren Temperatur von 85 °C abgegeben wird),

g) den Exergieverluststrom und

h) tragen Sie diese Größen zum Vergleich mit in das Exergieflussdiagramm.

3.9 Exergie und Anergie

Aufgabe 3.40

Ein Kompressor verdichtet adiabat reibungsbehaftet 0,1 kg/s Luft vom Umgebungszustand 100 kPa, 15 °C auf 400 kPa. Die der Luft im Kompressor zugeführte Leistung beträgt 20 kW. Da die Luft beim Verbraucher nur eine Temperatur von 35 °C besitzen darf, wird dem Kompressor ein Kühler nachgeschaltet. Das Kühlwasser strömt mit einer Temperatur von 15 °C und einem Druck von 100 kPa in den Kühler. Der Kühlwassermassenstrom beträgt 0,61 kg/s. Die übertragene Wärme gelangt vollständig ins Kühlwasser. Die Rohrströmungen seien reibungsfrei. Luft soll näherungsweise als ideales Gas angenommen werden. Die Temperaturabhängigkeit der spezifischen Wärmekapazität ist zu vernachlässigen, für Luft ist mit dem Wert bei 0 °C, für Wasser mit dem Wert bei 20 °C zu rechnen. Die Änderungen der kinetischen und der potenziellen Energien sollen vernachlässigt werden.

a) Berechnen Sie den Exergiestrom der Luft unmittelbar nach dem Austritt aus dem Kompressor.
b) Welcher Exergieverluststrom ist im Kompressor aufgetreten?
c) Berechnen Sie den Exergiestrom der aus dem Kühler austretenden Luft.
d) Berechnen Sie den Exergiestrom des Wassers am Austritt aus dem Kühler.
e) Welcher Exergieverluststrom tritt im Kühler auf, wenn davon ausgegangen wird, dass die Exergie des aufgeheizten Kühlwassers noch verwendet wird?
f) Skizzieren Sie das Exergieflussdiagramm für die Gesamtanlage.

Aufgabe 3.41

Einer Turbine strömen 12 kg/s Druckluft mit 700 kPa (abs), 300 °C zu. Nach einer reibungsbehafteten, adiabaten Entspannung verlässt die Luft die Turbine mit einem Druck von 100 kPa, 150 °C. Anschließend wird die Luft in einem Gegenstromwärmeübertrager durch 5 kg/s Wasser mit einer Eintrittstemperatur von 20 °C und einem Druck von 100 kPa gekühlt. Die abgekühlte Luft verlässt den Wärmeübertrager mit einer Temperatur von 50 °C bei 100 kPa. Umgebungszustand: 100 kPa, 20 °C. Der Wärmeübertrager und die Rohrleitungen werden reibungsfrei durchströmt, nach außen adiabate Grenzen. Luft soll näherungsweise als ideales Gas angenommen werden. Es ist mit c_{pml} = 1,02 kJ/(kg K) zu rechnen. Die Änderungen der kinetischen und der potenziellen Energien sollen vernachlässigt werden.

a) Berechnen Sie den Exergiestrom der Luft vor und nach der Turbine.
b) Geben Sie den exergetischen Wirkungsgrad der Turbine an (exergetischer Wirkungsgrad = exergetischer Nutzen/Exergieänderung des Arbeitsmittels).
c) Berechnen Sie den Exergiestrom der Luft nach dem Wärmeübertrager.
d) Berechnen Sie den Exergiestrom des Kühlwassers nach dem Wärmeübertrager und
e) zeichnen Sie ein maßstäbliches Exergieflussdiagramm für das Gesamtsystem.

Aufgabe 3.42

Ein Massenstrom von 0,1 kg/s Luft mit 500 kPa, 170 °C wird in einen mit Umgebungsluft gekühlten Wärmeübertrager geführt und verlässt diesen nach einer isobarer Abkühlung mit 40 °C. Die Luft wird nach dem Durchströmen des Wärmeübertragers adiabat, reibungsbehaftet auf einen Druck von 2,5 MPa verdichtet. Der Polytropenexponent für diese Zustandsänderung hat den Wert 1,45. Umgebungszustand: 100 kPa, 290 K. Für die spezifische Wärmekapazität soll näherungsweise der Mittelwert zwischen 0 °C und 200 °C verwendet werden. Die Änderungen der kinetischen und der potenziellen Energien sollen vernachlässigt werden.

a) Berechnen Sie den Exergiestrom der Luft vor dem Wärmeübertrager, hinter dem Wärmeübertrager und hinter dem Verdichter.
b) Wie groß ist der Exergieverluststrom im Wärmeübertrager?
c) Wie groß ist der Exergieverluststrom im Kompressor?
d) Zeichnen Sie ein Exergieflussdiagramm für das System Wärmeübertrager-Verdichter.

Aufgabe 3.43

In einem Druckluftwerkzeug wird Luft von einem Überdruck von 630 kPa auf Umgebungsdruck entspannt. Der angesaugte Luftvolumenstrom beträgt 2 l/s. Die Luft wird mit 20 °C angesaugt und verlässt die Maschine mit −40 °C. Die Zustandsänderung soll als adiabat angenommen werden. Die Änderung der kinetischen und der potenziellen Energie ist zu vernachlässigen. Luft soll näherungsweise als ideales Gas angenommen werden. Der mittlere Isentropenexponent für diese Zustandsänderung beträgt 1,406. $p_b = p_{amb} = 101$ kPa, $t_b = 20$ °C, $t_{amb} = 20$ °C

a) Berechnen Sie den Polytropenexponenten.
b) Berechnen Sie den mit der angesaugten Luft zugeführten Exergiestrom.
c) Skizzieren Sie den mit der angesaugten Luft zugeführten Exergiestrom in einem $p,\dot{V}$-Diagramm.
d) Berechnen Sie den mit der Luft abgegebenen Exergiestrom.
e) Skizzieren Sie den mit der Luft abgegebenen Exergiestrom in einem $p,\dot{V}$-Diagramm.
f) Berechnen Sie den Exergieverluststrom.
g) Skizzieren Sie den Exergieverluststrom in einem $T,\dot{S}$-Diagramm.
h) Zeichnen Sie ein maßstäbliches Exergieflussdiagramm und benennen Sie die darin vorkommenden Exergieströme.
i) Berechnen Sie den exergetischen Wirkungsgrad.

4 Das ideale Gas in Maschinen und Anlagen

4.1 Kreisprozesse für Wärme- und Verbrennungskraftanlagen

4.2 Kreisprozesse der Gasturbinenanlagen

4.2.1 Arbeitsprinzip der Gasturbinenanlagen

4.2.2 Joule-Prozess als Vergleichsprozess der Gasturbinenanlage

Aufgabe 4.1

Eine Gasturbinenanlage mit zwei Verdichterstufen, zunächst ohne innere Wärmeübertragung, arbeitet mit Luft nach dem Joule-Prozess. Das Druckverhältnis der beiden Verdichterstufen ist gleich groß. Die Luft wird durch die erste Verdichterstufe mit dem Druck 100 kPa und der Temperatur 20 °C angesaugt (Zustand 1) und auf den Zwischendruck verdichtet (Zustand 2). Danach wird sie auf eine Temperatur von 60 °C isobar zurückgekühlt (Zustand 3), der zweiten Verdichterstufe zugeführt und auf den Enddruck von 2,2 MPa (abs.) gebracht (Zustand 4). Durch Wärmezufuhr wird sie schließlich auf eine Temperatur von 1200 °C erhitzt und der Turbine zugeführt (Zustand 5). Dort wird sie wieder auf den Anfangsdruck entspannt.

Luft soll näherungsweise als ideales Gas angenommen werden. Die Temperaturabhängigkeit der spezifischen Wärmekapazität ist zu vernachlässigen, es ist mit dem Wert bei 0 °C zu rechnen.

a) Der Vergleichsprozess ist in einem T,S- und einem h,s-Diagramm zu skizzieren.

Für den Vergleichsprozess sind zu berechnen:

b) die Drücke und die Temperaturen in den Zustandspunkten (Tabelle),

c) die spezifische Nutzarbeit, der thermische Wirkungsgrad und

d) der Wärmestrom, der zwischen den beiden Verdichterstufen für die Nutzung durch einen externen Verbraucher abgeführt werden kann, wenn der Joule-Prozess eine Nutzleistung von 2 MW abgibt.

Es wird nun die Auswirkung einer inneren Wärmeübertragung untersucht. Dabei wird das aus der Turbine strömende Gas im Gegenstrom zu der aus der letzten Verdichterstufe strömenden Luft geführt. Die minimale Temperaturdifferenz zwischen den Stoffströmen soll dabei 50 K betragen. Der Zustand, mit der die Luft (die aus der letzten Verdichterstufe kommt) aus dem Wärmeübertrager austritt, sei Zustand 7. Der Zustand, mit der das Gas (das aus der Turbine kommt) aus dem Wärmeübertrager austritt, sei Zustand 8.

e) Skizzieren Sie den Vergleichsprozess mit innerer Wärmeübertragung in einem weiteren T,S-Diagramm und kennzeichnen Sie die intern übertragbare Wärme sowie die extern zugeführte Wärme.

f) Bestimmen Sie für den Prozess unter e) den thermischen Wirkungsgrad.

4.2.3 Ericsson-Prozess als Vergleichsprozess der Gasturbinenanlage

Aufgabe 4.2

Eine geschlossene Gasturbinenanlage arbeitet mit Luft nach dem Joule-Prozess zwischen den Drücken 100 kPa und 1,2 MPa und mit einer Minimaltemperatur von 300 K und einer Maximaltemperatur von 923 K. Die Anlage wird so verändert, dass Verdichtung und Entspannung jeweils zweistufig mit jeweils gleichem Druckverhältnis (minimaler Arbeitsaufwand) erfolgen. Die Zwischenkühlung und die Zwischenerhitzung erfolgen bis auf die Minimal- bzw. Maximaltemperatur.

Luft soll näherungsweise als ideales Gas angenommen werden. Die Temperaturabhängigkeit der spezifischen Wärmekapazität ist zu vernachlässigen, es ist mit dem Wert bei 0 °C zu rechnen. Druckänderungen in den Wärmeübertragern sollen vernachlässigt werden. Die Änderungen der kinetischen und der potenziellen Energien sollen vernachlässigt werden.

a) Skizzieren Sie das Anlagenschema der veränderten Anlage (Eintrittszustand Verdichter = Punkt 1).

b) Skizzieren Sie den Vergleichsprozess der veränderten Anlage in einem T,s-Diagramm.

c) Berechnen Sie für den Vergleichsprozess die spezifische Nutzarbeit und den thermische Wirkungsgrad
   c1) des ursprünglichen Prozesses und
   c2) des modifizierten Prozesses.

d) Zwischen dem heißen Gas, das aus der zweiten Turbinenstufe strömt und dem aus der zweiten Verdichterstufe strömenden Gas wird eine innere Wärmeübertragung vorgenommen. Das Abgas wird bis auf die Temperatur, mit der die Luft die zweite Verdichterstufe verlässt, abgekühlt. Kennzeichnen Sie im T,s-Diagramm als Fläche die intern übertragene spezifische Wärme. Wie groß ist für diesen Fall der thermische Wirkungsgrad?

e) Wie groß ist der thermische Wirkungsgrad des entsprechenden Ericsson-Prozesses?

4.2 Kreisprozesse der Gasturbinenanlagen

Aufgabe 4.3

Eine Gasturbinenanlage arbeitet mit Luft nach dem Joule-Prozess. Die Luft wird mit dem Druck 100 kPa und der Temperatur 293 K angesaugt. Durch Wärmezufuhr bei 3 MPa wird sie auf eine Temperatur von 1773 K erhitzt.

Luft soll näherungsweise als ideales Gas angenommen werden. Die Temperaturabhängigkeit der spezifischen Wärmekapazität ist zu vernachlässigen, es ist mit dem Wert bei 0 °C zu rechnen. Die Änderungen der kinetischen und der potenziellen Energien sollen vernachlässigt werden.

Für den Vergleichsprozess sind zu berechnen:

a) die spezifische Nutzarbeit und
b) der thermische Wirkungsgrad.
c) Wie groß sind die übertragenen spezifischen Wärmen q_{zu} und q_{ab} und die spezifische Nutzarbeit, wenn die isentropen Zustandsänderungen durch isotherme ersetzt werden und eine vollständige innere Wärmeübertragung durchgeführt wird?
d) Welcher thermische Wirkungsgrad wird bei dieser Prozessführung erreicht?

Aufgabe 4.4

Eine geschlossene Gasturbinenanlage arbeitet mit Luft nach dem Joule-Prozess. Die Luft hat beim Eintritt in den Verdichter einen Druck von 100 kPa und eine Temperatur von 15 °C. Bei der Wärmezufuhr von 400 kJ/kg soll eine maximale Prozesstemperatur von 650 °C nicht überschritten werden.

Luft soll näherungsweise als ideales Gas angenommen werden. Die Temperaturabhängigkeit der spezifischen Wärmekapazität ist zu vernachlässigen, es ist mit dem Wert bei 0 °C zu rechnen. Die Änderungen der kinetischen und der potenziellen Energien sollen vernachlässigt werden.

Für den Vergleichsprozess sind zu berechnen:

a) das maximale Druckverhältnis,
b) die spezifische Nutzarbeit und
c) der thermische Wirkungsgrad.
d) Wie ändern sich die gefragten Werte, wenn anstelle des Joule-Prozesses ein Prozess mit gleichem maximalem Druckverhältnis und gleicher maximaler Prozesstemperatur und auch ohne innere Wärmeübertragung aber mit isothermer Verdichtung und Entspannung durchgeführt werden könnte?

4.2.4 Der wirkliche Prozess in der Gasturbinenanlage

Beispiel 4.1

In einem Pumpspeicherwerk wird die Revision des Turbinensatzes geplant, der eine Leistung von 92,8 MW an den Generator abgibt. Während der Revision soll die Leistung über eine Gasturbine erbracht werden. Die Gasturbine arbeitet mit Luft nach dem Joule-Prozess. Der Druck nach der Verdichtung beträgt 830 kPa, die Temperatur nach der Brennkammer 780 °C. Die isentropen Wirkungsgrade betragen $\eta_{\text{isen V}} = 0{,}89$ und $\eta_{\text{isen T}} = 0{,}97$. Die mechanischen Verluste sollen vernachlässigt werden: $\eta_{\text{mV}} = \eta_{\text{mT}} = 1$. Bei der Berechnung ist vom Umgebungszustand 100 kPa, 20 °C auszugehen.

Massen- und Stoffänderungen sind vernachlässigbar. Luft soll näherungsweise als ideales Gas angenommen werden. Die Temperaturabhängigkeit der spezifischen Wärmekapazität ist zu vernachlässigen, es ist mit dem Mittelwert für den Temperaturbereich von 0 °C bis 800 °C zu rechnen. Die Änderungen der kinetischen und der potenziellen Energien sollen vernachlässigt werden. Der Verdichter und die Turbine sollen als adiabat angenommen werden. Die Druckverluste in der Brennkammer sind vernachlässigbar.

a) Skizzieren Sie den Prozess in einem p,v- und in einem T,s-Diagramm.
b) Berechnen Sie die Temperaturen des Prozesses (Tabelle).
c) Welcher Luftmassenstrom wird von der Gasturbinenanlage genutzt (kg/s)?
d) Geben Sie den thermischen Wirkungsgrad des Joule-Prozesses und den inneren und den thermischen Wirkungsgrad des wirklichen Kreisprozesses an.
e) Wie groß ist die Wärmebelastung der Umwelt (MW)?
f) Zur Entlastung der Umwelt wird ein Abgaswärmeübertrager verlangt, der das Abgas auf 95 °C abkühlt. Ist dies technisch möglich (Begründung)?

Zu a): <u>Gegeben</u>: Luft, ideales Gas, $P_{\text{ek}} = -92{,}8 \text{ MW}$, $\eta_{\text{isen V}} = 0{,}89$, $\eta_{\text{mV}} = 1$, $\eta_{\text{isen T}} = 0{,}97$, $\eta_{\text{mT}} = 1$, $p_{\text{amb}} = 100 \text{ kPa}$, $t_{\text{amb}} = 20 \text{ °C}$, Stoffwerte: Mittelwerte zwischen 0 °C und 800 °C, adiabate Verdichtung und Expansion

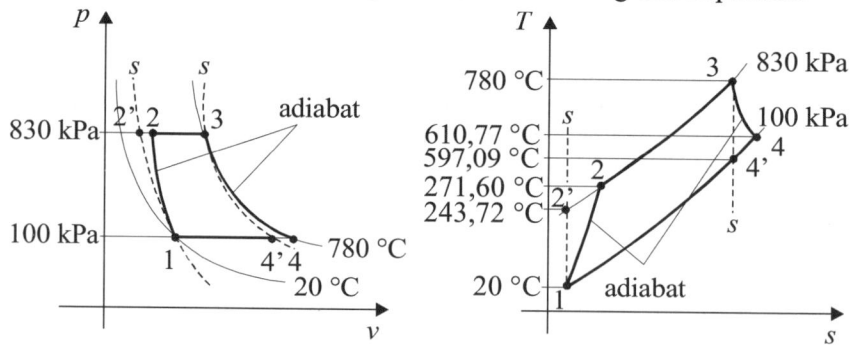

4.2 Kreisprozesse der Gasturbinenanlagen

Zu b): <u>Gesucht</u>: $T_{2'}$, T_2, $T_{4'}$, T_4

Isentrope Verdichtung $1 \rightarrow 2'$:

$$T_{2'} = T_1 \left(\frac{p_2}{p_1}\right)^{\frac{\kappa-1}{\kappa}} \qquad \text{(Gl 3.49)}$$

$\left| \begin{array}{l} p_{2'} = p_2 \\ c_{pm}\big|_{0\,°C}^{800\,°C} = 1{,}071 \dfrac{kJ}{kg\,K} \end{array}\right.$ (T 2.5)

$\quad\left| R_i = 0{,}2872 \text{ kJ/(kg K)} \right.$ (T 1.5)

$\left| c_{vm}\big|_{0\,°C}^{800\,°C} = c_{pm}\big|_{0\,°C}^{800\,°C} - R_i \right.$ (Gl 2.46)

$\left| c_{vm}\big|_{0\,°C}^{800\,°C} = (1{,}071 - 0{,}2872)\dfrac{kJ}{kg\,K} = 0{,}7838 \dfrac{kJ}{kg\,K} \right.$

$\left| \kappa_m = \dfrac{c_{pm}\big|_{0\,°C}^{800\,°C}}{c_{vm}\big|_{0\,°C}^{800\,°C}} = \dfrac{1{,}071}{0{,}7838} = 1{,}3664 \right.$ (Gl 2.47)

$$T_{2'} = 293{,}15 \text{ K} \left(\frac{830}{100}\right)^{\frac{0{,}3664}{1{,}3664}} = 517{,}07 \text{ K} \rightarrow t_{2'} = 243{,}92\,°C$$

wirkliche Verdichtung $1 \rightarrow 2$:

$\eta_{\text{isen V}} = \dfrac{W_{tV12'}^{\text{rev}}}{W_{tV12}} = \dfrac{\cancel{m c_{pm}}(T_{2'} - T_1)}{\cancel{m c_{pm}}(T_2 - T_1)} \quad \left| \cdot \dfrac{T_2 - T_1}{\eta_{\text{isen V}}} \right| + T_1$ (Gl 4.21)

$\quad$ 1. HS der Thermodynamik für offene Systeme:

$\quad\left| W_{t12}^* + \cancel{Q_{12}} = H_2 - H_1 + \dfrac{m}{2}\cancel{(c_2^2 - c_1^2)} - m g \cancel{(z_2 - z_1)} \right.$ (Gl 2.17)

$\quad$ | Vernachlässigung der Änderung der kinetischen und der potenziellen Energie.
$\quad$ | Adiabate Zustandsänderung $1 \rightarrow 2$: $Q_{12} = 0$

$W_{t12} = H_2 - H_1$

$\quad$ | kalorische Zustandsgleichung des idealen Gases:

$\quad\left| H_2 - H_1 = m\, c_{pm}\big|_{t_1}^{t_2} (T_2 - T_1) \right.$ (Gl 2.45)$\cdot m$

$W_{t12} = m\, c_{pm}\big|_{t_1}^{t_2} (T_2 - T_1)$

$$T_2 = \frac{T_{2'} - T_1}{\eta_{\text{isen V}}} + T_1$$

$$T_2 = \frac{517{,}07\ \text{K} - 293{,}15\ \text{K}}{0{,}89} + 293{,}15\ \text{K} = 544{,}75\ \text{K} \rightarrow t_2 = 271{,}60\ °C$$

Isentrope Expansion $3 \rightarrow 4'$:

$$T_{4'} = T_3 \left(\frac{p_4}{p_3}\right)^{\frac{\kappa-1}{\kappa}} = T_3 \left(\frac{p_1}{p_2}\right)^{\frac{\kappa-1}{\kappa}} \quad \text{(Gl 3.49)}$$

$\quad\quad p_{4'} = p_4 = p_1$ und $p_3 = p_2$

$$T_{4'} = 1053{,}15\ \text{K} \left(\frac{100}{830}\right)^{\frac{0{,}3664}{1{,}3664}} = 597{,}08\ \text{K} \rightarrow t_{4'} = 323{,}93\ °C$$

wirkliche Expansion $3 \rightarrow 4$:

$$\eta_{\text{isen T}} = \frac{W_{tT34}}{W_{tT34'}^{\text{rev}}} = \frac{\dot{m} c_{pm}(T_4 - T_3)}{\dot{m} c_{pm}(T_{4'} - T_3)} \quad \left| \cdot \frac{T_{4'} - T_3}{\eta_{\text{isen T}}} \right| + T_3 \quad \text{(Gl 4.22)}$$

$$T_4 = \eta_{\text{isen T}}(T_{4'} - T_3) + T_3$$

$$T_4 = 0{,}97(597{,}08 - 1053{,}15)\ \text{K} + 1053{,}15\ \text{K}$$

$$T_4 = 610{,}772\ \text{K} \rightarrow t_4 = 337{,}62\ °C$$

	1	2'	2	3	4'	4
t in °C	20	243,92	271,60	780	323,93	337,62
T in K	293,15	517,07	544,75	1053,15	597,08	610,77

Zu c): Gesucht: $\dot{m}$

$$W_k = W_{tT\,34} + W_{tV\,12} \quad \text{(Gl 4.20)}$$

$$w_k = c_{pm}(T_4 - T_3) + c_{pm}(T_2 - T_1)$$

$$w_k = 1{,}071\ \frac{\text{kJ}}{\text{kg K}} \cdot (610{,}77 - 1053{,}15 + 544{,}75 - 293{,}15)\ \text{K}$$

$$w_k = -204{,}39\ \frac{\text{kJ}}{\text{kg}}$$

4.2 Kreisprozesse der Gasturbinenanlagen

$$W_{ek} = \eta_{mT} W_{tT} + \frac{W_{tV}}{\eta_{mV}} \qquad \text{(Gl 4.24b)}$$

$$\left| \eta_{mT} = \eta_{mV} = 1 \right.$$

$$W_{ek} = W_{tT} + W_{tV} = W_k = m w_k \qquad \left| \frac{d}{d\tau}(\ ) \right| : w_k \qquad \text{(Gl 4.20)}$$

$$\dot{m} = \frac{P_{ek}}{w_k} = \frac{-92,8 \cdot 10^6 \, \cancel{W}}{-204,39 \cdot 10^3 \, \cancel{J}} \frac{\text{kg}}{\cancel{W}} \frac{\cancel{J}}{\text{s}}$$

$$\dot{m} = 454,03 \, \frac{\text{kg}}{\text{s}}$$

Zu d): Gesucht: η_{th}^{rev}, η_i, η_{th}

$$\dot{Q}_{2'3}^{rev} = \dot{Q}_{23} = \dot{m}_j c_{pm}(t_3 - t_{2'}) = \dot{m}\, c_{pm}(t_3 - t_2) \qquad \left|: c_{pm}(t_3 - t_{2'})\right. \qquad \text{(Gl 4.6)}$$

$$\dot{m}_j = \frac{t_3 - t_2}{t_3 - t_{2'}} \dot{m}$$

$$\dot{m}_j = \frac{780\,°C - 271,60\,°C}{780\,°C - 243,72\,°C} \; 454,03 \frac{\text{kg}}{\text{s}} = 430,426 \frac{\text{kg}}{\text{s}}$$

$$W_j = m' c_{pm}(T_{2'} - T_{1'} + T_{4'} - T_{3'}) \qquad \left| \frac{d}{d\tau}(\ ) \right. \qquad \text{(Gl 4.11)}$$

$$\dot{W}_j = 430,426 \frac{\text{kg}}{\text{s}} \; 1,071 \frac{\text{kJ}}{\text{kg K}} (517,60 - 293,15 + 597,08 - 1053,15)\,\text{K}$$

$$\dot{W}_j = -106,774 \text{ MW}$$

$$\eta_{th}^{rev} = \frac{\left|W_k^{rev}\right|}{Q_{zu}^{rev}} = \frac{\left|\dot{W}_j\right|}{\dot{Q}_{2'3}^{rev}} = \frac{106,774 \, \cancel{MW}}{247,218 \, \cancel{MW}} = 0,432 \qquad \text{(Gl 3.85)}$$

$$\left|\begin{array}{l} \text{isobare Wärmezufuhr } 2' \to 3: \\ \dot{Q}_{2'3}^{rev} = \dot{m}' c_{pm}(t_3 - t_{2'}) \\ \dot{Q}_{2'3}^{rev} = 430,426 \frac{\text{kg}}{\text{s}} \; 1,071 \frac{\text{kJ}}{\text{kg K}}(780\,°C - 243,72\,°C) \\ \dot{Q}_{2'3}^{rev} = 247,218 \text{ kW} \end{array}\right. \qquad \text{(Gl 3.32)}$$

$$\eta_i = \frac{\dot{W}_k}{\dot{W}_k^{rev}} = \frac{|\dot{m}\, w_k|}{|\dot{W}_j|} = \frac{454{,}03\ \text{kg}}{\text{s}} \frac{204{,}39\ \text{kJ}}{106{,}774\ \text{MW}\ \text{kg}} = 0{,}869 \qquad \text{(Gl 4.7a)}$$

$$\eta_{th} = \frac{|\dot{W}_k|}{\dot{Q}_{zu}} = \frac{92{,}799\ \text{MW}}{247{,}218\ \text{MW}} = 0{,}375 \qquad \text{(Gl 4.8a)}$$

$$\left| \dot{W}_k = \dot{m}\, w_k = 454{,}03\, \frac{\text{kg}}{\text{s}} \left(-204{,}39\, \frac{\text{kJ}}{\text{kg}} \right) = -92{,}799\ \text{MW} \right.$$

Zu e): <u>Gesucht:</u> $\dot{Q}_{ib41}^{rev}$

Isobare Wärmeabfuhr $4 \to 1$:

$$\dot{Q}_{ib41}^{rev} = \dot{m}\, c_{pm} (t_1 - t_4) \qquad \text{(Gl 3.32)}$$

$$\dot{Q}_{ib41}^{rev} = 454{,}03\, \frac{\text{kg}}{\text{s}}\, 1{,}071 \frac{\text{kJ}}{\text{kg K}} (20 - 337{,}62)\ \text{K} \frac{\text{kW s}}{\text{kJ}} \frac{\text{MW}}{1000\ \text{kW}}$$

$$\underline{\dot{Q}_{ib41}^{rev} = -154{,}43\ \text{MW}}$$

Zu f): <u>Gegeben:</u> $t_5 = 95\ °C$

Mit der verdichteten Luft ($t_2 = 271{,}6\ °C$) kann das Abgas nicht auf 95 °C gekühlt werden. Daher wird geprüft, ob der Wärmeübertrager in die Ansaugleitung des Verdichters eingebaut werden kann:

<u>Bilanz am Wärmeübertrager:</u>

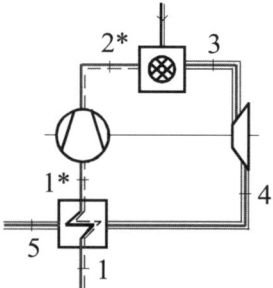

$\dot{m}_l c_{pml} (T_{1^*} - T_1) = |\dot{m}_a c_{pma} (T_5 - T_4)|$

$T_{1^*} = T_4 - T_5 + T_1$

$T_{1^*} = (610{,}772 - 368{,}15 + 293{,}15)\ \text{K}$

$T_{1^*} = 535{,}772\ \text{K} \to t_{1^*} = 262{,}62\ °C$

Isentrope Verdichtung $1^* \to 2^*$:

$$T_{2'^*} = T_{1^*} \left(\frac{p_2}{p_1} \right)^{\frac{\kappa-1}{\kappa}} = 535{,}772\ \text{K} \left(\frac{830}{100} \right)^{\frac{0{,}3664}{1{,}3664}} \qquad \text{(Gl 3.49)}$$

$T_{2'^*} = 945\ \text{K} \to t_{2'^*} = 671{,}85\ °C$

wirkliche Verdichtung $1^* \to 2^*$:

$$T_{2^*} = \frac{T_{2'^*} - T_{1^*}}{\eta_{isen\ V}} + T_{1^*}$$

4.2 Kreisprozesse der Gasturbinenanlagen

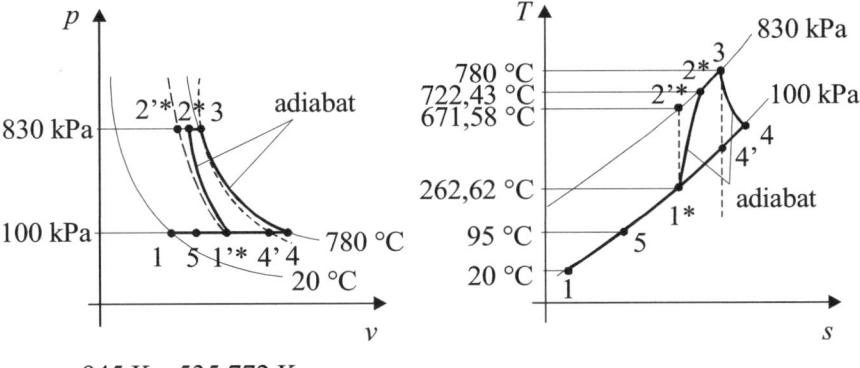

$$T_{2*} = \frac{945\ \text{K} - 535{,}772\ \text{K}}{0{,}89} + 535{,}772\ \text{K} = 995{,}58\ \text{K} \rightarrow t_{2'*} = 722{,}43\ °C$$

$$w_k = c_{pm}(T_{2*} - T_{1*} + T_4 - T_3)$$

$$w_k = 1{,}071\frac{\text{kJ}}{\text{kg}\ \text{K}}(995{,}58 - 535{,}772 + 610{,}772 - 1053{,}15)\ \text{K} = 17{,}43\frac{\text{kJ}}{\text{kg}}$$

Mit der angesaugten Luft kann das Abgas ebenfalls nicht auf 95 °C gekühlt werden. Diese Maschine würde keine Arbeit liefern.

Aufgabe 4.5

Bei einem offenen Gasturbinenprozess werden 50 kg/s Luft von 100 kPa, 20 °C angesaugt und in einem gekühlten Verdichter mit einem isothermen Wirkungsgrad von 0,87 auf 1,0 MPa, 100 °C verdichtet. Anschließend wird die Luft in einem Wärmeübertrager durch das Turbinengas auf 300 °C vorgewärmt, danach in der Brennkammer auf 1000 °C erhitzt und dann in der adiabaten Turbine mit einem isentropen Turbinenwirkungsgrad von 0,90 auf 100 kPa entspannt. Der mechanische Verdichterwirkungsgrad und der mechanische Turbinenwirkungsgrad haben jeweils den Wert 0,98; der Generatorwirkungsgrad hat den Wert 0,99.

Luft soll näherungsweise als ideales Gas angenommen werden. Die Temperaturabhängigkeit der spezifischen Wärmekapazität ist zu vernachlässigen, es ist mit dem Wert bei 0 °C zu rechnen. Massen- und Stoffänderungen in der Brennkammer und Druckänderungen in den Wärmeübertragern sollen vernachlässigt werden. Die Änderungen der kinetischen und der potenziellen Energien sollen vernachlässigt werden.

a) Skizzieren Sie das Schaltbild und das T,s-Diagramm.
b) Ermitteln Sie die technische Verdichterleistung,
c) die technische Turbinenleistung,
d) die Generatorleistung und die
e) Klemmenleistung (Eigenbedarf vernachlässigt).

Aufgabe 4.6

Eine offene Gasturbinenanlage, die mit Luft nach dem Joule-Prozess arbeitet, saugt 0,68 m³ Luft (12 °C, 93 kPa) pro Sekunde an. Die Luft wird auf 680 kPa, 270 °C im adiabaten Verdichterteil komprimiert und ohne Druckverluste auf 850 °C erhitzt. Im dem adiabaten Turbinenteil erfolgt die Entspannung auf 97 kPa und 430 °C.

Luft soll näherungsweise als ideales Gas angenommen werden. Die Temperaturabhängigkeit der spezifischen Wärmekapazität ist zu vernachlässigen, es ist mit dem Mittelwert für den Temperaturbereich von 0 °C bis 850 °C zu rechnen. Näherungsweise sollen Zwischenwerte aus T 2.5 linear interpoliert werden. Die Änderungen der kinetischen und der potenziellen Energien und die Massen- und Stoffänderungen sollen vernachlässigt werden.

a) Skizzieren Sie ein Anlagenschema und ein T,s-Diagramm für den Prozess.
b) Ermitteln Sie die Nutzleistung der Gasturbinenanlage.
c) Bestimmen Sie die im Kreisprozess und die im Vergleichsprozess zu- und abzuführenden Wärmen und damit den inneren Wirkungsgrad (die Wärmeabgabe soll näherungsweise als isobar angenommen werden).
d) Bestimmen Sie den Verdichter- und den Turbinenwirkungsgrad.

Aufgabe 4.7

In einem offenen Gasturbinenprozess, der mit Luft nach dem Joule-Prozess arbeit, wird von einem adiabaten Verdichter 30 kg/s Luft von 100 kPa, 20 °C angesaugt, mit Reibung auf 1 MPa, 360 °C verdichtet und anschließend isobar auf 1000 °C erwärmt. Danach expandiert die Luft mit Reibung in einer durch Außenluft gekühlten Turbine und wird mit 100 kPa, 400 °C in die Umgebung ausgestoßen. Durch die Kühlung der Turbine wird ein Wärmestrom von 1,5 MW an die Umgebung abgegeben. Umgebungszustand: 100 kPa, 20 °C

Luft soll näherungsweise als ideales Gas angenommen werden. Die Temperaturabhängigkeit der spezifischen Wärmekapazität ist zu vernachlässigen, es ist mit dem Wert bei 0 °C zu rechnen. Massen- und Stoffänderungen in der Brennkammer und Druckänderungen in den Wärmeübertragern sollen vernachlässigt werden. Die Änderungen der kinetischen und der potenziellen Energien sollen vernachlässigt werden.

Skizzieren bzw. ermitteln Sie:

a) das Schaltbild mit Eintragung der Energieströme an der Systemgrenze und das T,s-Diagramm,
b) die in der Turbine und im Verdichter verrichtete technische Leistung,
c) die Nutzleistung des Prozesses,
d) den thermischen Wirkungsgrad des Prozesses und
e) die in der Turbine verrichtete Reibungsleistung.

4.2 Kreisprozesse der Gasturbinenanlagen

Aufgabe 4.8

In einem offenen Gasturbinenprozess, der mit Luft nach dem Joule-Prozess arbeit, werden von einem adiabaten Verdichter 20 kg/s Luft von 100 kPa, 15 °C angesaugt und mit Reibung auf 1 MPa, 410 °C verdichtet. Die aus dem Verdichter strömende Luft wird durch einen inneren Wärmeübertrager durch das aus der Turbine strömende Verbrennungsgas isobar auf 600 °C erwärmt. Durch die sich anschließende innere Wärmezufuhr erhält man ein Verbrennungsgas mit einer Temperatur von 1212 °C. Dieses wird in einer gekühlten Turbine auf 100 kPa, 600 °C reibungsbehaftet expandiert – dabei wird an die Umgebung ein Wärmestrom von 0,2 MW abgegeben – und durch den inneren Abgaswärmeübertrager in die Umgebung abgeführt.

Luft soll näherungsweise als ideales Gas angenommen werden. Die Temperaturabhängigkeit der spezifischen Wärmekapazität ist zu vernachlässigen, es ist mit dem Mittelwert für den Temperaturbereich von 0 °C bis 1200 °C zu rechnen. Massen- und Stoffänderungen in der Brennkammer und Druckänderungen in den Wärmeübertragern sollen vernachlässigt werden. Die Änderungen der kinetischen und der potenziellen Energien sollen vernachlässigt werden.
Skizzieren bzw. berechnen Sie:
a) ein Schaltbild der Anlage und das T,s-Diagramm des Prozesses,
b) die technische Leistungen des Verdichters und der Turbine,
c) den isentropen Verdichter- und Turbinenwirkungsgrad,
d) die Nutzleistung des Prozesses.

Aufgabe 4.9

In einem Datenblatt eines Gasturbinenherstellers finden Sie für eine Gasturbine folgende Angaben:
Generatorleistung: 4222 kW,
Brennstoffleistung: 11 304 kW
Abgastemperatur: 488 °C
Abgasmassenstrom: 14,8 kg/s

Sie wollen die verschiedenen Wirkungsgrade der Gasturbine berechnen. Dazu treffen Sie folgende Annahmen: Als idealer Vergleichsprozess eignet sich der Joule-Prozess. Luft wird mit 20 °C und 100 kPa angesaugt. Massen- und Stoffänderungen sind vernachlässigbar. Der Verdichter und die Turbine sind adiabat. Luft soll näherungsweise als ideales Gas angenommen werden. Es kann mit den Stoffwerten von Luft bei 0 °C gerechnet werden. Die Änderungen der kinetischen und der potenziellen Energien sollen vernachlässigt werden. Die dem wirklichen Kreisprozess und die dem idealisierten Vergleichsprozess zugeführten Wärmeströme sollen gleich der Brennstoffleistung sein. Der Ansaugzustand und der Zustand nach der Verbrennung sollen für beide Prozesse gleich sein. Die Druckverluste in der Brennkammer sind vernachlässigbar.

Den Druck nach der Verdichtung schätzen Sie mit 700 kPa, den isentropen Verdichterwirkungsgrad mit 0,89.

a) Skizzieren Sie den Kreisprozess und den Vergleichsprozess gemeinsam in einem T,s-Diagramm.

Berechnen Sie:

b) die Temperatur nach der Verdichtung,
c) die maximale Temperatur des Kreisprozesses,
d) den Massenstrom des Vergleichsprozesses,
e) den isentropen Turbinenwirkungsgrad,
f) das Produkt aus mechanischem Wirkungsgrad und Generatorwirkungsgrad,
g) den thermischen Wirkungsgrad des Vergleichsprozesses und den
h) thermischen Wirkungsgrad des wirklichen Prozesses.

4.3 Kreisprozess des Heißgasmotors

Beispiel 4.2

Als Antrieb eines Blockheizkraftwerkes dient ein Stirlingmotor (maximales Arbeitsgasvolumen: 160 cm³, minimales Arbeitsgasvolumen: 42 cm³, der mit Propan ($H_u = 46\,350$ kJ/kg) beheizt wird. Das maximale Arbeitsgasvolumen des Stirlingmotors wird bei einer Umgebungstemperatur von 20 °C bis zu einem Druck von 900 kPa (abs.) mit Helium gefüllt. Die dem Kühlwasser zugeführte Wärme wird in einem nachgeschalteten Verbraucher vollständig genutzt.

Folgende Daten werden gemessen: Brennstoffmassenstrom: 1,637 kg/h; Kühlwasservolumenstrom bei 60 °C: 150 l/h; Austrittstemperatur des Kühlwassers: 60 °C; Drehzahl unter Last: 1500 1/min.

Folgende Annahmen werden getroffen: Höchste Temperatur des Vergleichsprozesses: 600 °C; niedrigste Temperatur des Vergleichsprozesses: 60 °C; feuerungstechnischer Wirkungsgrad: $\dot{Q}_{34}/(\dot{m}_b H_u) = 0,73$; innerer Wirkungsgrad des Kreisprozesses: 0,85; mechanischer Wirkungsgrad des Kreisprozesses: 0,9; Generatorwirkungsgrad: 0,88; Eigenbedarfswirkungsgrad: 1; Helium soll näherungsweise als ideales Gas angenommen werden.

a) Skizzieren Sie den Vergleichsprozess in einem p,V-Diagramm.
b) Berechnen Sie die Masse des Heliums.
c) Welcher Wärmestrom wird dem Vergleichsprozess zugeführt?
d) Wie groß ist der thermische Wirkungsgrad des Vergleichsprozesses?
e) Wie groß ist die Masse des Vergleichsprozesses?

4.3 Kreisprozess des Heißgasmotors

f) Wie groß ist die Klemmenleistung?
g) Wie groß ist die Heizleistung des Kühlwassers (Annahme: Die gesamte vom Arbeitsgas abgegebene Wärme wird vom Kühlwasser aufgenommen.)?
h) Mit welcher Temperatur strömt das Kühlwasser in den Motor?
i) Wie groß ist der Gesamtwirkungsgrad?
j) Wie groß ist das Nutzungsverhältnis (Gesamte Nutzenergie zu eingesetzter Primärenergie) des Blockheizkraftwerkes?

Gegeben: Ladetemperatur: $t_L = t_{amb} = 20\ °C$; Ladedruck: $p_L = 900\ kPa$ (abs.);
Ladevolumen: $V_L = V_1 = 160\ cm^3$; $t_{amb} = 20\ °C$; $\dot{Q}_{34}/(\dot{m}_b H_u) = 0{,}73$;
$\eta_i = 0{,}85$; $\eta_m = 0{,}9$; $\eta_{gen} = 0{,}88$; $\eta_{ei} = 1$

$t_{1'} = 60\ °C$
$t_{3'} = 600\ °C$

$\dot{V}_{w2} = 150\ l/h$
$t_{w2} = 60\ °C$

$n = 1500\ 1/min$

Propan:
$H_u = 46\ 350\ kJ/kg$
$\dot{m}_b = 1{,}637\ kg/h$

Helium, ideales Gas
$V_1 = 160\ cm^3$
$V_2 = 42\ cm^3$

Zu a):

Zu b): Gesucht: m

Thermische Zustandsgleichung des idealen Gases:

$pV = m R_i T \qquad\qquad |: R_i T \qquad$ (Gl 1.16)

$$m = \frac{p_L V_L}{R_i T_L} = \frac{900 \cdot 10^3\ \cancel{Pa}\ \cancel{kg\ K}}{2077{,}3\ \cancel{J}} \cdot \frac{\cancel{N}}{\cancel{Pa\ m^2}} \cdot \frac{\cancel{J}}{\cancel{N\ m}} \cdot \frac{160\ \cancel{cm^3}}{293{,}15\ \cancel{K}} \cdot \frac{\cancel{m^3}}{10^6\ \cancel{cm^3}}$$

$|\ R_i = 2077{,}3\ J/(kg\ K) \qquad\qquad$ (T 1.5)

$$m = 0{,}2365 \cdot 10^{-3} \text{ kg}$$

Zu c): Gesucht: $\dot{Q}_{3'4'}^{rev}$

$$\dot{Q}_{3'4'}^{rev} = \dot{Q}_{34} = 0{,}73 \; \dot{m}_b H_u = 0{,}73 \cdot 1{,}637 \; \frac{\cancel{kg}}{\cancel{h}} \frac{\cancel{h}}{3600 \text{ s}} \; 46\,350 \; \frac{kJ}{\cancel{kg}} \qquad (Gl \; 4.6)$$

$$\dot{Q}_{3'4'}^{rev} = 15{,}386 \text{ kW}$$

Zu d): Gesucht: η_{th}^{rev}

$$\eta_{th}^{rev} = 1 - \frac{T_{1'}}{T_{3'}} = 1 - \frac{333{,}15 \text{ K}}{873{,}15 \text{ K}} = 0{,}6185 \qquad (Gl \; 4.17)$$

Zu e): Gesucht: m'

$$|W_{st}| = m' R_i (T_{3'} - T_{1'}) \ln\left(\frac{V_{1'}}{V_{2'}}\right) \qquad |\cdot n \qquad (Gl \; 4.27)$$

$$\left| \eta_{th}^{rev} = \frac{|W_k^{rev}|}{Q_{zu}^{rev}} = \frac{|W_{st}|}{Q_{3'4'}^{rev}} \right. \qquad (Gl \; 3.85)$$

$$\eta_{th}^{rev} \; \dot{Q}_{3'4'}^{rev} = m' R_i (T_{3'} - T_{1'}) \ln\left(\frac{V_{1'}}{V_{2'}}\right) n$$

$$m' = \frac{\eta_{th}^{rev} \; \dot{Q}_{3'4'}^{rev}}{R_i (T_{3'} - T_{1'}) \ln\left(\frac{V_{1'}}{V_{2'}}\right) n}$$

$$m' = \frac{0{,}6185 \quad kg\,\cancel{K} \quad 15\,386 \; \cancel{W}}{2077{,}3 \; \cancel{J} \; 540 \; \cancel{K} \; \ln\left(\frac{160}{42}\right) \; 1500 \; \frac{1}{\cancel{min}} \; \frac{\cancel{min}}{60\,\cancel{s}} \; \cancel{s}\,\cancel{W}}$$

$$m' = 0{,}25369 \cdot 10^{-3} \text{ kg}$$

Zu f): Gesucht: P_{kl}

$$P_{kl} = \eta_{th}^{rev} \; \eta_i \; \eta_m \; \eta_{gen} \; \eta_{ei} \; \dot{Q}_{3'4'}^{rev} = 0{,}6185 \cdot 0{,}85 \cdot 0{,}9 \cdot 0{,}88 \cdot 1 \cdot (-15{,}386 \text{ kW})$$

$$P_{kl} = -6{,}4057 \text{ kW}$$

Zu g): Gesucht: $\dot{Q}_H$

$$W_k = -(Q_{ab} + Q_{zu}) \qquad |-W_k \quad |+Q_{ab} \qquad (Gl \; 3.80)$$

4.3 Kreisprozess des Heißgasmotors

$$\left| \dot{W}_k = \eta_i \, W_k^{rev} = 0{,}85 \, (-9{,}515 \text{ kW}) = -8{,}088 \text{ kW} \right. \qquad \text{(Gl 4.7a)}$$

$$\dot{Q}_H = -\dot{Q}_{34} - \dot{W}_k = (-15{,}386 + 8{,}08775) \text{ kW}$$

$$\underline{\underline{\dot{Q}_H = -7{,}2977 \text{ kW}}}$$

Zu h): Gesucht: t_{w1}

Isobare Wärmezufuhr w1 → w2:

$$\left| \dot{Q}_H \right| = \dot{m}_w c_{pmw} (t_{w2} - t_{w1}) \qquad \left| : \dot{m}_w c_{pmw} \right. \qquad \text{(Gl 3.32)}$$

$$t_{w1} = t_{w2} - \frac{\left| \dot{Q}_H \right|}{\rho \, \dot{V} \, c_{pmw}}$$

$$\left| \rho = \frac{m}{V} \quad \rightarrow \quad \dot{m} = \rho \, \dot{V} \right. \qquad \text{(Gl 1.24)}$$

$$t_{w1} = 60 \text{ °C} - \frac{7{,}2977 \text{ kW}}{983 \frac{\text{kg}}{\text{m}^3} 150 \frac{\text{m}^3}{\text{h}} \frac{\text{h}}{1000} \frac{\text{h}}{3600 \text{ s}} 4{,}183 \frac{\text{kJ}}{\text{kg K}} \frac{\text{kW s}}{\text{kJ}}}$$

$$\left| c_{pmw} \approx c_p (40 \text{ °C}) = 4{,}183 \text{ kJ/(kg K)} \right. \qquad \text{(T 8.2)}$$

$$\left| \rho \approx \rho(60 \text{ °C}) = 983 \text{ kg/m}^3 \right. \qquad \text{(T 8.2)}$$

$$\underline{\underline{t_{w1} = 17{,}41 \text{ °C}}}$$

Zu i): Gesucht: η_{ges}

$$\underline{\underline{\eta_{ges}}} = \frac{\left| P_{kl} \right|}{\dot{m}_b H_u} = \frac{6{,}4057 \text{ kW}}{1{,}637 \frac{\text{kg}}{\text{h}} \frac{\text{h}}{3600 \text{ s}} 46\,350 \frac{\text{kJ}}{\text{kg}} \frac{\text{kW s}}{\text{kJ}}} = \underline{\underline{0{,}30}}$$

Zu j): Gesucht: ω

$$\underline{\underline{\omega}} = \frac{\left| \dot{Q}_H \right| + \left| P_{kl} \right|}{\dot{m}_b H_u} = \frac{(7{,}2977 + 6{,}4057) \text{ kW}}{1{,}637 \frac{\text{kg}}{\text{h}} \frac{\text{h}}{3600 \text{ s}} 46\,350 \frac{\text{kJ}}{\text{kg}} \frac{\text{kW s}}{\text{kJ}}} = \underline{\underline{0{,}65}}$$

Aufgabe 4.10

Ein Philips-Stirling-Motor ist anhand des zugehörigen Vergleichsprozesses zu untersuchen. Vergleichsprozess ist der Stirling-Prozess mit einer maximalen Temperatur von 900 °C, einer minimalen Temperatur von 50 °C, einem maximalen Arbeitsgasvolumen von 1,5 dm^3 und einem minimalen Arbeitsgasvolumen von 0,3 dm^3. Umgebungstemperatur: 15°C.

a) Skizzieren Sie den Prozess im p,V- und im T,S-Diagramm.

Bestimmen Sie für den Vergleichsprozess:

b) den thermischen Wirkungsgrad,

c) den exergetischen Wirkungsgrad und

d) das Arbeitsverhältnis.

e) Wovon hängen diese Bewertungszahlen ab und wie kann dieser Prozess optimal betrieben werden?

f) Welchen Gesamtwirkungsgrad erreicht der wirkliche Prozess, wenn bei der Drucksteigerung für die innere Reibung ein Wirkungsgrad von 0,94, für die äußere Reibung ein Wirkungsgrad von 0,89 angenommen wird und bei der Druckminderung für die innere Reibung ein Wirkungsgrade von 0,82, für die äußere Reibung ein Wirkungsgrad von 0,93 angenommen wird. Weitere Verluste werden vernachlässigt.

4.4 Kreisprozesse der Verbrennungsmotoren

4.4.1 Übertragung des Arbeitsprinzips der Motoren in einen Kreisprozess

4.4.2 Otto-Prozess als Vergleichsprozess des Verbrennungsmotors

4.4.3 Diesel-Prozess als Vergleichsprozess des Verbrennungsmotors

Beispiel 4.3

Der Vergleichsprozess eines Zweitakt-Dieselmotors ist zu berechnen: Verdichtungsverhältnis $\varepsilon = 14$, Anfangszustand 70 °C, 100 kPa; höchste Temperatur 1600 °C, Anfangsvolumen 0,2 m^3. Das Arbeitsmittel soll näherungsweise als ideales Gas (R_i = 294,3 J/(kg K)) angenommen werden. Die Temperaturabhängigkeit der spezifischen Wärmekapazität ist zu vernachlässigen, es ist mit $\kappa = 1,4$ zu rechnen.

a) Skizzieren Sie den Prozess im p,V- und im T,S-Diagramm.

b) Wie groß ist das Einspritzverhältnis?

c) Man ermittle die fehlenden thermischen Zustandsgrößen in den vier Eckpunkten des Prozesses und
d) den thermischen Wirkungsgrad.
e) Welche Nutzleistung liefert der Vergleichsprozess bei $n = 360$ 1/min?

Zu a): __Gegeben__: $\varepsilon = 14$, Zweitakt-Dieselmotor

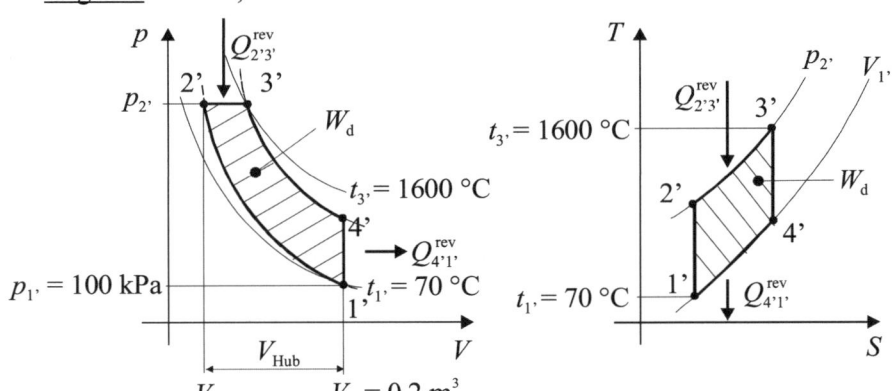

Zu b): __Gesucht__: φ

Einspritzverhältnis:

$$\varphi = \frac{T_{3'}}{T_{2'}} \quad \text{(Gl 4.33)}$$

Isentrope Kompression $1' \rightarrow 2'$:

$$T_{2'} = T_{1'}\left(\frac{V_{1'}}{V_{2'}}\right)^{\kappa-1} = T_{1'}\varepsilon^{\kappa-1} \quad \text{(Gl 3.49)}$$

Verdichtungsverhältnis:

$$\frac{V_{1'}}{V_{2'}} = \varepsilon \quad \text{(Gl 4.26)}$$

$$T_{2'} = 343{,}15 \text{ K} \,(14)^{0,4} = 986{,}13 \text{ K} \rightarrow t_{2'} = 712{,}98 \text{ °C}$$

$$\varphi = \frac{1873{,}15 \text{ K}}{986{,}13 \text{ K}} = 1{,}8995$$

Zu c): __Gesucht__: $V_{2'}, p_{2'}, t_{2'}, V_{3'}, p_{3'}, V_{4'}, p_{4'}, t_{4'}$

Isentrope Kompression $1' \rightarrow 2'$:
Verdichtungsverhältnis:

$$\varepsilon = \frac{V_{1'}}{V_{2'}} \qquad\qquad \left|\cdot\frac{V_{2'}}{\varepsilon}\right. \quad \text{(Gl 4.26)}$$

$$V_{2'} = \frac{V_{1'}}{\varepsilon} = \frac{0,2 \text{ m}^3}{14} = 0,01429 \text{ m}^3$$

$$\left(\frac{p_{2'}}{p_{1'}}\right)^{\frac{\kappa-1}{\kappa}} = \left(\frac{V_{1'}}{V_{2'}}\right)^{\kappa-1} = \varepsilon^{\kappa-1} \qquad \left|\sqrt[\kappa-1]{}\right. \qquad \text{(Gl 3.49)}$$

$$\left|\frac{V_{1'}}{V_{2'}} = \varepsilon\right. \qquad \text{(Gl 4.26)}$$

$$\left(\frac{p_{2'}}{p_{1'}}\right)^{\frac{1}{\kappa}} = \varepsilon \qquad \left|(\ )^\kappa\right| \cdot p_{1'}$$

$$p_{2'} = p_{1'} \varepsilon^\kappa = 100 \text{ kPa } 14^{1,4} = 4023 \text{ kPa}$$

$$t_{2'} = 712,98 \text{ °C} \quad \text{(siehe Zu b))}$$

Isobare Wärmezufuhr $2' \rightarrow 3'$:

$$\frac{T_{3'}}{T_{2'}} = \frac{V_{3'}}{V_{2'}} = \varphi \qquad \left|\cdot V_{2'}\right. \qquad \text{(Gl 1.18) u. (Gl 4.33)}$$

$$V_{3'} = \varphi \, V_{2'} = 1,8995 \cdot 0,01439 \text{ m}^3 = 0,02714 \text{ m}^3$$

$$p_{3'} = p_{2'} = 4023 \text{ kPa}$$

$$t_3 = 1600 \text{ °C} \quad \text{(gegeben)}$$

Isentrope Expansion $3' \rightarrow 4'$:

$$V_{4'} = V_{1'} = 0,2 \text{ m}^3$$

$$\left(\frac{p_{4'}}{p_{3'}}\right)^{\frac{\kappa-1}{\kappa}} = \left(\frac{V_{3'}}{V_{4'}}\right)^{\kappa-1} = \left(\frac{V_{3'}}{V_{1'}}\right)^{\kappa-1} = \left(\frac{V_{3'}}{V_{2'}} \frac{V_{2'}}{V_{1'}}\right)^{\kappa-1} \qquad \left|\sqrt[\kappa-1]{}\right. \qquad \text{(Gl 3.49)}$$

$$\left|\begin{array}{l} V_{4'} = V_{1'} \\ \dfrac{V_{1'}}{V_{2'}} = \varepsilon, \quad \dfrac{V_{3'}}{V_{2'}} = \varphi \end{array}\right. \qquad \text{(Gl 4.26) u. (Gl 4.33)}$$

$$\left(\frac{p_{4'}}{p_{3'}}\right)^{\frac{1}{\kappa}} = \frac{\varphi}{\varepsilon} \qquad \left|(\ )^\kappa\right| \cdot p_{3'}$$

$$p_{4'} = p_{3'}\left(\frac{\varphi}{\varepsilon}\right)^\kappa = 4023 \text{ kPa} \left(\frac{1,8995}{14}\right)^{1,4} = 246 \text{ kPa}$$

4.4 Kreisprozesse der Verbrennungsmotoren

$$\frac{T_{4'}}{T_{3'}} = \left(\frac{V_{3'}}{V_{4'}}\right)^{\kappa-1} = \left(\frac{V_{3'}}{V_{2'}}\frac{V_{2'}}{V_{1'}}\right)^{\kappa-1} = \varphi^{\kappa-1}\frac{T_{1'}}{T_{2'}} \qquad |\cdot T_{3'} \qquad \text{(Gl 3.49)}$$

$$\left|\begin{array}{l} V_{4'} = V_{1'} \\ \dfrac{V_{3'}}{V_{2'}} = \varphi \end{array}\right. \qquad \text{(Gl 4.33)}$$

$$\left|\left(\frac{V_{2'}}{V_{1'}}\right)^{\kappa-1} = \frac{T_{1'}}{T_{2'}}\right. \qquad \text{(Gl 3.49)}$$

$$T_{4'} = T_{3'}\,\varphi^{\kappa-1}\frac{T_{1'}}{T_{2'}} = \varphi\,\varphi^{\kappa-1}\,T_{1'} = \varphi^{\kappa}\,T_{1'}$$

$$\left|\frac{T_{3'}}{T_{2'}} = \varphi\right. \qquad \text{(Gl 4.33)}$$

$$T_{4'} = 1{,}8995^{1,4}\,343{,}15\text{ K} = 842{,}512\text{ K} \;\rightarrow\; \underline{\underline{t_{4'} = 569{,}36\,°\text{C}}}$$

Zu d): Gesucht: $\eta_{\text{th}}^{\text{rev}}$

$$\underline{\underline{\eta_{\text{th}}^{\text{rev}} = 1 - \frac{T_{4'} - T_{1'}}{\kappa\,(T_{3'} - T_{2'})} = 1 - \frac{842{,}512 - 343{,}15}{1{,}4\,(1873{,}15 - 986{,}13)} = 0{,}598}}$$

Zu e): Gesucht: $\dot{W}_{\text{d}}$

$$W_{\text{d}} = -m\,c_{vm}\left(T_{1'} - \kappa T_{2'} + \kappa T_{3'} - T_{4'}\right) \qquad \text{(Gl 4.32)}$$

Thermische Zustandgleichung des idealen Gases:

$$\left|\begin{array}{l} p_1 V_1 = m R_i T_1 \qquad\qquad |:(R_i\,T_1) \qquad \text{(Gl 1.16)} \\[4pt] m = \dfrac{p_{1'}\,V_{1'}}{R_i\,T_{1'}} = 0{,}198\text{ kg} \\[6pt] c_v = \dfrac{R_i}{\kappa - 1} \qquad\qquad\qquad\qquad\qquad \text{(Gl 2.48)} \end{array}\right.$$

$$\dot{W}_{\text{d}} = -\frac{p_{1'}V_{1'}}{\cancel{R_i}T_{1'}}\frac{\cancel{R_i}}{\kappa-1}\left(T_{1'} - \kappa T_{2'} + \kappa T_{3'} - T_{4'}\right) n$$

Beim Zweitakt-Motor wird pro Umdrehung einmal der Kreisprozess durchlaufen.

$$\dot{W}_{\text{d}} = -\frac{100\cdot 10^3\,\cancel{\text{Pa}}\;0{,}2\text{ m}^3}{343{,}15\,\cancel{\text{K}}\;0{,}4}\frac{\cancel{\text{N}}}{\cancel{\text{Pa}}\text{ m}^2}\frac{\cancel{\text{J}}}{\cancel{\text{N}}\text{ m}}$$

$$\cdot (343{,}15 - 1{,}4 \cdot 986{,}13 + 1{,}4 \cdot 1873{,}15 + 1{,}4 \cdot 1873{,}15 - 842{,}512)\ \text{K}$$

$$\cdot 360 \frac{1}{\cancel{\text{min}}} \frac{\cancel{\text{min}}}{60\,\cancel{s}} \frac{\text{kW}\,\cancel{s}}{10^3\,\cancel{\text{K}}} \text{kW}$$

$$\underline{\underline{\dot{W}_\text{d} = -649{,}10\ \text{kW}}}$$

Aufgabe 4.11

Für einen Viertakt-Dieselmotor ist der Diesel-Prozess als idealisierter Vergleichsprozess zu berechnen. Der Motor saugt Luft bei 20 °C und 100 kPa an. Massen- und Stoffänderungen sind vernachlässigbar. Luft soll näherungsweise als ideales Gas angenommen werden. Es kann mit den Stoffwerten von Luft bei 0 °C gerechnet werden. Die Änderungen der kinetischen und der potenziellen Energien sind vernachlässigbar. Gegeben sind das Verdichtungsverhältnis $\varepsilon = 12$, das Einspritzverhältnis $\varphi = 1{,}8$ und das Hubvolumen $V_\text{Hub} = 0{,}187\ \text{m}^3$.

a) Skizzieren Sie den Kreisprozess in einem p,V-Diagramm und einem T,S-Diagramm.

Berechnen Sie

b) die fehlenden Temperaturen und Drücke der vier Eckpunkte (Geben Sie alle Temperaturen und Drücke in einer Tabelle an),

c) den thermischen Wirkungsgrad und

d) die Nutzleistung bei einer Drehzahl von 280 1/min.

4.4.4 Seiliger-Prozess als Vergleichsprozess des Verbrennungsmotors

Aufgabe 4.12

Ein Motor arbeitet mit Luft nach dem Seiliger-Prozess mit einem Verdichtungsverhältnis $\varepsilon = 12$, einem Anfangszustand von 100 kPa und 70 °C und einem maximalen Druck von 5 MPa. Während der Verbrennung werden pro kg Luft 40 g Brennstoff mit einem Heizwert von 42 300 kJ/kg eingespritzt.

Luft soll näherungsweise als ideales Gas angenommen werden. Die Temperaturabhängigkeit der spezifischen Wärmekapazität ist zu vernachlässigen, es ist mit den Werten $c_p = 1{,}008\ \text{kJ/(kg K)}$ und $c_v = 0{,}721\ \text{kJ/(kg K)}$ zu rechnen.

Für den Vergleichsprozess sind zu ermitteln:

a) wie viel kg Brennstoff pro kg Luft anteilig während der isochoren und während der isobaren Verbrennung zuzuführen sind und wie hoch die Temperatur des Gases am Ende der isobaren Zustandsänderung ist und

b) wie groß der thermische Wirkungsgrad, die spezifische Nutzarbeit und das Druckverhältnis sind.

4.4.5 Der wirkliche Prozess in den Verbrennungsmotoren

Beispiel 4.4

Einem Verbrennungsmotor, der mit Luft nach dem Seiliger-Prozess arbeitet, wird ein Verdichter vorgeschaltet. Luft soll näherungsweise als ideales Gas angenommen werden. Die Temperaturabhängigkeit der spezifischen Wärmekapazität ist zu vernachlässigen, es ist mit dem Wert bei 0 °C zu rechnen.

Vergleichsprozess (ohne Lader):
Bei Beginn der adiabaten Verdichtung ist der Zylinder mit Luft von 100 kPa, 80 °C gefüllt. Sie wird mit einem Verdichtungsverhältnis von 12 verdichtet. Anschließend wird eine solche spezifische Wärme zugeführt, dass ein Maximaldruck von 4,5 MPa und eine Maximaltemperatur von 1400 °C erreicht werden.

a) Skizzieren Sie den Vergleichsprozess in einem T,s-Diagramm und geben Sie in einer Tabelle für alle Zustandspunkte jeweils die Temperatur und den Druck an.
b) Berechnen Sie die dem Arbeitsmittel zugeführte spezifische Wärme und die spezifische Arbeit des Kreisprozesses und skizzieren Sie diese als Flächen im T,s-Diagramm.

Erweiterter Vergleichsprozess (mit Lader): Ein vom Motor direkt angetriebener Verdichter wird nun dem oben beschriebenen Motor vorgeschaltet. Dadurch wird Luft zunächst auf einen Vordruck von 200 kPa (abs.) verdichtet und danach in einem Ladeluftkühler isobar gekühlt, wodurch die Temperatur der Luft unmittelbar vor der Verdichtung im Zylinder des Motors wiederum 80 °C beträgt. Am Austritt des

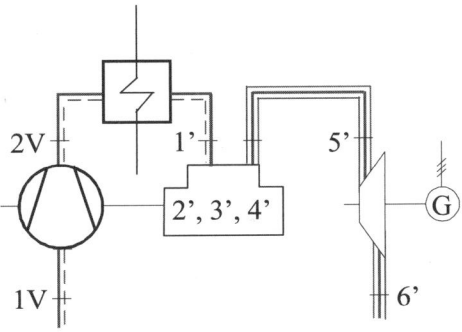

Motors wird eine Turbine angeschlossen, in der die Abgase auf den Umgebungsdruck entspannt werden. Die Turbine treibt einen Generator für Hilfsantriebe an.

c) Skizzieren Sie den erweiterten Vergleichsprozess mit in das unter a) gezeichnete T,s-Diagramm. Das Verdichtungsverhältnis sowie die jeweils zugeführten spezifischen Wärmen sollen die gleichen wie beim Ausgangsprozess sein.
d) Geben Sie die Temperaturen und die Drücke des erweiterten Kreisprozesses in einer Tabelle an.
e) Geben Sie die spezifische Arbeit des Gesamtprozesses an und skizzieren Sie diese als Fläche im T,s-Diagramm.
f) Welche spezifische Arbeit ist für die Vorverdichtung erforderlich?
g) Wie groß ist die spezifische Arbeit, die die Turbine und wie groß ist die spezifische Arbeit, die der Motor (zusammen mit dem Verdichter) abgibt?

Zu a):   Gegeben: $\varepsilon = 12$, Luft, ideales Gas, Stoffwerte bei 0 °C

Gesucht: $t_{2'}$, $p_{2'}$, $t_{3'}$, $p_{3'}$, $t_{5'}$, $p_{5'}$

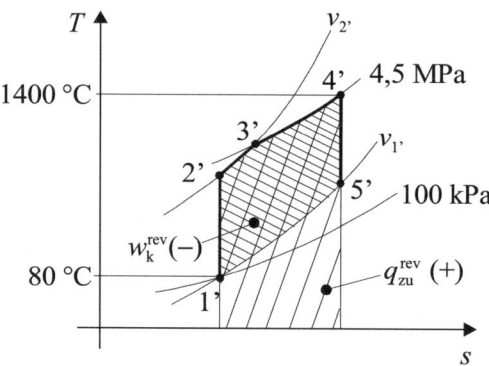

isentrope Verdichtung 1'→2':

$$\frac{T_{2'}}{T_{1'}} = \left(\frac{V_{1'}}{V_{2'}}\right)^{\kappa-1} = \varepsilon^{\kappa-1} \qquad\qquad |\cdot T_{1'} \qquad \text{(Gl 3.49)}$$

> Verdichtungsverhältnis:
> $$\varepsilon = \frac{V_{1'}}{V_{2'}} \qquad \text{(Gl 4.26)}$$
> $$\kappa(0\;°C) = 1{,}401 \qquad \text{(T 1.5)}$$

$$T_{2'} = \varepsilon^{\kappa-1}\,T_{1'} = 12^{0,401}\;353{,}15\text{ K} = 956{,}56\text{ K} \quad\to\quad \underline{\underline{t_{2'} = 683{,}41\;°C}}$$

$$\left(\frac{V_{1'}}{V_{2'}}\right)^{\kappa-1} = \left(\frac{p_{2'}}{p_{1'}}\right)^{\frac{\kappa-1}{\kappa}} = \varepsilon^{\kappa-1} \qquad |(\;)^{\frac{\kappa}{\kappa-1}} \quad |\cdot p_{1'} \qquad \text{(Gl 3.49)}$$

$$\underline{\underline{p_{2'} = p_{1'}\,\varepsilon^{\kappa} = 100\text{ kPa}\;12^{1,401} = 3{,}25\text{ MPa}}}$$

isochore Wärmezufuhr 2'→3':

$$\frac{p_{3'}}{p_{2'}} = \frac{T_{3'}}{T_{2'}} \qquad\qquad |\cdot T_{2'} \qquad \text{(Gl 3.20)}$$

$$T_{3'} = \frac{p_{3'}}{p_{2'}}\,T_{2'}$$

$$T_{3'} = \frac{4{,}5\text{ MPa}}{3{,}25\text{ MPa}}\,956{,}56\text{ K} = 1324{,}3\text{ K} \quad\to\quad \underline{\underline{t_{3'} = 1051{,}16\;°C}}$$

4.4 Kreisprozesse der Verbrennungsmotoren

Isentrope Entspannung 4'→5':

$$\frac{T_{5'}}{T_{4'}} = \left(\frac{V_{4'}}{V_{5'}}\right)^{\kappa-1} = \left(\frac{v_{4'}}{v_{5'}}\right)^{\kappa-1} = \left(\frac{T_{4'}}{T_{1'}} \frac{p_{1'}}{p_{4'}}\right)^{\kappa-1} \quad \left|\cdot T_{4'}\right. \quad \text{(Gl 3.49)}$$

Thermische Zustandsgleichung des idealen Gases:
$$pV = mR_i T \quad \left|:(p\,m)\right. \quad \text{(Gl 1.16)}$$

$$v_{4'} = \frac{R_i T_{4'}}{p_{4'}}, \quad v_{5'} = v_{1'} = \frac{R_i T_{1'}}{p_{1'}}$$

$$T_{5'} = T_{4'}\left(\frac{T_{4'}}{T_{1'}} \frac{p_{1'}}{p_{4'}}\right)^{\kappa-1} = 1673{,}15\text{ K}\left(\frac{1673{,}15}{353{,}15} \cdot \frac{100}{4500}\right)^{0{,}401}$$

$$T_{5'} = 678{,}43 \text{ K} \quad \rightarrow \quad \underline{t_{5'} = 405{,}28 \text{ °C}}$$

$$\frac{T_{5'}}{T_{4'}} = \left(\frac{p_{5'}}{p_{4'}}\right)^{\frac{\kappa-1}{\kappa}} \quad \left|(\ )^{\frac{\kappa}{\kappa-1}}\right. \quad \left|\cdot p_{4'}\right. \quad \text{(Gl 3.49)}$$

$$p_{5'} = p_{4'}\left(\frac{T_{5'}}{T_{4'}}\right)^{\frac{\kappa}{\kappa-1}} = 4{,}5\text{ MPa}\left(\frac{678{,}43}{1673{,}15}\right)^{\frac{1{,}401}{0{,}401}} = 192{,}1 \text{ kPa}$$

	1'	2'	3'	4'	5'
t / °C	80	683,41	1051,16	1400	405,28
T / K	353,15	956,56	1324,3	1673,15	678,43
p / kPa	100	3250	4500	4500	192,1

Zu b): Gesucht: $q_{2'4'}^{\text{rev}}$, w_k^{rev}

$$q_{2'4'}^{\text{rev}} = q_{2'3'}^{\text{rev}} + q_{3'4'}^{\text{rev}} = c_{vm}(T_{3'} - T_{2'}) + \kappa c_{vm}(T_{4'} - T_{3'})$$

Isochore Wärmezufuhr 2'→3':
$$Q_{\text{ich}12}^{\text{rev}} = m\,c_{vm}\big|_{t_1}^{t_2}(T_2 - T_1) \quad \left|:m\right. \quad \text{(Gl 3.24)}$$

$$c_{vm}\big|_{t_1}^{t_2} \approx c_{vm}(0\text{ °C}) = 0{,}7171 \text{ kJ/(kg K)} \quad \text{(T 1.5)}$$

$$q_{2'3'}^{\text{rev}} = c_{vm}(T_{3'} - T_{2'})$$

Isobare Wärmezufuhr 3'→4':
$$Q_{\text{ib}12}^{\text{rev}} = m\,c_{pm}\big|_{t_2}^{t_2}(T_2 - T_1) \quad \left|:m\right. \quad \text{(Gl 3.32)}$$

$$\left|\kappa = \frac{c_{pm}}{c_{vm}} \rightarrow c_{pm} = \kappa\, c_{vm}\right. \qquad (\text{Gl 2.47})$$

$$q_{3'4'}^{\text{rev}} = \kappa\, c_{vm}(T_{4'} - T_{3'})$$

$$q_{2'4'}^{\text{rev}} = c_{vm}\left(T_{3'} - T_{2'} + \kappa(T_{4'} - T_{3'})\right)$$

$$q_{2'4'}^{\text{rev}} = 0{,}7171\frac{\text{kJ}}{\text{kg K}}\left(1324{,}3 - 956{,}56 + 1{,}401\,(1673{,}15 - 1324{,}3)\,\text{K}\right)$$

$$\underline{\underline{q_{2'4'}^{\text{rev}} = 614{,}18\frac{\text{kJ}}{\text{kg}}}}$$

Isochore Wärmeabfuhr $4' \rightarrow 5'$:

$$q_{5'1'}^{\text{rev}} = c_{vm}(T_{1'} - T_{5'}) = 0{,}7171\frac{\text{kJ}}{\text{kg K}}(353{,}15 - 678{,}43)\,\text{K}$$

$$q_{5'1'}^{\text{rev}} = -233{,}26\frac{\text{kJ}}{\text{kg}}$$

$$\underline{\underline{w_{k}^{\text{rev}} = -\left(q_{zu}^{\text{rev}} + q_{ab}^{\text{rev}}\right) = -(614{,}18 - 233{,}25) = -381\frac{\text{kJ}}{\text{kg}}}} \qquad (\text{Gl 3.83}): m$$

Flächen im T,s-Diagramm siehe Zu a)

Zu c): <u>Gegeben</u>: $\varepsilon = 12$, $q_{2'3'}^{\text{rev}}$ und $q_{3'4'}^{\text{rev}}$ bleiben gleich.

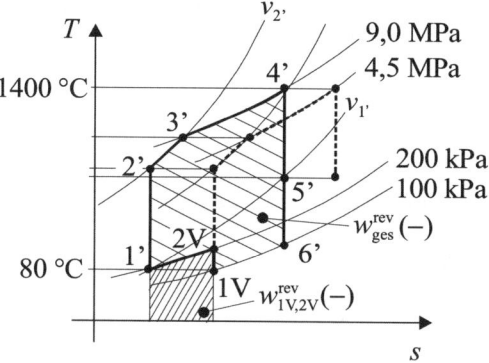

Zu d): <u>Gesucht</u>: t_{2V}, $t_{2'}$, $p_{2'}$, $t_{3'}$, $p_{3'}$, $p_{4'}$, $t_{5'}$, $p_{5'}$

isentrope Verdichtung $1V \rightarrow 2V$:

$$\frac{T_{2V}}{T_{1V}} = \left(\frac{p_{2V}}{p_{1V}}\right)^{\frac{\kappa-1}{\kappa}} \qquad\qquad \left|\cdot T_{V1}\right. \qquad (\text{Gl 3.49})$$

4.4 Kreisprozesse der Verbrennungsmotoren

$$T_{2V} = T_{1V} \left(\frac{p_{2V}}{p_{1V}}\right)^{\frac{\kappa-1}{\kappa}}$$

$$T_{2V} = 353{,}15 \text{ K} \left(\frac{200}{100}\right)^{\frac{0{,}401}{1{,}401}} = 430{,}65 \text{ K} \quad \rightarrow \quad \underline{t_{2V} = 157{,}5 \text{ °C}}$$

isentrope Verdichtung 1'→2':

$$T_{2'} = \varepsilon^{\kappa-1} T_{1'} = 12^{0{,}401} \cdot 353{,}15 \text{ K} = 956{,}56 \text{ K} \quad \rightarrow \quad \underline{t_{2'} = 683{,}41 \text{ °C}}$$

> Da die Ausgangstemperaturen und die Verdichtungsverhältnisse für beide Prozesse gleich groß sind, sind auch die Verdichtungsendtemperaturen gleich groß.

$$\underline{\underline{p_{2'}}} = p_{1'} \, \varepsilon^{\kappa} = 200 \text{ kPa} \cdot 12^{1{,}401} = \underline{\underline{6{,}501 \text{ MPa}}}$$

isochore Wärmezufuhr 2'→3':

$$q_{2'3'}^{\text{rev}} = c_{vm} (T_{3'} - T_{2'}) \qquad \big|: c_{vm} \, \big| + T_{2'} \qquad \text{(Gl 3.24)} : m$$

$$T_{3'} = \frac{q_{2'3'}^{\text{rev}}}{c_{vm}} + T_{2'}$$

> Da die Wärmezufuhren und die Ausgangstemperaturen gleich sind, sind auch die Endtemperaturen gleich groß.

$$T_{3'} = 1324{,}3 \text{ K} \quad \rightarrow \quad \underline{t_{3'} = 1051{,}17 \text{ °C}}$$

$$s_{3'} - s_{2'} = c_{vm} \ln\left(\frac{T_{3'}}{T_{2'}}\right) \qquad \qquad \text{(Gl 3.25)} : m$$

> Da die Temperaturverhältnisse gleich sind, sind auch die Entropieänderungen gleich groß. Das heißt, dass sich die isochoren Zustandsänderungen 2'→3' im T,s-Diagramm nur durch eine horizontale Verschiebung unterscheiden.

$$\underline{\underline{p_{3'}}} = p_{2'} \frac{T_{3'}}{T_{2'}} = 6{,}501 \text{ MPa} \, \frac{1324{,}3 \text{ K}}{956{,}56 \text{ K}} = \underline{\underline{9000 \text{ kPa}}} \qquad \text{(Gl 3.20)}$$

isobare Wärmezufuhr 3'→4':

> Auch bei den isobaren Zustandsänderungen 3'→4' sind die Temperaturänderungen und die Änderungen der Entropie gleich groß, sodass auch diese Zustandsänderungen sich nur durch eine horizontale Verschiebung unterscheiden.

Isentrope Entspannung 4'→5':

$$\frac{T_{5'}}{T_{4'}} = \left(\frac{V_{4'}}{V_{5'}}\right)^{\kappa-1} = \left(\frac{v_{4'}}{v_{5'}}\right)^{\kappa-1} = \left(\frac{T_{4'}}{T_{1'}}\frac{p_{1'}}{p_{4'}}\right)^{\kappa-1} \qquad (Gl\ 3.49)$$

Thermische Zustandsgleichung des idealen Gases:
$$pV = mR_iT \qquad \qquad |:(p\,m) \qquad (Gl\ 1.16)$$

$$v_{4'} = \frac{R_i T_{4'}}{p_{4'}}, \quad v_{5'} = v_{1'} = \frac{R_i T_{1'}}{p_{1'}}$$

$$T_{5'} = T_{4'}\left(\frac{T_{4'}}{T_{1'}}\frac{p_{1'}}{p_{4'}}\right)^{\kappa-1} = 1673{,}15\ \text{K}\left(\frac{1673{,}15}{353{,}15}\cdot\frac{100}{4500}\right)^{0{,}401}$$

$$T_{5'} = 678{,}43\ \text{K} \rightarrow \underline{t_{5'} = 405{,}28\ °C}$$

$$\frac{T_{5'}}{T_{4'}} = \left(\frac{p_{5'}}{p_{4'}}\right)^{\frac{\kappa-1}{\kappa}} \qquad \qquad |(\ )^{\frac{\kappa}{\kappa-1}} \quad |\cdot p_{4'} \qquad (Gl\ 3.49)$$

$$p_{5'} = p_{4'}\left(\frac{T_{5'}}{T_{4'}}\right)^{\frac{\kappa}{\kappa-1}} = 9{,}0\ \text{MPa}\left(\frac{678{,}43}{1673{,}15}\right)^{\frac{1{,}401}{0{,}401}} = \underline{\underline{384{,}2\ \text{kPa}}}$$

Isentrope Entspannung 5'→6':

$$\frac{T_{6'}}{T_{5'}} = \left(\frac{p_{6'}}{p_{5'}}\right)^{\frac{\kappa-1}{\kappa}} \qquad \qquad |\cdot T_{5'} \qquad (Gl\ 3.49)$$

$$T_{6'} = T_{5'}\left(\frac{p_{6'}}{p_{5'}}\right)^{\frac{\kappa}{\kappa-1}} = 678{,}43\ °C\left(\frac{100}{384{,}2}\right)^{\frac{0{,}401}{1{,}401}}$$

$$T_{6'} = 461{,}52\ \text{K} \rightarrow \underline{t_{6'} = 188{,}37\ °C}$$

	1V	2V	1'	2'
t / °C	80	157,5	80	683,41
T / K	353,15	430,65	353,15	956,56
p / kPa	100	200	200	6501

	3'	4'	5'	6'
t / °C	1051,17	1400	405,28	188,37
T / K	1324,3	1673,15	678,43	461,52
p / kPa	9000	9000	384,2	100

4.4 Kreisprozesse der Verbrennungsmotoren

Zu e): Gesucht: w_{ges}^{rev}

$$w_{ges}^{rev} = -\left(q_{zu}^{rev} + q_{2V,1'}^{rev} + q_{6',1V}^{rev}\right) \qquad \text{(Gl 3.83)}: m$$

Isobare Wärmeabfuhr 2V→1':

$$q_{2V,1'}^{rev} = \kappa \, c_{vm}\left(T_{1'} - T_{2V}\right) \qquad \text{(Gl 3.82)}: m$$

$$q_{2V,1'}^{rev} = 1{,}401 \cdot 0{,}7171 \frac{kJ}{kg\,K}(80 - 157{,}5)\,K$$

$$q_{2V,1'}^{rev} = -77{,}86 \frac{kJ}{kg}$$

Isobare Wärmeabfuhr 6'→1V:

$$q_{6',1V}^{rev} = \kappa \, c_{vm}\left(T_{1V} - T_{6'}\right) \qquad \text{(Gl 3.32)}: m$$

$$q_{2V,1'}^{rev} = 1{,}401 \cdot 0{,}7171 \frac{kJ}{kgK}(80 - 188{,}37)K = -108{,}87 \frac{kJ}{kg}$$

$$w_{ges}^{rev} = -\left(614{,}18 - 77{,}86 - 108{,}87\right)\frac{kJ}{kg} = \underline{\underline{-427{,}445 \frac{kJ}{kg}}}$$

Fläche im T,s-Diagramm siehe Zu c)

Zu f): Gesucht: $w_{t\,1V,2V}^{rev}$

Isentrope Vorverdichtung 1V→2V:

$$w_{t1V,2V}^{rev} = h_{2V} - h_{1V} = \kappa \, c_{vm}\left(t_{2V} - t_{1V}\right) \qquad \text{(Gl 3.56)}: m$$

Kalorische Zustandsgleichung des idealen Gases:

$$h_2 - h_1 = c_{pm}\Big|_{t_2}^{t_2}(T_2 - T_1) \qquad \text{(Gl 2.45)}$$

$$w_{t\,1V,2V}^{rev} = 1{,}401 \cdot 0{,}7171 \frac{kJ}{kg\,K}(157{,}5 - 80)\,K = \underline{\underline{77{,}86 \frac{kJ}{kg}}}$$

Zu g): Gesucht: $w_{t\,5'6'}^{rev}$, w_{Motor}

Isentrope Expansion 5'→6':

$$w_{t5'6'}^{rev} = \kappa \, c_{vm}\left(t_{6'} - t_{5'}\right) \qquad \text{(Gl 3.56)}: m$$

$$w_{t\,5'6'}^{rev} = 1{,}401 \cdot 0{,}7171 \frac{kJ}{kg\,K}(188{,}37 - 405{,}28)\,K = \underline{\underline{-217{,}92 \frac{kJ}{kg}}}$$

$$w_{Motor} = w_{ges}^{rev} - w_{t\,5'6'}^{rev} = -475{,}445 \frac{kJ}{kg} + 217{,}92 \frac{kJ}{kg} = \underline{\underline{-209{,}53 \frac{kJ}{kg}}}$$

Aufgabe 4.13

In einem Blockheizkraftwerk wird ein Viertakt-Dieselmotor eingesetzt. Der Motor saugt Luft wird mit 100 kPa, $t = 20$ °C an und verdichtet sie mit einem Verdichtungsverhältnis von $\varepsilon = 12$. Endtemperatur 700 K. Durch die sich anschließende Verbrennung steigt die Temperatur auf 2000 K.

Alle Verluste beim Ladungswechsel (z. B. durch Drosselung, Aufheizung, Undichtigkeiten) und Massen- und Stoffänderungen sind zu vernachlässigen. Luft soll näherungsweise als ideales Gas angenommen werden. Für die spezifische Wärmekapazität soll näherungsweise der Mittelwert für trockene Luft zwischen 0 °C und 1700 °C verwendet werden. Zwischenwerte aus der Tabelle sollen linear interpoliert werden. Die Verbrennung im Motor soll näherungsweise als isobar angenommen werden. Vergleichsprozess ist der Diesel-Prozess mit gleichem Ansaugzustand, gleichem Verdichtungsverhältnis und gleicher Temperatur nach der Verbrennung. Dem Vergleichsprozess und dem wirklichen Prozess wird gleich viel Wärme zugeführt.

Vom Motor sind folgende Daten bekannt: 6 Zylinder, Zylinderbohrungsdurchmesser 420 mm; Kolbenhub 480 mm; Drehzahl 500 1/min; innerer Wirkungsgrad 0,85; mechanischer Wirkungsgrad 0,95; Generatorwirkungsgrad 0,98.

a) Skizzieren Sie den Vergleichsprozess im p,v- und im T,s-Diagramm.
b) Welcher maximale Druck tritt im Vergleichsprozess auf?
c) Wie groß ist die spezifische Nutzarbeit des Vergleichsprozesses?
d) Wie groß ist der Luftmassenstrom im wirklichen Motor und für den Vergleichsprozess?
e) Wie groß ist die elektrische Leistung des an den Motor angeschlossenen Generators?

Aufgabe 4.14

Für einen Dieselmotor soll der Diesel-Prozess berechnet werden. Für den Vergleichsprozess gilt: Luft wird mit 20 °C und 100 kPa angesaugt und durch die Zufuhr einer spezifischen Volumenänderungsarbeit von 345 kJ/kg verdichtet. Anschließend wird der Luft isobar eine spezifische Wärme von 1604 kJ/kg zugeführt. Die Leistung des Vergleichsprozesses beträgt 100 kW. Luft soll näherungsweise als ideales Gas angenommen werden. Die Temperaturabhängigkeit der spezifischen Wärmekapazität ist zu vernachlässigen, es ist mit dem Wert bei 0 °C zu rechnen.

a) Berechnen Sie das Verdichtungsverhältnis und das Einspritzverhältnis.
b) Berechnen Sie die spezifische Kreisarbeit und den Massenstrom.

Der Vergleichsprozess soll nun dadurch verbessert werden, dass die angesaugte Luft zunächst in einem vorgeschalteten adiabaten Turboverdichter auf 200 kPa vorverdichtet wird, danach isobar wieder auf Umgebungstemperatur rückgekühlt

4.4 Kreisprozesse der Verbrennungsmotoren

und dann erst dem Motor zugeführt wird. Das Druckverhältnis p_2/p_1 und die Maximaltemperatur des Diesel-Prozesses sollen sich gegenüber dem Ausgangsfall nicht ändern. Nach der Expansion innerhalb des Diesel-Prozesses wird das Arbeitsmittel einer adiabat arbeitenden Turbine zugeführt und auf Umgebungsdruck expandiert.

c) Zeichnen Sie dass p,v- sowie das T,s-Diagramm für den modifizierten Vergleichsprozess und kennzeichnen Sie die gegenüber dem ursprünglichen Prozess hinzukommende spezifische Kreisprozessarbeit als schraffierte Fläche. Hinweis: Beachten Sie die Darstellung (Form + Lage) des ursprünglichen Diesel-Prozesses im T,s-Diagramm. Was hat sich durch die Vorverdichtung geändert?

Aufgabe 4.15

Ein Motor arbeitet mit Luft nach dem Diesel-Prozess mit einem Verdichtungsverhältnis von $\varepsilon = 13$. Die Luft wird mit 300 K und 100 kPa angesaugt. Massen- und Stoffänderungen sind zu vernachlässigen. Ihre maximale Temperatur beträgt 2000 K. Luft soll näherungsweise als ideales Gas angenommen werden. Die Temperaturabhängigkeit der spezifischen Wärmekapazität ist zu vernachlässigen, es ist mit dem Wert bei 0 °C zu rechnen.

Für den Vergleichsprozess sind zu bestimmen:

a) das Einspritzverhältnis,
b) der maximale Druck,
c) die zuzuführende spezifische Wärme,
d) die spezifische Nutzarbeit und der
e) thermische Wirkungsgrad.
f) Welcher spezifische Brennstoffverbrauch ergibt sich pro kW mechanischer Leistung und pro Stunde, wenn der Brennstoff einen Heizwert von $H_u = 40\,000$ kJ/kg hat und der innere Wirkungsgrad sowie der mechanische Wirkungsgrad je 0,85 betragen? Die Brennstoffleistung soll als zugeführte Wärmeleistung betrachtet werden.

4.5 Kolbenverdichter

Beispiel 4.5

Ein adiabater, einfachwirkender, einstufiger Kolbenverdichter mit einem relativen Schadraum von 2 % soll 150 m³/h Luft, gemessen bei einem Außenluftzustand von 100 kPa und 8 °C, auf 600 kPa (im Druckwindkessel) verdichten. Nach der Verdichtung wird eine Lufttemperatur von 220 °C gemessen.

Der Polytropenexponent für die Rückexpansion hat den Wert 1,3. Die Druckverluste beim Ansaugen und Ausschieben betragen jeweils 3 kPa. Beim Ansaugen erwärmt sich die Luft auf 15 °C. Beim Ausschieben bleibt die Temperatur konstant. Der Liefergrad beträgt 0,9. Der Verdichter arbeitet mit einer Drehzahl von 350 1/min. Innere Undichtigkeiten sollen vernachlässigt werden.

Luft soll näherungsweise als trocken und als ideales Gas angenommen werden. Die Temperaturabhängigkeit der spezifischen Wärmekapazität ist zu vernachlässigen, es ist mit dem Wert bei 0 °C zu rechnen. Die Änderung der kinetischen und der potenziellen Energie soll vernachlässigt werden.

Ermitteln bzw. skizzieren Sie:

a) Die isentrope Vergleichsleistung,
b) die Verdichterleistung,
c) die reversible technische Leistung des Verdichters,
d) das p,V-Diagramm mit dem Indikatordiagramm des Prozesses und dem Vergleichsprozess (Punkte genau bezeichnen),
e) das Hubvolumen,
f) die indizierte Leistung,
g) den isentropen indizierten Wirkungsgrad und
h) den isentropen Wirkungsgrad.

Zu a): Gegeben:
$\varepsilon_0 = 0{,}02$, $n_R = 1{,}3$,
$\Delta p_D = \Delta p_S = 3$ kPa,
$\lambda = 0{,}9$,
$n = 350$ 1/min,
$t_1 = 15$ °C, $t_2 = t_3$,
$c_{pm} \approx c_p(0\ °C)$

Luft, ideales Gas

$p_A = 100$ kPa, $p_D = 600$ kPa
$t_A = 8$ °C, $t_D = 220$ °C
$\dot{V}_A = 150$ m³/h

Gesucht: $\dot{W}_{KV\ isen}^{rev} = \dot{W}_{t\ isen\ AD}^{rev}$

4.5 Kolbenverdichter

$$\dot{W}_{\text{KV isen}}^{\text{rev}} = \frac{\kappa}{\kappa-1} p_A \dot{V}_A \left[\left(\frac{p_D}{p_A}\right)^{\frac{\kappa-1}{\kappa}} - 1 \right] \quad \text{(Gl 3.52) u. (Gl 3.57)}$$

$$\left| \kappa(\text{Luft, ideales Gas, 0 °C}) = 1,401 \right. \quad \text{(T 1.5)}$$

$$\dot{W}_{\text{KV isen}}^{\text{rev}} = \frac{1,401}{0,401} \, 100\,000 \text{ Pa} \, \frac{150 \text{ m}^3}{3600 \text{ s}} \left[\left(\frac{600}{100}\right)^{\frac{0,401}{1,401}} - 1 \right] = 9753,94 \text{ W}$$

Zu b): <u>Gesucht:</u> $\dot{W}_{\text{KV}} = \dot{W}_{\text{t pol AD}} = \dot{m}_{\text{gef}} w_{\text{t pol AD}}$

1. HS der Thermodynamik für offene Systeme:

$$W_{t12} + Q_{12} = H_2 - H_1 + \frac{m}{2}(c_2^2 - c_1^2) - mg(z_2 - z_1) \quad \text{(Gl 2.17)}$$

> Vernachlässigung der Änderung der kinetischen und der potenziellen Energie.
> Adiabate Zustandsänderung $1 \to 2$: $Q_{12} = 0$
> kalorische Zustandsgleichung des idealen Gases:
> $$H_2 - H_1 = m c_{pm}\Big|_{t_1}^{t_2} (T_2 - T_1)$$

$$\dot{W}_{\text{KV}} = \dot{m}_{\text{gef}} \, c_{pm}\Big|_{t_A}^{t_D} (T_D - T_A)$$

> $c_p(\text{Luft, ideales Gas, 0 °C}) = 1004,3$ J/(kg K)   (T 1.5)
> Thermische Zustandsgleichung des idealen Gases:
> $$p_A \dot{V}_A = \dot{m}_{\text{gef}} R_i T_A \quad \text{(Gl 1.16)}$$
> $$\dot{m}_{\text{gef}} = \frac{p_A \dot{V}_A}{R_i T_A} = \frac{100\,000 \text{ Pa} \, \text{kg K} \, 150 \text{ m}^3}{287,2 \text{ J} \, 3600 \text{ s} \, 281,15 \text{ K}}$$
> $$\dot{m}_{\text{gef}} = 0,0516 \, \frac{\text{kg}}{\text{s}}$$

$$\dot{W}_{\text{KV}} = 0,0516 \frac{\text{kg}}{\text{s}} \cdot 1004,3 \frac{\text{J}}{\text{kg K}} (220 - 8) \text{K} = 10\,986,24 \text{ W}$$

Zu c): <u>Gesucht:</u> $\dot{W}_{\text{t pol AD}}^{\text{rev}}$

Polytrope Verdichtung $A \to D$:

$$\dot{W}_{\text{t pol AD}}^{\text{rev}} = \frac{n}{n-1} p_A \dot{V}_A \left[\left(\frac{p_D}{p_A}\right)^{\frac{n-1}{n}} - 1 \right] \quad \text{(Gl 3.65) u. (Gl 3.69)}$$

$$n = \frac{\ln\left(\dfrac{p_D}{p_A}\right)}{\ln\left(\dfrac{p_D}{p_A}\right) - \ln\left(\dfrac{T_D}{T_A}\right)} = \frac{\ln\left(\dfrac{600}{100}\right)}{\ln\left(\dfrac{600}{100}\right) - \ln\left(\dfrac{493{,}15}{281{,}15}\right)} \quad \text{(Gl 3.62)}$$

$$n = 1{,}4569$$

$$\dot{W}_{\text{t pol AD}}^{\text{rev}} = \frac{1{,}4569}{0{,}4569} 100\,000\,\text{Pa}\,\frac{150\,\text{m}^3}{3600\,\text{s}} \left[\left(\frac{600}{100}\right)^{\frac{0{,}4569}{1{,}4569}} - 1 \right] = 10\,018{,}16\,\text{W}$$

Zu d):

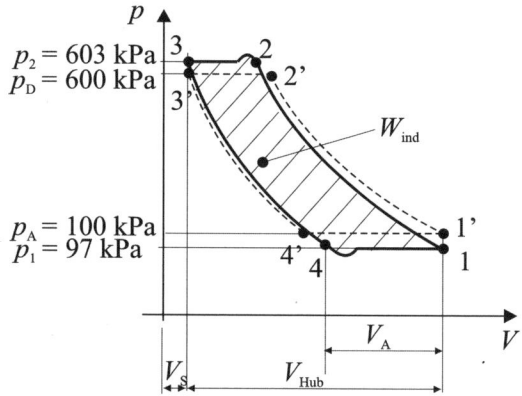

Zu e): <u>Gesucht</u>: V_{Hub}

$$\lambda = \frac{\dot{m}_{\text{gef}}}{\dot{V}_{\text{Hub}} \rho_A} \quad \text{(Gl 4.46)}$$

$$\dot{V}_{\text{Hub}} = \frac{\dot{m}_{\text{gef}}}{\lambda \rho_A} = \frac{\dot{V}_A}{\lambda} = \frac{150\,\text{m}^3}{3600\,\text{s} \cdot 0{,}9} = 0{,}046296\,\frac{\text{m}^3}{\text{s}}$$

$$\left| \rho_A = \frac{\dot{m}_{\text{gef}}}{\dot{V}_A} \right.$$

$$V_{\text{Hub}} = \frac{\dot{V}_{\text{Hub}}}{n} = \frac{0{,}046296\,\text{m}^3}{350\,\text{s}} \cdot \frac{60\,\text{s}}{1} = 7{,}9365 \cdot 10^{-3}\,\text{m}^3 = 7{,}9365\,l$$

4.5 Kolbenverdichter

Zu f): Gesucht: $\dot{W}_{\text{KV ind}}$

$\dot{W}_{\text{KV ind}} = \dot{W}_{\text{t12}}^{\text{rev}} + \dot{W}_{\text{t34}}^{\text{rev}}$

$$\dot{W}_{\text{t12}}^{\text{rev}} = \frac{n_V}{n_V - 1} p_1 \dot{V}_1 \left[\left(\frac{p_2}{p_1}\right)^{\frac{n_V - 1}{n_V}} - 1 \right] \quad \text{(Gl 3.65) u. (Gl 3.69)}$$

$$n_V = \frac{\ln\left(\frac{p_2}{p_1}\right)}{\ln\left(\frac{p_2}{p_1}\right) - \ln\left(\frac{T_2}{T_1}\right)} = \frac{\ln\left(\frac{603}{97}\right)}{\ln\left(\frac{603}{97}\right) - \ln\left(\frac{493{,}15}{288{,}15}\right)} \quad \text{(Gl 3.62)}$$

$n_V = 1{,}4166$

$V_1 = V_3 + V_{\text{Hub}} = \varepsilon_0 V_{\text{Hub}} + V_{\text{Hub}} = (\varepsilon_0 + 1) V_{\text{Hub}}$

$V_1 = (0{,}02 + 1) 7{,}9365 \cdot 10^{-3} \text{ m}^3 = 8{,}0952 \cdot 10^{-3} \text{ m}^3 = 8{,}0952 \text{ } l$

$\dot{V}_1 = V_1 n = 8{,}0952 \cdot 10^{-3} \text{ m}^3 \frac{350}{60 \text{ s}} = 0{,}047222 \frac{\text{m}^3}{\text{s}}$

$$\dot{W}_{\text{t12}}^{\text{rev}} = \frac{1{,}4166}{0{,}4166} \text{ } 97\,000 \text{ Pa} \cdot 0{,}047222 \frac{\text{m}^3}{\text{s}} \left[\left(\frac{603}{97}\right)^{\frac{0{,}4166}{1{,}4166}} - 1 \right]$$

$\dot{W}_{\text{t12}}^{\text{rev}} = 11\,081{,}5 \text{ W}$

$$\dot{W}_{\text{t34}}^{\text{rev}} = \frac{n_R}{n_R - 1} p_3 \dot{V}_3 \left[\left(\frac{p_4}{p_3}\right)^{\frac{n_R - 1}{n_R}} - 1 \right] \quad \text{(Gl 3.65) u. (Gl 3.69)}$$

$V_3 = \varepsilon_0 V_{\text{Hub}} = 0{,}02 \cdot 7{,}9365 \cdot 10^{-3} \text{ m}^3$

$V_3 = 0{,}15873 \cdot 10^{-3} \text{ m}^3 = 0{,}15873 \text{ } l$

$\dot{V}_3 = V_3 n = 0{,}15873 \cdot 10^{-3} \text{ m}^3 \frac{350}{60 \text{ s}} = 0{,}0009259 \frac{\text{m}^3}{\text{s}}$

$$\dot{W}_{\text{t12}}^{\text{rev}} = \frac{1{,}3}{0{,}3} \text{ } 603\,000 \text{ Pa} \cdot 0{,}0009259 \frac{\text{m}^3}{\text{s}} \left[\left(\frac{97}{603}\right)^{\frac{0{,}3}{1{,}3}} - 1 \right]$$

$\dot{W}_{\text{t12}}^{\text{rev}} = -832{,}397 \text{ W}$

$\underline{\dot{W}_{\text{KV ind}} = (11\,081{,}5 - 832{,}397) \text{ W} = 10\,249{,}15 \text{ W}}$

Zu g): Gesucht: $\eta_{\text{isen ind}}$

$$\eta_{\text{isen ind}} = \frac{\dot{W}_{\text{KV isen}}^{\text{rev}}}{\dot{W}_{\text{KV ind}}} = \frac{9753{,}94 \text{ W}}{10\,249{,}15 \text{ W}} = 0{,}952 \qquad \text{(Gl 4.49)}$$

Zu h): Gesucht: $\eta_{\text{isen V}}$

$$\eta_{\text{isen V}} = \frac{\dot{W}_{\text{KV isen}}^{\text{rev}}}{\dot{W}_{\text{KV}}} = \frac{9753{,}94 \text{ W}}{10\,986{,}24 \text{ W}} = 0{,}888 \qquad \text{(Gl 4.47)}$$

Aufgabe 4.16

Ein einstufiger Kolbenverdichter soll an ein älteres Kupferrohr-Pressluftnetz angeschlossen werden, das einen maximalen Druck von 1,6 MPa (abs.) verträgt. Der Betriebsdruck soll 800 kPa (abs.), der Ansaugdruck 105 kPa (abs.) betragen. Es soll ein Kolbenverdichter bestellt werden, der das Rohrnetz nicht überbeansprucht, auch wenn alle Sicherheitseinrichtungen des Kolbenverdichters versagen.

Der Polytropenexponent für die Verdichtung hat den gleichen Wert wie der Polytropenexponent für die Rückexpansion: $n_V = n_R = 1{,}27$. Luft soll näherungsweise als ideales Gas angenommen werden. Die Druckverluste beim Ansaugen und Ausschieben sollen vernachlässigt werden.

a) Skizzieren Sie die Arbeitsweise des Kolbenverdichters im p,V-Diagramm und tragen Sie den maximalen Druck ein.

b) Welchen relativen Schadraum muss der Kolbenverdichter aufweisen?

Aufgabe 4.17

Ein einstufiger, einfachwirkender, gekühlter Kolbenverdichter (Kolbendurchmesser: 382 mm, Kolbenhub: 200 mm, relativer Schadraum: 3 %) verdichtet Luft von 100 kPa, 20 °C auf 300 kPa (jeweils Zustand im Zylinder).

Der Polytropenexponenten für die Verdichtung hat den Wert 1,29, der für die Rückexpansion den Wert 1,1 (Diese Werte werden infolge Kühlung erreicht). Der Verdichter arbeitet mit einer Drehzahl von 173 1/min. Der auf die indizierte Leistung bezogene mechanische Wirkungsgrad beträgt 92,6 %. Luft soll näherungsweise als ideales Gas angenommen werden.

Ermitteln Sie:

a) den Füllungsgrad und
b) die Kupplungsleistung.

5 Der Dampf und seine Anwendung in Maschinen und Anlagen

5.1 Das reale Verhalten der Stoffe

Beispiel 5.1

Sehr reines Wasser lässt sich bei Atmosphärendruck einige Grade unter 0 °C unterkühlen. Wir betrachten eine bestimmte Wassermasse, die bis auf −5 °C abgekühlt worden ist. Dieser Masse wird ein kleiner Eiskristall vernachlässigbarer Masse zugefügt. Welcher Bruchteil des Systems erstarrt, wenn die einsetzende Phasenänderung adiabat bei konstantem Druck abläuft?

<u>Gegeben</u>: $t_1 = -5$ °C, $t_2 = 0$ °C   <u>Gesucht</u>: m_{eis}/m_w

Energiebilanz:
$$Q_w^{rev} = -Q_\sigma$$

Isobare Wärmezufuhr:
$$Q_{ib12}^{rev} = m \, c_{pm}\Big|_{t_1}^{t_2} (t_2 - t_1) \qquad \text{(Gl 3.32)}$$

$$c_{pm}\Big|_{t_1}^{t_2} \approx c_{pmw} = 4{,}184 \text{ kJ}/(\text{kg K}) \qquad \text{(T 2.3)}$$

$$Q_w^{rev} = m_w \, c_{pmw} (t_2 - t_1) \qquad \text{(Gl 3.32)}$$

Beim Erstarren abgeführte Energie:
$$Q_\sigma = -m_{eis}\sigma$$

$$\sigma(101{,}325 \text{ kPa}) = 333{,}5 \text{ kJ/kg} \qquad \text{(T 5.2)}$$

$$m_w c_{pmw} (0 \text{ °C} - (-5 \text{ °C})) = m_{eis}\sigma \qquad |:(m_w \sigma)$$

$$\frac{m_{eis}}{m_w} = \frac{c_{pmw} \, 5 \text{ K}}{\sigma} = \frac{4{,}184 \text{ kJ} \cdot 5 \text{ K}}{333{,}5 \text{ kg K} \cdot \text{kJ}}$$

$$\underline{\underline{\frac{m_{eis}}{m_w} = 0{,}063 \cdot 100 \% = 6{,}3 \%}}$$

alternativ:

Enthalpiebilanz:

$$H_1 = H_2$$

Die Enthalpie des Wassers bei 0 °C und Umgebungsdruck wird zu null gesetzt:

$$H_0 = 0$$

Isobare Wärmeabfuhr $0 \to 1$:

$$H_1 - \cancel{H_0} = Q_{ib01}^{rev} = m_w c_{pmw} (t_1 - \cancel{0°C})$$

$$H_1 = m_w c_{pmw} t_1$$

Abfuhr von Schmelzenthalpie um einen Teil des Wassers bei 0 °C zu gefrieren $0 \to 2$:

$$H_2 - \cancel{H_0} = -m_{eis} \sigma$$

$$H_2 = -m_{eis} \sigma$$

$$m_w c_{pmw} t_1 = -m_{eis} \sigma \qquad \big| : (-m_w \sigma)$$

$$\frac{m_{eis}}{m_w} = \frac{c_{pmw} t_1}{-\sigma} = 6{,}3 \%$$

Aufgabe 5.1

25 kg Eis mit einer Temperatur von −20 °C und 10 kg Wasser mit einer Temperatur von 80 °C werden isobar bei einem Druck von 101,325 kPa gemischt. Gleichzeitig werden 5 kW h Wärme zugeführt.

Ermitteln Sie den Mischungszustand (Eis, Schmelze oder Wasser und die Temperatur).

Aufgabe 5.2

In einen Elektroofen werden zum Schmelzen 1000 kg Blei mit 10 °C eingesetzt. Das Blei soll innerhalb von 5 Stunden geschmolzen und auf eine Temperatur von 500 °C gebracht werden. Über die Wände des Ofens geht als Verlustleistung laufend 1,2 kW verloren (Die spezifische Wärmekapazität von flüssigem Blei beträgt 147 J/(kg K), von festem Blei 136 J/(kg K)).

Ermitteln Sie die erforderliche Heizleistung in kW.

5.2 Wasserdampf

Beispiel 5.2

Eine Destillationsanlage dient zur Reinigung industrieller Abwässer. Ein Abwassermassenstrom von 0,1 kg/s strömt mit 17,5 °C in einen beheizten Behälter. Im Behälter verdampft davon, bei einem Absolutdruck von 20 kPa, ein Massenstrom von 0,09 kg/s. Dieser Sattdampfmassenstrom wird reversibel und adiabat auf den Absolutdruck 40 kPa verdichtet und anschließend durch Wärmeabgabe an den Behälterinhalt (innere Wärmeübertragung) kondensiert und unterkühlt. Durch Messung ist bekannt, dass das Konzentrat die Anlage als siedende Flüssigkeit (rechnerische Annahme: siedendes Wasser) verlässt. Die Änderungen der kinetischen und der potenziellen Energien und die Reibungs- und Wärmeverluste in den Rohrleitungen sollen vernachlässigt werden.

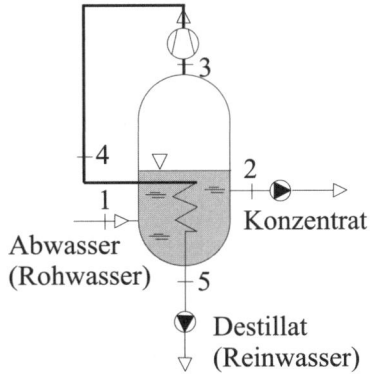

a) Skizzieren Sie die Zustandspunkte 1 bis 4 in einem *T,s*-Diagramm und geben Sie die spezifischen Enthalpien für diese Zustandspunkte in einer Tabelle an.
b) Welche Leistung muss dem reversibel und adiabat arbeitenden Verdichter zugeführt werden?
c) Mit welcher spezifischer Enthalpie h_5 und
d) mit welcher Temperatur t_5 verlässt das Destillat die Anlage?
e) Bestimmen Sie die Exergieströme des eintretenden Abwassers und des aus dem Behälter austretenden Konzentrates.
   (Umgebungszustand: $t_b = 17{,}5$ °C, $p_b = 100$ kPa)
f) Der Exergiestrom des austretenden Destillates ist 0,3 kW. Wie groß ist der Exergieverluststrom der Anlage?
g) Skizzieren Sie im Exergieflussdiagramm die Exergieströme.

Zu a): Gegeben:

$\dot{m}_1 = 0{,}1$ kg/s,
$t_1 = 17{,}5$ °C,
$p_1 = 20$ kPa,
$\dot{m}_3 = 0{,}09$ kg/s,
3 → 4: reversible, adiabate Verdichtung
$p_4 = 40$ kPa

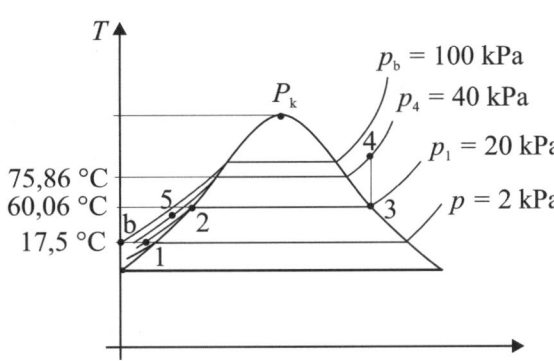

Isobare Wärmezufuhr $0 \to w$:

$$h_w = h_0 + c_{pmw}\Big|_{0°C}^{t_w} t_w \qquad \text{(Gl 5.9b)}$$

> Isobare Wärmezufuhr $tr \to 0$:
> $$h_0 = v_0 p \qquad \text{(Gl 5.7)}$$
> $$\rho(0°C) = 999{,}8 \text{ kg/m}^3 \qquad \text{(T 8.2)}$$
> $$h_0 = \frac{1}{999{,}8}\frac{m^3}{kg} 20 \text{ kPa} = 20{,}004 \cdot 10^{-3}\frac{kJ}{kg}$$
> $$c_{pmw}\Big|_{0°C}^{t_w} \approx 4{,}184 \text{ kJ/(kg K)} \qquad \text{(T 2.3)}$$

$$\underline{\underline{h_1 = 20{,}004 \cdot 10^{-3}\frac{kJ}{kg} + 4{,}184\frac{kJ}{kg\,K}\,17{,}5\,°C = 73{,}24\frac{kJ}{kg}}}$$

> mit $h_0 \approx 0$

$$h_1 \approx 73{,}22 \frac{kJ}{kg}$$

alternativ:

Isobare Abkühlung von der Siedelinie $' \to w$:

$$h_w = h' + c_{pmw}\Big|_{0°C}^{t_w}(t_w - t_s) \qquad \text{bei } p_w$$

> $h'(20 \text{ kPa}) = 251{,}40 \text{ kJ/kg}$ \qquad (T 5.4)
> $t_s(20 \text{ kPa}) = 60{,}06\,°C$ \qquad (T 5.4)

$$h_1 = 251{,}40\frac{kJ}{kg} + 4{,}184\frac{kJ}{kg\,\cancel{K}}(17{,}5 - 60{,}06)\cancel{K} = 73{,}329\frac{kJ}{kg}$$

alternativ:

Isotherme Drucksteigerung von der Siedelinie $' \to w$:

1. HS der Thermodynamik für offene Systeme:

$$dW_t^* + dQ = dH + \cancel{dE_{kin}} + \cancel{dE_{pot}} \qquad \text{(Gl 2.17)}$$

> Vernachlässigung der Änderung der kinetischen und der potenziellen Energie.
> $$dW_t = dW_t^{rev} + dW_{diss} \qquad \text{(Gl 2.11)}$$
> Definition der Entropie:
> $$TdS = dW_{diss} + dQ \qquad \text{(Gl 3.5)}$$

5.2 Wasserdampf

$$dW_t^{rev} + TdS = dH \qquad |{:}\, m$$

Definition der technischen Arbeit:
$$W_{t12}^{rev} = \int_1^2 V\,dp \qquad (Gl\ 2.21)$$

$$v\,dp + T\,ds = dh \qquad \left|\int(\ )\right.$$

Inkompressibles Fluids: $v =$ const
Für eine isotherme Zustandsänderung eines inkompressiblen Fluids gilt: $ds \approx 0$

$$\int_1^w v\,dp = \int_1^w dh \qquad |+h'$$

$$h_w = h' + v'(p_w - p_s) \qquad \text{bei } t_w$$

$$h'(2\ \text{kPa}) = 73{,}43\,\frac{\text{kJ}}{\text{kg}},\ v'(2\ \text{kPa}) = 0{,}0010014\,\frac{\text{m}^3}{\text{kg}} \qquad (T\ 5.4)$$

$$h_1 = 73{,}430\,\frac{\text{kJ}}{\text{kg}} + 0{,}0010014\,\frac{\text{m}^3}{\text{kg}}(20-2)\text{kPa} = 73{,}448\,\frac{\text{kJ}}{\text{kg}}$$

mit $v'(p_w - p_s) \approx 0$

$$h_1 \approx h' = 73{,}43\,\frac{\text{kJ}}{\text{kg}}$$

$$h_2 = h'(20\ \text{kPa}) = 251{,}40\,\frac{\text{kJ}}{\text{kg}} \qquad (T\ 5.4)$$

$$h_3 = h''(20\ \text{kPa}) = 2609\,\frac{\text{kJ}}{\text{kg}} \qquad (T\ 5.4)$$

h_4 erhält man durch eine lineare Interpolation aus Tabelle 5.5:

$$s_4 = s_3 = s''(20\ \text{kPa}) = 7{,}9072\,\frac{\text{kJ}}{\text{kg K}}$$

$$h_4 = h(s_4, 40\ \text{kPa}) = 2725{,}94\,\frac{\text{kJ}}{\text{kg}}$$

	1	2	3	4
h / kJ/(kg K)	73,24	251,40	2609	2725,94

Zu b): Gesucht: $\dot{W}_{t\,isen34}^{rev}$

1. HS der Thermodynamik für offene Systeme:

$$W_{t12}^* + Q_{12} = H_2 - H_1 + \frac{m}{2}\cancel{(c_2^2 - c_1^2)} - \cancel{mg(z_2 - z_1)} \qquad (Gl\ 2.17)$$

> Vernachlässigung der Änderung der kinetischen und der potenziellen Energie.
>
> $W_{t12} = W_{t12}^{rev} + W_{diss12}$ \qquad (Gl 2.11)

$$W_{t12}^{rev} + \cancel{W_{diss12}} + \cancel{Q_{12}} = H_2 - H_1$$

> Reversibel Zustandsänderung: $W_{diss12} = 0$
> Adiabate Zustandsänderung: $Q_{12} = 0$

$$W_{t\,isen12}^{rev} = H_2 - H_1 \qquad\qquad \left|\frac{d}{d\tau}(\ )\right.$$

$$\dot{W}_{t\,isen12}^{rev} = \dot{m}(h_2 - h_1)$$

$$\dot{W}_{t\,isen34}^{rev} = \dot{m}_3(h_4 - h_3) = 0{,}09\,\frac{kg}{s}(2725{,}94 - 2609)\,\frac{kJ}{kg} = 10{,}52\ kW$$

Zu c): Gesucht: h_5

Energiebilanz (Systemgrenze siehe linkes Bild):

$$\dot{H}_1 + \dot{H}_4 = \dot{H}_2 + \dot{H}_3 + \dot{H}_5$$

> $\dot{m}_4 = \dot{m}_5 = \dot{m}_3$
>
> Massenbilanz:
>
> $\dot{m}_1 = \dot{m}_2 + \dot{m}_3 \rightarrow \dot{m}_2 = \dot{m}_1 - \dot{m}_3$

5.2 Wasserdampf

$$\dot{m}_1 h_1 + \dot{m}_3 h_4 = (\dot{m}_1 - \dot{m}_3) h_2 + \dot{m}_3 h_3 + \dot{m}_3 h_5$$

$$h_5 = \frac{\dot{m}_1 (h_1 - h_2) + \dot{m}_3 (h_4 + h_2 - h_3)}{\dot{m}_3}$$

$$h_5 = \frac{0{,}1\frac{\text{kg}}{\text{s}}(73{,}24 - 251{,}40)\frac{\text{kJ}}{\text{kg}} + 0{,}09\frac{\text{kg}}{\text{s}}(2725{,}94 + 251{,}40 - 2609)\frac{\text{kJ}}{\text{kg}}}{0{,}09\frac{\text{kg}}{\text{s}}}$$

$$\underline{\underline{h_5 = 170{,}38\frac{\text{kJ}}{\text{kg}}}}$$

alternativ:

Energiebilanz (Systemgrenze siehe rechtes Bild S. 122):

$$\dot{H}_1 + \dot{W}_{t34} = \dot{H}_2 + \dot{H}_5$$

$$\dot{m}_1 h_1 + \dot{W}_{t34} = (\dot{m}_1 - \dot{m}_3) h_2 + \dot{m}_3 h_5$$

$$h_5 = \frac{\dot{m}_1 (h_1 - h_2) + \dot{m}_3 h_2 + \dot{W}_{t34}}{\dot{m}_3}$$

$$h_5 = \frac{0{,}1\frac{\text{kg}}{\text{s}}(73{,}24 - 251{,}4)\frac{\text{kJ}}{\text{kg}} + 0{,}09\frac{\text{kg}}{\text{s}} 251{,}40\frac{\text{kJ}}{\text{kg}} + 10{,}52\text{ kW}}{0{,}09\frac{\text{kg}}{\text{s}}}$$

$$\underline{\underline{h_5 = 170{,}33\frac{\text{kJ}}{\text{kg}}}}$$

Zu d): <u>Gesucht</u>: t_5

Isobare Abkühlung von der Siedelinie ' → w :

$$h_\text{w} = h' + c_{p\text{mw}}\big|_{0°\text{C}}^{t_\text{w}} \cdot (t_\text{w} - t_\text{s}) \qquad \text{bei } p_\text{w}$$

$$\begin{vmatrix} h'(40\text{ kPa}) = 317{,}57\text{ kJ/kg} & \text{(T 5.4)} \\ t_\text{s}(40\text{ kPa}) = 75{,}86\text{ °C} & \text{(T 5.4)} \end{vmatrix}$$

$$\underline{\underline{t_5 = \frac{(170{,}38 - 317{,}57)\text{ kJ kg K}}{4{,}184\text{ kg kJ}} + 75{,}86\text{ °C} = 40{,}68\text{ °C}}}$$

Zu e): Gesucht: $\dot{E}_1$, $\dot{E}_2$ Gegeben: $t_b = 17{,}5\ °C$, $p_b = 100\ kPa$

$$\dot{E}_1 = \dot{m}_1[(h_1 - h_b) + T_b(s_b - s_1)] \qquad \frac{d}{d\tau} \text{ (Gl 3.110)}$$

$\quad h_b \approx h'(17{,}5\ °C) = 73{,}43\ kJ/kg$ (T 5.4)

$\quad s_b = c_{pmw}\big|_{0°C}^{t_w} \ln\left(\dfrac{T_w}{T_0}\right) = 4{,}184\dfrac{kJ}{kg\ K}\ln\left(\dfrac{290{,}65}{273{,}15}\right)$ (Gl 5.17b)

$\quad s_b = 0{,}26\ kJ/(kg\ K)$

$\quad s_1 = c_{pmw}\big|_{0°C}^{t_w} \ln\left(\dfrac{T_w}{T_0}\right) = 4{,}184\dfrac{kJ}{kg\ K}\ln\left(\dfrac{290{,}65}{273{,}15}\right)$ (Gl 5.17b)

$\quad s_1 = 0{,}26\ kJ/(kg\ K)$

$$\dot{E}_1 = 0{,}1\dfrac{kg}{s}[(73{,}24 - 73{,}43)\dfrac{kJ}{kg} + 290{,}65\ K\ (0{,}26 - 0{,}26)\dfrac{kJ}{kg\ K}]$$

$\underline{\dot{E}_1 \approx 0}$

$$\dot{E}_2 = (\dot{m}_1 - \dot{m}_3)\,[(h_2 - h_b) - T_b(s_2 - s_b)] \qquad \frac{d}{d\tau} \text{ (Gl 3.110)}$$

$$\dot{E}_2 = 0{,}01\dfrac{kg}{s}[(251{,}40 - 73{,}43)\dfrac{kJ}{kg} + 290{,}65\ K\ (0{,}26 - 0{,}8320)\dfrac{kJ}{kg\ K}]$$

$\quad s_2 = s'(20\ kPa) = 0{,}8320\ kJ/(kg\ K)$ (T 5.4)

$\underline{\dot{E}_2 = 0{,}1189\ kW}$

Zu f): Gesucht: $\dot{E}_v$ Gegeben: $\dot{E}_5 = 0{,}3\ kW$

Exergiebilanz (Systemgrenze siehe linkes Bild S. 122):

$$\dot{E}_1 + \dot{E}_4 = \dot{E}_2 + \dot{E}_3 + \dot{E}_5 + \dot{E}_v$$

$\quad \dot{E}_3 = \dot{m}_3[(h_3 - h_b) + T_b(s_b - s_3)] \qquad \frac{d}{d\tau}$ (Gl 3.110)

$\quad\quad s_3 = s''(20\ kPa) = 7{,}9072\ kJ/(kg\ K)$ (T 5.4)

5.2 Wasserdampf

$$\dot{E}_3 = 0{,}09 \frac{\text{kg}}{\text{s}} [(2609 - 73{,}43)\frac{\text{kJ}}{\text{kg}}$$

$$+ 290{,}65 \text{ K } (0{,}26 - 7{,}9072)\frac{\text{kJ}}{\text{kg K}}] = 28{,}1777 \text{ kW}$$

$$\dot{E}_4 = \dot{m}_3 \, [(h_4 - h_b) + T_b(s_b - s_4)] \qquad \frac{\text{d}}{\text{d}\tau} \text{ (Gl 3.110)}$$

$$s_4 = s_3 = s''(20 \text{ kPa}) = 7{,}9072 \text{ kJ/(kg K)} \qquad \text{(T 5.4)}$$

$$\dot{E}_4 = 0{,}09 \frac{\text{kg}}{\text{s}} [(2725{,}94 - 73{,}43)\frac{\text{kJ}}{\text{kg}}$$

$$+ 290{,}655 \text{ K } (0{,}2605 - 7{,}9072)\frac{\text{kJ}}{\text{kg K}}] = 38{,}69888 \text{ kW}$$

$$\underline{\underline{\dot{E}_v}} = (0 + 38{,}69888 - 0{,}1189 - 28{,}1777 - 0{,}3) \text{ kW} = \underline{\underline{10{,}34 \text{ kW}}}$$

alternativ:

Exergiebilanz (Systemgrenze siehe rechtes Bild S. 122):

$$\dot{E}_1 + \dot{W}_{t34} = \dot{E}_2 + \dot{E}_5 + \dot{E}_v$$

$$\underline{\underline{\dot{E}_v}} = (0 + 10{,}52 - 0{,}1189 - 0{,}3) \text{ kW} = \underline{\underline{10{,}10 \text{ kW}}}$$

Zu g):

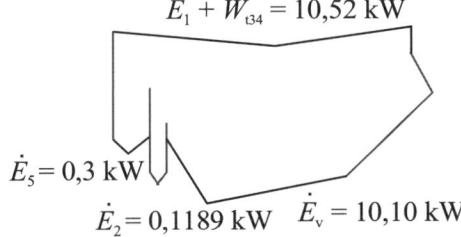

$\dot{E}_1 + \dot{W}_{t34} = 10{,}52$ kW

$\dot{E}_5 = 0{,}3$ kW

$\dot{E}_2 = 0{,}1189$ kW $\dot{E}_v = 10{,}10$ kW

Aufgabe 5.3

In 12 kg Eis von −18 °C, 100 kPa wird überhitzter Wasserdampf von 150 kPa, 450 °C eingeblasen, der zunächst auf 100 kPa adiabat gedrosselt wurde. Dadurch entsteht eine Schmelze bei 100 kPa mit 0,3 kg Eis.

Wie viel Dampf ist erforderlich?

Aufgabe 5.4

Ein Dampfmassenstrom von 100 kg/h wird mit 100 kPa, 150 °C in 10 000 kg Wasser von 100 kPa, 20 °C eingespritzt. Dadurch entsteht Wasser von 30 °C. Bei dem Mischvorgang wird keine Wärme an die Umgebung abgegeben (adiabates Gesamtsystem). Umgebungstemperatur: 20 °C.

a) Die Ausgangszustände und der Mischzustand sind in einem T,s-Diagramm darzustellen.
b) Nach welcher Zeit ist die gegebene Mischtemperatur erreicht?
c) Welcher Exergieverlust tritt ein?

Aufgabe 5.5

In einem geschlossenen Kessel mit einem Volumen von 6 m^3 befinden sich 17,2 kg Nassdampf (H$_2$O) bei 143,61 °C.

a) Welcher Druck herrscht im Kessel?
b) Geben Sie die Dampf- und die Wassermasse sowie
c) das Dampf- und das Wasservolumen an.
d) Welche innere Energie des Kesselinhaltes geben Sie an?
e) Welche Entropie bestimmen Sie für den Kesselinhalt?
f) Wie groß ist die Exergie des Kesselinhalts?
   (Umgebungszustand: 100 kPa, 20 °C. Der Stoff liegt hier als Wasser vor! Wasser soll als inkompressibel angenommen werden.)
g) Stellen Sie den Nassdampf- und den Umgebungszustand im T,s-Diagramm dar.
h) Zeichnen Sie das Energieflussbild eines idealen Apparates, der aus dem Nassdampf die größtmögliche Arbeit gewinnt.
   Anmerkung: Es sollen die Exergie- und Anergieanteile deutlich gemacht werden. 1 cm Zeichnung $\hat{=}$ 10 MJ

Aufgabe 5.6

Man schätze den Druck ab, bei dem Eis von −5 °C schmilzt.

Hinweis: Für die Phasengrenze fest-flüssig gilt $dp/dT = \sigma/\left(T_{sch}(v^{**} - v^*)\right)$. Eine entsprechende Gleichung gilt auch für die Phasengrenze flüssig-dampfförmig (Gleichung von Clausius-Clapeyron). v^{**} und v^* sind das spezifische Volumen der erstarrenden Flüssigkeit bzw. des schmelzenden Feststoffes.
Gegeben: Dichte von Eis bei 101,325 kPa und 0 °C: ρ_{eis} = 917 kg/m^3 und Dichte von Wasser bei 101,325 kPa und 0 °C: ρ_w = 1000 kg/m^3.

5.2 Wasserdampf

Beispiel 5.3

In einem einseitig geschlossenen U-Rohr befindet sich das Kältemittel R 11. Das Volumen des Kältemittels wird durch einen Kolben vorgegeben, der sich im Ausgangszustand (siehe Bild) in Höhe des Flüssigkeitsspiegels der siedenden Flüssigkeit befindet. Die siedende Flüssigkeit nimmt die Hälfte des Volumens ein.

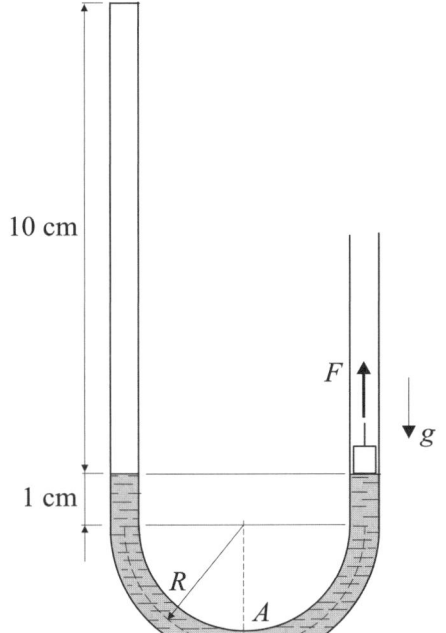

a) Berechnen Sie die Masse der siedenden Flüssigkeit, die Masse des gesättigten Dampfes, und den Dampfgehalt.
b) Welcher Druck (abs.) herrscht im Punkt A (die siedende Flüssigkeit soll als inkompressibel angenommen werden)?
c) Der Kolben wird ganz langsam um 20 mm nach oben bewegt (keine Verluste). Welches Volumen nimmt nun die siedende Flüssigkeit ein?
d) Stellen Sie diese Zustandsänderung in einem T,s-Diagramm und einem h,s-Diagramm dar.
e) Welche Flüssigkeitsmenge ist verdampft?
f) Um welche Höhe ändert sich der Flüssigkeitsspiegel?
g) Wie groß ist die Volumenänderungsarbeit (zu- oder abgeführt?)?
h) Welche Wärme wird übertragen (zu- oder abgeführt?)?
i) Welche Nutzarbeit wird an der Kolbenstange verrichtet (Geben Sie an, ob diese Arbeit aufgewendet oder gewonnen wird)?
j) Wie ändert sich die Exergie ($p_b = 100$ kPa, $t_b = 20\,°C$)?

<u>Gegeben</u>: $p_{amb} = 100$ kPa, $t_{amb} = 20\,°C$, $V' = 10\,cm^3$, $R = 2,5465\,cm$,
Rohrinnenquerschnittsfläche 1 cm².

t	p	v'	v''	h'	h''	s'	s''
°C	kPa	dm³/kg	dm³/kg	kJ/kg	kJ/kg	kJ/(kg K)	kJ/(kg K)
20	88,92	0,6718	192,7	217,26	400,88	1,0608	1,6872

128   5 Der Dampf und seine Anwendung in Maschinen und Anlagen

Zu a): Gesucht: m_1', m_1'', x_1 \qquad Gegeben: R 11, $V_1' = \frac{1}{2}V_1 = 10\,\text{cm}^3$

$$m_1' = \frac{V_1'}{v'} = \frac{10\,\text{cm}^3}{0{,}6718} \frac{\text{kg}}{\text{dm}^3} \frac{\text{dm}^3}{10^3\,\text{cm}^3} \frac{10^3\,\text{g}}{\text{kg}} = 14{,}88538\,\text{g} \qquad \text{(Gl 1.1)}$$

$$m_1'' = \frac{V_1''}{v''} = \frac{10\,\text{cm}^3}{192{,}7} \frac{\text{kg}}{\text{dm}^3} \frac{\text{dm}^3}{10^3\,\text{cm}^3} \frac{10^3\,\text{g}}{\text{kg}} = 0{,}05189\,\text{g} \qquad \text{(Gl 1.1)}$$

$$\left| \begin{array}{l} V_1 = 2V_1' = 20\,\text{cm}^3 \\ V_1 = V_1' + V_1'' \\ V_1'' = V_1 - V_1' = 10\,\text{cm}^3 \end{array} \right. \qquad \Big| -V_1'$$

$$m = m_1' + m_1'' = (14{,}88538 + 0{,}05189)\,\text{g} = 14{,}9373\,\text{g}$$

$$x_1 = \frac{m_1''}{m} = \frac{0{,}05189}{14{,}9373} = 0{,}00347 \qquad \text{(Gl 5.4)}$$

Zu b): Gesucht: p_A

$$p_A = p_s + \rho' g h \qquad \text{(Gl 1.7)}$$

Die Druckabhängigkeit von v' wird nicht berücksichtigt.

$$\rho' = \frac{1}{v'} = \frac{1}{0{,}6718 \cdot 10^{-3}} \frac{\text{kg}}{\text{m}^3} = 1488{,}54\,\frac{\text{kg}}{\text{m}^3} \qquad \text{(Gl 1.2)}$$

$$p_A = p_s + 1488{,}54\,\frac{\text{kg}}{\text{m}^3}\, 9{,}81\,\frac{\text{m}}{\text{s}^2}\,(0{,}010 + 0{,}025465)\,\text{m}\,\frac{\text{s}^2\,\text{N}}{\text{kg}\,\text{m}}$$

$$p_A = 88{,}92 \cdot 10^3\,\text{Pa} + 517{,}8798\,\frac{\text{N}\,\text{m}}{\text{m}^3}\,\frac{\text{Pa}\,\text{m}^2}{\text{N}} = 89\,437{,}88\,\text{Pa}$$

Zu c): Gesucht: V_2' \qquad Gegeben: $h_k = 20\,\text{mm}$

Isotherme Expansion $1 \rightarrow 2$:

Im Nassdampfgebiet bleibt bei einer isothermen Zustandsänderung auch der Druck konstant.

$$V_2' = m_2' v' = (m - m_2'') v' = m(1 - x_2) v' \qquad \text{(Gl 1.1)}$$

5.2 Wasserdampf

$$\begin{vmatrix} m = m_2' + m_2'' & \rightarrow & m_2' = m - m_2'' = m(1-x_2) \\ \quad x_2 = \dfrac{m_2''}{m} & \rightarrow & m_2'' = x_2 m \end{vmatrix} \quad \text{(Gl 5.4)}$$

$$V_2' = 14{,}937 \cdot 10^{-3}\,\text{kg}\ (1-0{,}004172)\,0{,}6718\dfrac{\text{dm}^3}{\text{kg}}\dfrac{10^3\,\text{cm}^3}{\text{dm}^3}$$

$$\begin{vmatrix} v_2 = v' + x_2(v''-v') & \quad |-v' \quad |:(v''-v') \\ x_2 = \dfrac{v_2 - v'}{v'' - v'} \end{vmatrix} \quad \text{(Gl 5.5)}$$

$$\begin{vmatrix} V_2 = V_1 + h_k A \\ V_2 = 20\,\text{cm}^3 + 2\,\text{cm}\ 1\,\text{cm}^2 = 22\,\text{cm}^3 \\ v_2 = \dfrac{V_2}{m} = \dfrac{22\,\text{cm}^3}{14{,}9373\,\text{kg}}\dfrac{10^{-3}\,\text{dm}^3}{\text{cm}^3} = 1{,}47283\dfrac{\text{dm}^3}{\text{kg}} \\ x_2 = \dfrac{1{,}47283 - 0{,}6718}{192{,}7 - 0{,}6718} = 0{,}004171 \end{vmatrix} \quad \text{(Gl 1.1)}$$

$$\underline{\underline{V_2' = 9{,}9930\,\text{cm}^3}}$$

Zu d):

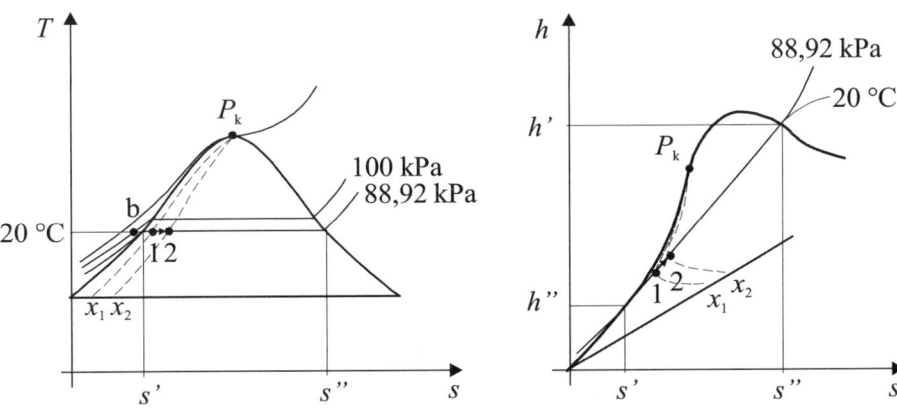

Zu e): <u>Gesucht</u>: $m_2' - m_1'$

$$\underline{\underline{m_2' - m_1' = (14{,}87496 - 14{,}88538)\,\text{g} = -0{,}01042\,\text{g}}}$$

$$\left| \begin{array}{l} m_2' = \dfrac{V_2'}{v'} = \dfrac{9{,}9930 \text{ cm}^3}{0{,}6718 \text{ dm}^3} \dfrac{\text{kg}}{10^3 \text{ cm}^3} \dfrac{\text{dm}^3}{\text{kg}} \dfrac{10^3 \text{ g}}{\text{kg}} \\ m_2' = 14{,}87496 \text{ g} \end{array} \right. \qquad \text{(Gl 1.1)}$$

Zu f): Gesucht: Δh

$$\Delta h = \dfrac{l_2' - l_1'}{2} = \dfrac{(9{,}993 - 10)\text{ cm}}{2} = -0{,}0035 \text{ cm}$$

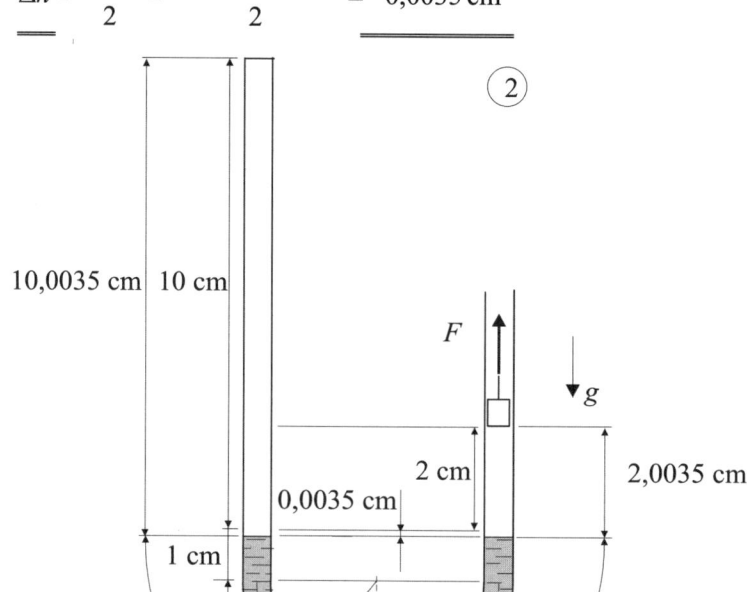

Zu g): Gesucht: W_{v12}

$$W_{v12} = -\int_1^2 p\,dV = -p(V_2 - V_1) \qquad \text{(Gl 2.1)}$$

$$W_{v12} = -88{,}92 \cdot 10^3 \text{ Pa } (22 - 20) \text{ cm}^3 \dfrac{\text{m}^3}{10^6 \text{ cm}^3} \dfrac{\text{N}}{\text{Pa}\,\text{m}^2} \dfrac{\text{J}}{\text{N m}}$$

$$W_{v12} = -0{,}17784 \text{ J} \quad \text{(abgeführt)}$$

5.2 Wasserdampf

Zu h): Gesucht: Q_{12}^{rev}

1. HS der Thermodynamik für offene Systeme:

$$W_{t12} + Q_{12} = H_2 - H_1 + \frac{m}{2}(c_2^2 - c_1^2) - mg(z_2 - z_1) \quad \text{(Gl 2.17)}$$

Die Änderung der kinetischen und der potenziellen Energie ist null.

$$W_{t12}^{rev} + W_{diss12} + Q_{12}^{rev} = H_2 - H_1$$

$$W_{t12} = W_{t12}^{rev} + W_{diss12} = 0 \quad \text{(Gl 2.11)}$$
$$W_{diss12} = 0$$

$$Q_{12}^{rev} = H_2 - H_1 = m(h_2 - h_1)$$

$$h = h' + x(h'' - h') \quad \text{(Gl 5.14)}$$

$$Q_{12}^{rev} = m(h' + x_2(h'' - h') - h' - x_1(h'' - h'))$$

$$Q_{12}^{rev} = m(x_2 - x_1)(h'' - h')$$

$$Q_{12}^{rev} = 14{,}9373 \cdot 10^{-3} \text{ kg} \, (0{,}004171 - 0{,}00347) \, 183{,}62 \frac{J}{kg}$$

$$h'' - h' = (400{,}88 - 217{,}26)\frac{kJ}{kg}\frac{10^3 J}{kJ} = 183{,}62 \frac{J}{kg}$$

$$\underline{\underline{Q_{12}^{rev} = 1{,}9227 \text{ J}}} \quad \text{(zugeführt)}$$

Zu i): Gesucht: W_{n12}

$$W_{n12} = W_{v12} - W_{u12} \quad \text{(Gl 2.5)}$$

$$W_{n12} = -p(V_2 - V_1) - [-p_b(V_2 - V_1)] = (p_b - p)(V_2 - V_1)$$

$$W_{n12} = (100 - 88{,}92) \, 10^3 \text{ Pa} \, (22 - 20) \text{ cm}^3 \frac{m^3}{10^6 \text{ cm}^3} \frac{N}{\text{Pa m}^2} \frac{J}{Nm}$$

$$\underline{\underline{W_{n12} = 0{,}02216 \text{ J}}}$$

Die Nutzarbeit muss aufgewendet werden, um den Kolben gegen den Umgebungsdruck zurückzuziehen.

Zu j): Gesucht: $E_{g2} - E_{g1}$

$$E_{g2} - E_{g1} = U_2 - U_1 + T_b(S_1 - S_2) - p_b(V_1 - V_2) \quad \text{(Gl 3.117)}$$

> Definition der Enthalpie:
> $$H = U + pV \quad \text{(Gl 2.12)}$$
> $$U_2 - U_1 = H_2 - H_1 + pV_1 - pV_2$$

$$E_{g2} - E_{g1} = H_2 - H_1 + T_b(S_1 - S_2) - (p - p_b)(V_1 - V_2)$$

> $$h = h' + x(h'' - h') \quad \text{(Gl 5.14)}$$
> $$h_2 - h_1 = (x_2 - x_1)(h'' - h') = (x_2 - x_1)r$$
> $$s = s' + x(s'' - s') \quad \text{(Gl 5.19)}$$
> $$s_2 - s_1 = (x_2 - x_1)(s'' - s') = (x_2 - x_1)\frac{r}{T_b}$$

$$E_{g2} - E_{g1} = (p - p_b)(V_1 - V_2) = W_{n12}$$

$$\underline{\underline{E_{g2} - E_{g1} = (88{,}92 - 100) \cdot 10^3 \,\text{Pa}\,(22 - 20)\,\text{cm}^3 = 0{,}02216\,\text{J}}}$$

alternativ:

Exergiebilanz:

$$E_{g1} + W_{n12} + \cancel{E_{q12}} = E_{g2} + \cancel{E_{v12}}$$

> Die Wärme wird bei Umgebungstemperatur zugeführt:
> $$E_{q12} = \left(1 - \frac{T_b}{T}\right)Q_{12}^{rev} = \left(1 - \frac{T_b}{T_b}\right)Q_{12}^{rev} = 0$$
> $$E_{v12} = 0$$

$$E_{g2} - E_{g1} = W_{n12}$$

Aufgabe 5.7

Ein Flammrohrkessel hat bei einem Betriebsdruck von 800 kPa einen Wasserraum von 11,6 m³ und einen Dampfraum von 4,3 m³. Die Umgebungstemperatur beträgt 20 °C.

a) Wie viel kg Dampf und wie viel kg Wasser enthält der Kessel im Betriebszustand (Zustand 2)?

b) Welche Wärme ist erforderlich, um den Kesselinhalt ausgehend von 24,08 °C (Zustand 1) durch isochores Aufheizen in den Betriebszustand zu bringen? (Bei Dampfgehalten unter 1 ‰ darf mit den Zustandgrößen auf der Siedelinie gerechnet werden.)

c) Der aus dem Kessel entnommene Sattdampf (Zustand 3) wird in einer wärmedichten Vorrichtung reibungsfrei auf 120 kPa entspannt. Bestimmen Sie den Dampfgehalt nach der Entspannung (Zustand 4).

d) Skizzieren Sie die Zustandsänderungen in einem $p,\lg(v)$- und einem T,s-Diagramm.

Aufgabe 5.8

In einer wärmedichten Turbine mit 100 MW technischer Leistung wird Wasserdampf von 10 MPa, 500 °C reibungsbehaftet auf 400 kPa, 2 % Dampfnässe entspannt. Anschließend wird der Dampf isobar kondensiert. Er verlässt den Kondensator als siedende Flüssigkeit. Die dabei freiwerdende Wärme wird vollständig (keine Verluste) zur isobaren Erwärmung von Fernheizwasser von 50 °C auf 130 °C verwendet. Die Änderungen der kinetischen und der potenziellen Energien sollen vernachlässigt werden (Lösung rechnerisch).

a) Skizzieren Sie die Zustandsänderungen in einem T,s-Diagramm.

b) Welche Dampfmenge in kg/s strömt durch die Turbine?

c) Welche Heizleistung in kW steht zur Erwärmung des Fernheizwassers zur Verfügung?

d) Mit welcher Geschwindigkeit strömt das Fernheizwasser durch eine Leitung mit 600 mm Innendurchmesser (c_{pmw} = 4,184 kJ/kg; Es ist mit dem Wert der Dichte von Wasser bei 90 °C zu rechnen.)?

Aufgabe 5.9

Nassdampf mit einem Druck von 1 MPa wird auf 200 kPa, 130 °C adiabat gedrosselt. Wie groß waren vor der Drosselung:

a) der Dampfgehalt des Nassdampfes,

b) die spezifische Enthalpie des Nassdampfes und

c) die spezifische Entropie des Nassdampfes?

Aufgabe 5.10

Ein geschlossener Topf von 4 *l* Inhalt enthält 0,01 *l* siedendes Wasser und 3,99 *l* gesättigten Wasserdampf bei 99,61 °C.

a) Geben Sie die Dampf- und die Wassermasse an.

b) Der Nassdampf wird auf 17,50 °C abgekühlt. Wie groß ist jetzt die Masse des siedendes Wassers?

c) Skizzieren Sie die Zustandsänderungen des Nassdampfes in einem $p,\lg(v)$- und einem T,s-Diagramm..

Aufgabe 5.11

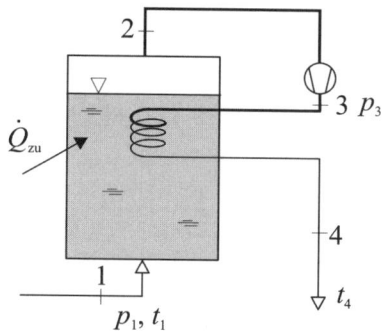

Eine Anlage besitzt das skizzierte Anlagenschema (Prinzip der „Brüdenverdichtung"). Wasser wird mit einem Massenstrom von 5 kg/s bei einem Druck von 100 kPa (abs.) und einer Temperatur von 29 °C dem Behälter zugeführt. Der am Austritt des Behälters zur Verfügung stehende Sattdampf wird reversibel, adiabat auf einen Druck von 200 kPa verdichtet. Anschließend wird der Dampf dem Wärmeübertrager im Siedebehälter zugeführt. Aus einer Wärmeübertragungsrechnung ist bekannt, dass die Austrittstemperatur 60,1 °C beträgt. Die Änderungen der kinetischen und der potenziellen Energien und die Reibungs- und Wärmeverluste in den Rohrleitungen sollen vernachlässigt werden.

a) Stellen Sie die Zustandsänderungen schematisch in einem T,s-Diagramm und einem h,s-Diagramm dar.

b) Welche Leistung ist dem Verdichter zuzuführen?

c) Welcher Wärmestrom $\dot{Q}_{zu}$ muss von außen dem Behälterinhalt zusätzlich zugeführt werden?

d) Welcher Wärmestrom müsste von außen dem gleichen Wassermassenstrom allein zur Verdampfung bei p_1 zugeführt werden (also ohne innere Wärmeübertragung)? Welcher exergetischer Mindestaufwand ist dabei zu betreiben ($t_b = 20$ °C, $p_b = 100$ kPa)?

e) Bei einer reibungsbehafteten, adiabaten Verdichtung des Sattdampfes auf 200 kPa wird eine Verdichtungsendtemperatur von 180 °C festgestellt. Wie groß ist der bei dieser Verdichtung auftretende Exergieverluststrom?

Aufgabe 5.12

In einem adiabaten Wärmeübertrager werden 1000 kg/h Luft isobar von 20 °C auf 60 °C mittels Wasserdampf von 3 MPa, 400 °C erwärmt. Der Dampf kondensiert dabei und verlässt den Wärmeübertrager mit 3 MPa, 90 °C. Luft soll näherungsweise als ideales Gas angenommen werden. Die Temperaturabhängigkeit der spezifischen Wärmekapazität der Luft ist zu vernachlässigen, es ist mit dem Wert bei 0° C zu rechnen. Für H_2O Tabellenwerte. Umgebungstemperatur 20 °C. Die Änderungen der kinetischen und der potenziellen Energien sollen vernachlässigt werden.

a) Skizzieren Sie die Zustandsänderungen der Luft und des H_2O in jeweils unterschiedlichen $T, \dot{S}$-Diagrammen. Kennzeichnen Sie in beiden Diagrammen den übertragenen Wärmestrom.

Ermitteln Sie:
b) die erforderliche stündliche Dampfmasse,
c) die Entropiestromänderung des Gesamtsystems in W/K und
d) den Exergieverluststrom des Vorganges in kW.

Aufgabe 5.13

In einem adiabaten Mischvorwärmer wird zur Vorwärmung des Speisewassers ($\dot{m}_{w1} = 19\,800$ kg/h, $t_{w1} = 50$ °C, $p_w = 10$ bar) Anzapfdampf ($\dot{m}_d = 0{,}8$ kg/s, $t_d = 400$ °C, $p_d = 10$ bar) eingespritzt.

a) Wie groß ist der Massenstrom des austretenden Speisewassers?
b) Welche spezifische Enthalpie und welche Temperatur hat das austretende Speisewasser?
   (Die Geschwindigkeiten der Stoffströme sollen vernachlässigt werden.)
c) Stellen Sie die Zustände des Speisewassers und den Zustand des Anzapfdampfes in einem $T, \dot{S}$-Diagramm dar.

Aufgabe 5.14

Ein Nassdampfmassenstrom von 10 kg/s mit einem Dampfgehalt von 20 % wird adiabat von 400 kPa auf 4 kPa gedrosselt.

a) Skizzieren Sie die Zustandsänderung in einem h,s-Diagramm.
b) Berechnen Sie den Dampfgehalt nach der Drosselung.
c) Wie viel Kilogramm siedende Flüssigkeit verdampft pro Sekunde?

5.3 Dampfkraftanlagen

Beispiel 5.4

In einer Dampfkraftanlage wird Wasserdampf mit 10 MPa, 600 °C einer adiabaten Turbine zugeleitet, und in der ersten Turbinenstufe irreversibel auf 100 kPa entspannt. In diesem Zustand werden 6 % Dampf zur Anzapfvorwärmung entnommen, kondensiert und hinter dem Vorwärmer in den Speisewasserkreislauf eingepumpt. Der Anzapfdampf verlässt den Vorwärmer als siedende Flüssigkeit. Der übrige Dampf wird auf 350 °C zwischenüberhitzt und anschließend in der zweiten Stufe der Turbine irreversibel auf 3 kPa entspannt. Wirkungsgrade: $\eta_{\text{isen HD}} = 0{,}86$; $\eta_{\text{isen ND}} = 0{,}86$; $\eta_m = 0{,}98$; $\eta_{\text{gen}} = 0{,}99$; $\eta_{\text{ei}} = 0{,}93$; $\eta_k = 0{,}9$; $\eta_r = 1$. Die Drosselverluste in den Rohrleitungen des Dampferzeugers sollen vernachlässigt werden. Vergleichprozess ist der Clausius-Rankine-Prozess. Die Antriebsleistungen der Speisewasserpumpen sind im Eigenbedarf berücksichtigt. Die Enthalpieänderungen in den Pumpen und die Änderungen der kinetischen und der potenziellen Energien sollen vernachlässigt werden. Der Abdampf verlässt den Kondensator als siedende Flüssigkeit.

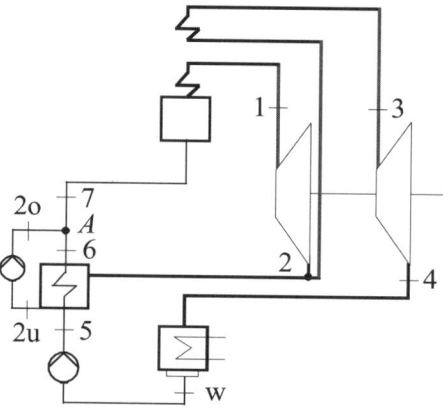

a) Skizzieren Sie den Kreisprozess in einem h,s-Diagramm. Stellen Sie den Abstand zwischen den Isobaren im Flüssigkeitsgebiet übertrieben dar.

b) Geben Sie die spezifischen Enthalpien aller Zustandspunkte 1, 2, 3, ... in einer Tabelle an. Gegeben: $h_{2\text{isen}} = 2505{,}65$ kJ/kg, $h_{4\text{isen}} = 2488{,}40$ kJ/kg.

c) Für eine Gesamtleistung von 600 MW (Klemmenleistung) ist der Dampfmassenstrom am Eintritt der Hochdruckturbine zu ermitteln.

d) Berechnen Sie die Brennstoffleistung.

e) Wie groß sind der reversible thermische Wirkungsgrad und der thermische Wirkungsgrad?

<u>Gegeben</u>: adiabate Turbine; $h_{2\text{isen}} = 2505{,}65$ kJ/kg; $h_{4\text{isen}} = 2488{,}40$ kJ/kg; $\eta_r = 1$; $\eta_{\text{isen HD}} = 0{,}86$; $\eta_{\text{isen ND}} = 0{,}86$; $\eta_m = 0{,}98$; $\eta_{\text{gen}} = 0{,}99$; $\eta_{\text{ei}} = 0{,}93$; $\eta_k = 0{,}9$

5.3 Dampfkraftanlagen

Zu a):

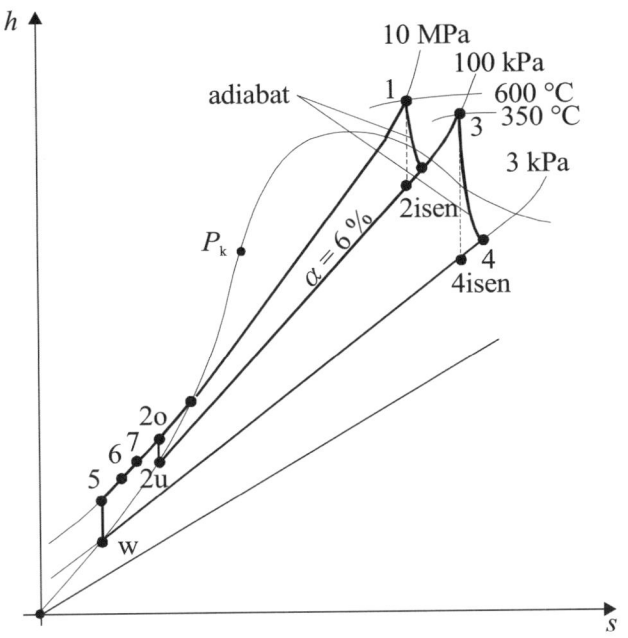

Zu b): Gesucht: $h_1, h_2, \ldots, h_7$

	1	2isen	2	3	4isen
$h/(\text{kJ/kg})$	3625,8	2505,65	2662,471	3175,8	2488,4

	4	w, 5	6	7	2u, 2o
$h/(\text{kJ/kg})$	2584,636	100,99	244,29	254,679	417,44

$h_1 = h(10\text{ MPa}, 600\,°\text{C}) = 3625{,}8 \text{ kJ/kg}$ \hfill (T 5.5)

$h_3 = h(100\text{ kPa}, 350\,°\text{C}) = 3175{,}8 \text{ kJ/kg}$ \hfill (T 5.5)

$h_w = h'(3\text{ kPa}) = 100{,}99 \text{ kJ/kg}$ \hfill (T 5.4)

$h_{2u} = h'(100\text{ kPa}) = 417{,}44 \text{ kJ/kg}$ \hfill (T 5.4)

$$\eta_{\text{isen HD}} = \frac{h_1 - h_2}{h_1 - h_{2\text{isen}}} \qquad |\cdot(h_1 - h_{2\text{isen}}) \quad (\text{Gl } 5.31)$$

$$h_2 = h_1 - (h_1 - h_{2\text{isen}})\eta_{\text{isen HD}}$$

$$h_2 = 3625{,}8\,\frac{\text{kJ}}{\text{kg}} - (3625{,}8 - 2505{,}65)\,\frac{\text{kJ}}{\text{kg}}\,0{,}86 = \underline{\underline{2662{,}471\,\frac{\text{kJ}}{\text{kg}}}}$$

$$\eta_{\text{isen ND}} = \frac{h_3 - h_4}{h_3 - h_{4\text{isen}}} \qquad |\cdot(h_3 - h_{4\text{isen}}) \quad (\text{Gl } 5.31)$$

$$h_4 = h_3 - (h_3 - h_{4\text{isen}})\eta_{\text{isen ND}}$$

$$h_4 = 3175{,}8\frac{\text{kJ}}{\text{kg}} - (3175{,}8 - 2488{,}4)\frac{\text{kJ}}{\text{kg}}\ 0{,}86\frac{\text{kJ}}{\text{kg}} = 2584{,}636\frac{\text{kJ}}{\text{kg}}$$

Bilanz am Vorwärmer:
$$(1-\alpha)h_5 + \alpha h_2 = (1-\alpha)h_6 + \alpha h_{2u}$$

$$\Big|\ h_5 \approx h_w$$

$$h_6 = \frac{(1-\alpha)h_w + \alpha(h_2 - h_{2u})}{1-\alpha}$$

$$h_6 = \frac{0{,}94 \cdot 100{,}99\frac{\text{kJ}}{\text{kg}} + 0{,}06(2662{,}471 - 417{,}44)\frac{\text{kJ}}{\text{kg}}}{0{,}94}$$

$$h_6 = 244{,}29\frac{\text{kJ}}{\text{kg}}$$

Bilanz am Vorwärmer einschließlich Pumpe:
$$(1-\alpha)h_5 + \alpha h_2 = h_7$$

$$h_7 = (1-\alpha)h_w + \alpha h_2$$

$$\Big|\ h_5 \approx h_w$$

$$h_7 = 0{,}94 \cdot 100{,}99\frac{\text{kJ}}{\text{kg}} + 0{,}06 \cdot 2662{,}471\frac{\text{kJ}}{\text{kg}}$$

$$h_7 = 254{,}679\frac{\text{kJ}}{\text{kg}}$$

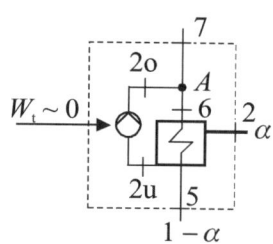

alternativ:
Bilanz am Mischpunkt A:
$$(1-\alpha)h_6 + \alpha h_{2o} = h_7$$

$$h_7 = (1-\alpha)h_6 + \alpha h_{2o}$$

$$h_7 = 0{,}94 \cdot 244{,}29\frac{\text{kJ}}{\text{kg}} + 0{,}06 \cdot 417{,}44\frac{\text{kJ}}{\text{kg}}$$

$$h_7 = 254{,}679\frac{\text{kJ}}{\text{kg}}$$

5.3 Dampfkraftanlagen

Zu c): Gesucht: $\dot{m}_d$ Gegeben: $P_{kl} = -600$ MW

$$\eta_m \eta_{gen} \eta_{ei} = \frac{P_{kl}}{\dot{W}_k} \quad \text{(Gl 5.32), (Gl 5.33), (Gl 5.34)}$$

$$\left| \dot{W}_k = \dot{m}_d (h_2 - h_1) + (1-\alpha)\dot{m}_d (h_4 - h_3) \right.$$

$$\eta_m \eta_{gen} \eta_{ei} = \frac{P_{kl}}{\dot{m}_d \left(h_2 - h_1 + 0{,}94(h_4 - h_3) \right)} \quad \left| \cdot \frac{\dot{m}_d}{\eta_m \eta_{gen} \eta_{ei}} \right.$$

$$\dot{m}_d = \frac{P_{kl}}{\eta_m \eta_{gen} \eta_{ei} \left(h_2 - h_1 + 0{,}94(h_4 - h_3) \right)}$$

$$\dot{m}_d = \frac{1}{0{,}98 \cdot 0{,}99 \cdot 0{,}93}$$
$$\cdot \frac{-600\,000\text{ kW}}{2662{,}471\dfrac{\text{kJ}}{\text{kg}} - 3625{,}8\dfrac{\text{kJ}}{\text{kg}} + 0{,}94(2584{,}636 - 3175{,}8)\dfrac{\text{kJ}}{\text{kg}}}$$

$$\underline{\underline{\dot{m}_d = 437{,}77\,\frac{\text{kg}}{\text{s}} = 1576\,\frac{\text{t}}{\text{h}}}}$$

Zu d): Gesucht: $\dot{m}_b H_u$

$$\eta_k = \frac{\dot{Q}_d}{\dot{m}_b H_u} \quad \text{(Gl 5.29)}$$

$$\dot{m}_b H_u = \frac{\dot{Q}_d}{\eta_k} = \frac{\dot{m}_d (h_1 - h_7) - \dot{m}_d (1-\alpha)(h_3 - h_2)}{\eta_k \eta_r}$$

$$\dot{m}_b H_u = \frac{437{,}77\text{ kg}}{0{,}9\text{ s}} \left[3625{,}8\frac{\text{kJ}}{\text{kg}} - 254{,}679\frac{\text{kJ}}{\text{kg}} \right.$$
$$\left. + 0{,}94(3175{,}8 - 2662{,}471)\frac{\text{kJ}}{\text{kg}} \right]$$

$$\underline{\underline{\dot{m}_b H_u = 1874{,}46\text{ MW}}}$$

Zu e): Gesucht: η_{th}^{rev*}

$$\eta_{th}^{rev*} = \frac{\left| h_{2isen} - h_1 + (1-\alpha)(h_{4isen} - h_3) \right|}{h_1 - h_7 + (1-\alpha)(h_3 - h_{2isen})} \quad \text{(Gl 5.24b)}$$

$$\eta_{th}^{rev*} = \frac{\left|2505{,}65\frac{kJ}{kg} - 3625{,}8\frac{kJ}{kg} + 0{,}94(2488{,}4 - 3175{,}8)\frac{kJ}{kg}\right|}{3625{,}8\frac{kJ}{kg} - 254{,}679\frac{kJ}{kg} + 0{,}94(3175{,}8 - 2505{,}65)\frac{kJ}{kg}} \cdot \frac{\%}{100}$$

$$\underline{\underline{\eta_{th}^{rev*} = 44{,}15\,\%}}$$

Zu f): Gesucht: η_{th}^{*}

$$\eta_{th}^{*} = \frac{\dot{W}_k}{\dot{Q}_d} = \frac{\left|h_2 - h_1 + (1-\alpha)(h_4 - h_3)\right|}{h_1 - h_7 - (1-\alpha)(h_3 - h_2)}$$

$$\eta_{th}^{*} = \frac{\left|2662{,}471\frac{kJ}{kg} - 3625{,}8\frac{kJ}{kg} + 0{,}94(2585{,}636 - 3175{,}8)\frac{kJ}{kg}\right|}{3625{,}8\frac{kJ}{kg} - 254{,}679\frac{kJ}{kg} + 0{,}94(3175{,}8 - 2662{,}471)\frac{kJ}{kg}} \cdot \frac{\%}{100}$$

$$\underline{\underline{\eta_{th}^{*} = 39{,}4\,\%}}$$

Aufgabe 5.15

Die Turbine eines Kernkraftwerkes wird mit 300 t/h Sattdampf von 5 MPa, der direkt aus dem Siedewasserreaktor entnommen werden kann, beaufschlagt. Der Dampf wird im Hochdruckteil der Turbine adiabat, reversibel auf 500 kPa entspannt. Danach wird er in einem Tropfenabscheider isobar auf einen Dampfgehalt von $x = 0{,}98$ entwässert und die verbleibende Dampfmenge $\dot{m}_N$ im Niederdruckteil auf 5 kPa adiabat, reversibel entspannt. Die Änderungen der kinetischen und der potenziellen Energien sollen vernachlässigt werden.

a) Skizzieren Sie die Zustandsänderungen im T,s-Diagramm und im p,v-Diagramm.
b) Geben Sie die spezifischen Enthalpien aller Zustandspunkte 1, 2, 3, ... in einer Tabelle an.
c) Wie groß ist die gesamte Turbinenleistung des beschriebenen Prozesses?
d) Welchen Wert hat die Turbinenleistung, wenn nach dem Hochdruckteil statt der Entwässerung eine isobare Zwischenüberhitzung auf 250 °C vorgesehen wird?

Aufgabe 5.16

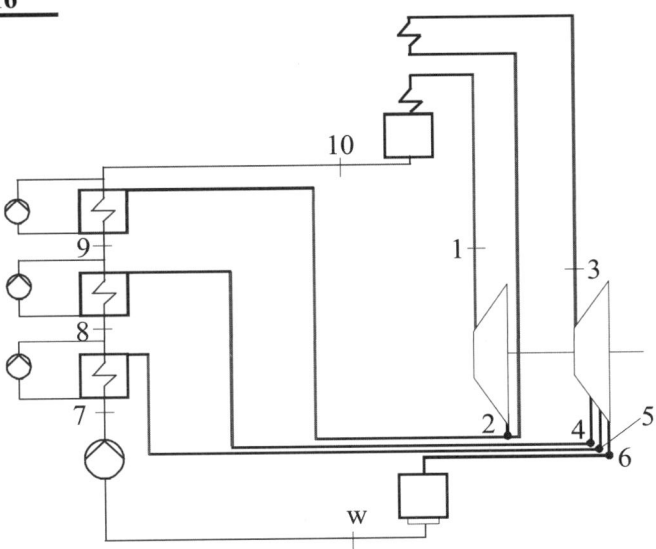

Für den 700 MW-Block einer modernen Dampfkraftanlage, der mit einstufiger Zwischenüberhitzung und dreistufiger regenerativer Speisewasservorwärmung arbeitet, ist zunächst der thermodynamische Vergleichsprozess durchzurechnen. Charakteristik des Kraftwerkblockes: Klemmenleistung: 700 MW, Durchsatz im Dampferzeuger: 2200 t/h, Temperatur des Frischdampfes sowie Dampftemperatur nach der Zwischenüberhitzung: 550 °C, Frischdampfdruck: 15 MPa, Druck im Zwischenüberhitzer: 3,5 MPa, Anzapfdrücke: $p_4 = 1$ MPa, $p_5 = 150$ kPa, Kondensationsdruck: 5 kPa. Die Speisewasservorwärmung erfolgt bis zu der dem Entspannungszwischendruck zugeordneten Kondensationstemperatur. Die Antriebsleistungen der Speisewasserpumpen sind im Eigenbedarf berücksichtigt. Die Enthalpieänderungen in den Pumpen sollen vernachlässigt werden.

a) Der Vergleichsprozess ist im h,s- und im T,s-Diagramm darzustellen. Zur besseren Erkennbarkeit soll der Abstand der Isobaren im Flüssigkeitsgebiet übertrieben groß dargestellt werden.

b) Geben Sie die spezifischen Enthalpien aller Zustandspunkte 1, 2, 3, ... in einer Tabelle an.

c) Für den Vergleichsprozess ohne Speisewasservorwärmung sind der thermische Wirkungsgrad, die spezifische Arbeit des Kreisprozesses und der auf die Leistung bezogene Dampfverbrauch $d_o = \dot{m}/\left|\dot{W}_k^{rev}\right|$ zu berechnen.

d) Für den Vergleichsprozess mit Speisewasservorwärmung sind durch Enthalpiebilanzen um die einzelnen Vorwärmer die erforderlichen Anzapfdampfmengen in kg/kg Frischdampf, die spezifische Arbeit des Kreisprozesses und der thermische Wirkungsgrad zu bestimmen.

e) Wie groß ist unter Zugrundelegung der oben angegebenen Prozessdaten für den verlustbehafteten Prozess sowie des Ergebnisses unter c) das Produkt der Wirkungsgrade $\eta_i\, \eta_m\, \eta_{gen}\, \eta_{ei}$ als Maß der Energieumwandlungsverluste vom Turbineneintritt bis zu den Generatorklemmen?

Aufgabe 5.17

Ein Heizkraftwerk soll für ein Fernwärmenetz einen Wärmestrom von 100 MW liefern. Es soll mit 160 t/h Dampf von 10 MPa, 550 °C (Zustand 1: Turbineneintritt) arbeiten, der in der ersten Turbinenstufe adiabat auf 1 MPa, 250 °C (Zustand 2) entspannt wird. Danach wird der erforderliche Heizdampfstrom entnommen. Der restliche Dampfstrom expandiert in der zweiten Turbinenstufe adiabat auf 4 kPa, 10 % Dampfnässe (Zustand 3) und wird anschließend kondensiert

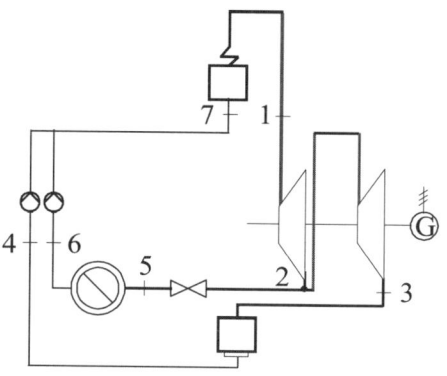

(Zustand 4). Das Kondensat verlässt den Kondensator als siedende Flüssigkeit und gelangt danach zur Speisewasserpumpe. Der entnommene Heizdampfstrom wird zunächst adiabat auf 200 kPa gedrosselt (Zustand 5) und gibt dann seine Energie an das Fernheiznetz ab, in dem der Dampf isobar kondensiert. Auch dieses Kondensat verlässt den Wärmeübertrager als siedende Flüssigkeit und gelangt über eine Pumpe wieder in den Dampferzeuger. Die Änderungen der kinetischen und der potenziellen Energien sollen vernachlässigt werden. Die Antriebsleistungen der Speisewasserpumpen sind im Eigenbedarf berücksichtigt. Die Enthalpieänderungen in den Pumpen und die Drosselverluste in den Rohrleitungen des Dampferzeugers sollen vernachlässigt werden. Wirkungsgrade: $\eta_m = 0{,}97$; $\eta_{gen} = 0{,}99$; $\eta_{ei} = 0{,}92$; $\eta_k = 0{,}91$; $\eta_r = 1$.

a) Skizzieren Sie den Prozess in einem h,s-Diagramm.

b) Geben Sie die spezifischen Enthalpien aller Zustandspunkte 1, 2, 3, ... in einer Tabelle an.

Berechnen Sie

c) den Heizdampfstrom in t/h,

d) die technische Leistung der Dampfturbine,

e) die Klemmenleistung,

f) die Brennstoffleistung und

g) den insgesamt genutzten Energieanteil.

Aufgabe 5.18

Für Fabrikationszwecke werden 7000 kg/h Dampf von 600 kPa und 200 °C benötigt. Dieser Dampfbedarf soll restlos mit dem Abdampf einer einstufigen, adiabaten Gegendruckturbine gedeckt werden, die bei einer Expansion auf den Druck p_2 und die Temperatur t_2 eine technische Leistung von 1000 kW abgibt. Zwischen dem Abdampfstutzen der Turbine und dem Wärmeverbraucher soll kein Druck- und Temperaturabfall eintreten. Der Abdampf soll vollständig verflüssigt und das Kondensat als siedende Flüssigkeit (Zustand 3) wieder dem Dampferzeuger zugeführt werden. Die Änderungen der kinetischen und der potenziellen Energien sollen vernachlässigt werden.

a) Geben Sie das Schaltbild des Prozesses an, und stellen Sie den Prozess im h,s-Diagramm dar.

Bestimmen Sie:

b) die spezifische Enthalpie von Abdampf und Frischdampf,

c) die Wärmeleistung $\dot{Q}_{23}$ und den daraus mittels verlustlosem Wärmeübertrager zu bereitenden Heißwassermassenstrom $\dot{m}_w$, wenn die Temperaturerhöhung des Wassers $\Delta t_w = 60$ K beträgt ($c_{pw} = 4{,}19$ kJ/(kg K)) und

d) den Dampfmassenstrom $\dot{m}_{2D}$, der, unter Umgehung der Turbine, durch adiabate Drosselung des Frischdampfes auf $p_2 = 600$ kPa, bereitzustellen ist, um die gleiche Heißwassermenge wie unter c) zu liefern.

e) Wie hoch ist die Dampftemperatur nach der Drosselung?

Aufgabe 5.19

40 000 kg/h Dampf von 4 MPa, 400 °C expandieren in einer adiabaten Turbine auf den Kondensationsdruck 7 kPa und werden anschließend kondensiert. Das Kondensat, das den Kondensator als siedende Flüssigkeit verlässt, wird wieder dem Dampferzeuger zugeführt. Die Kupplungsleistung der Turbine beträgt 9,8 MW, der mechanische Wirkungsgrad 0,98. Die Änderungen der kinetischen und der potenziellen Energien sollen vernachlässigt werden. Die Antriebsleistung der Speisewasserpumpe, die Enthalpieänderung in der Pumpe und die Drossel- und Wärmeverluste in den Rohrleitungen des Dampferzeugers sollen vernachlässigt werden.

Gesucht sind:

a) das h,s-Diagramm,

b) der isentrope Turbinenwirkungsgrad,

c) der thermische Wirkungsgrad und

d) der Rohrleitungswirkungsgrad.

Aufgabe 5.20

In der HD-Stufe einer adiabaten Dampfturbine expandieren 10 kg/s Dampf von 10 MPa, 500 °C auf 200 kPa. Hierbei gibt der Dampf die Leistung 7,5 MW ab. Die Änderung der kinetischen und der potenziellen Energie soll vernachlässigt werden. Gesucht sind:

a) der Endzustand des Dampfes (h, t, x) und

b) der isentrope Turbinenwirkungsgrad.

Aufgabe 5.21

a) In einer adiabaten Turbine expandiert Wasserdampf von 1 MPa, 550 °C mit Reibung auf 100 kPa, 250 °C.
   Berechnen Sie den isentropen Wirkungsgrad.

b) In der adiabaten Turbine einer offenen Gasturbinenanlage, die mit Luft nach dem Joule-Prozess arbeitet, expandiert die Luft von 1 MPa, 550 °C mit Reibung auf 100 kPa, 250 °C. Die Luft wird mit 20 °C, 100 kPa angesaugt, reibungsfrei, adiabat auf 1 MPa verdichtet und anschließend auf 550 °C isobar erwärmt. Luft soll näherungsweise als ideales Gas angenommen werden. Die Temperaturabhängigkeit der spezifischen Wärmekapazität ist zu vernachlässigen, es ist mit dem Wert bei 0 °C zu rechnen.
   Berechnen Sie den inneren Wirkungsgrad.

Aufgabe 5.22

Die technische Leistung der adiabaten HD-Stufe einer Wasserdampfturbine beträgt 10 MW. Dampfeintrittszustand 500 °C, 10 MPa, Gegendruck 1 MPa, Umgebungstemperatur 20 °C, isentroper Turbinenwirkungsgrad 85 %.
Gesucht sind:

a) der Dampfaustrittszustand (p, t, x, bzw. Nass-, Satt-, Heißdampf) und

b) der Exergieverluststrom in der HD-Stufe in kW.

5.4 Kombiniertes Gas-Dampf-Kraftwerk (GUD-Prozess)

Aufgabe 5.23

In die adiabate, einstufige Gegendruckdampfturbine eines GUD-Heizkraftwerkes strömen 28 500 kg/h Dampf mit 60 bar und 450 °C. Der Abdampf (Sattdampf von 6 bar) strömt in einen adiabaten Wärmeübertrager, in dem er auf 20 °C abgekühlt wird. Der dabei abgegebene Wärmestrom wird einem Fernwärmenetz zugeführt. Die Druck- und Temperaturverluste in den Leitungen des

5.4 Kombiniertes Gas-Dampf-Kraftwerk (GUD-Prozess)

Fernwärmenetzes sollen vernachlässigt werden. Der Dampf wird anschließend wieder dem Dampferzeuger zugeführt. Die Leistung der Speisewasserpumpe soll im Eigenbedarf berücksichtigt werden. Die Änderung des Enthalpiestromes in der Pumpe soll vernachlässigt werden. Die Rohrleitungsverluste im Dampferzeuger und die Änderungen der kinetischen und der potenziellen Energien sollen vernachlässigt werden. Die Turbinenabgase der vorgeschalteten Gasturbinenanlage werden als Sauerstoffträger dem Dampferzeuger mit einer Heizöl-Zusatzfeuerung von 25,18 MW zugeführt. Der Ausnutzungsgrad beträgt 70 %. Die Gasturbinenanlage wird mit leichtem Heizöl betrieben. Die zugeführte Brennstoffleistung beträgt 18 MW. Sie soll gleich der zugeführten Wärmeleistung sein. Der Verdichter und die Turbine der Gasturbinenanlage sind adiabat. Wirkungsgrade: $\eta_m = 0{,}98$, $\eta_{gen} = 0{,}99$, $\eta_{ei} = 0{,}95$ (für beide Prozesse)

a) Berechnen Sie die Nettoleistung der Dampfturbinenanlage.
b) Welche Wärmeleistung wird dem Fernwärmenetz zugeführt?
c) Welche Wärmeleistung wird vom Wasser/Dampfkreislauf der Dampfkraftanlage im Dampferzeuger aufgenommen?
d) Wie groß ist die Nettoleistung der Gasturbinenanlage?
e) Wie groß ist der Gesamtwirkungsgrad des GUD-Heizkraftwerkes?

5.5 Organische Rankine-Prozesse (ORC)

Aufgabe 5.24

Ein ORC-Prozess soll für eine elektrische Leistung von 50 kW ausgelegt werden. Als Kältemittel ist R 407C vorgesehen. Die Entspannung in der Expansionsmaschine erfolgt adiabat, irreversibel von 4 MPa, 100 °C auf 1 MPa, 40 °C. Anschließend wird der Kältemitteldampf isobar auf Sättigungstemperatur gekühlt, wobei mit der abgegebenen Wärme das flüssige Kältemittel vorgewärmt wird (Wärmeverluste vernachlässigt). Das Kältemittel verlässt den Kondensator als siedende Flüssigkeit. Nach der Kondensation wird der Druck des Kältemittels in einer Pumpe erhöht, die Pumpenarbeit soll vernachlässigt werden. Dann erfolgt die Vorwärmung des flüssigen Kältemittels durch den Kältemitteldampf und anschließend die Wärmezufuhr aus Abwärme. Mechanischer Wirkungsgrad: 95 %, Generatorwirkungsgrad: 99 %, Eigenbedarfswirkungsgrad: 100 %. Die Enthalpieänderung in der Pumpe und die Änderungen der kinetischen und der potenziellen Energien sollen vernachlässigt werden.

a) Skizzieren Sie den Kreisprozess in einem $\lg(p), h$- und einem T,s-Diagramm.
b) Wie groß muss der stündliche R 407C-Massenstrom sein?
c) Welche Wärmeleistung überträgt der innere Wärmeübertrager?
d) Wie groß ist die mit der Abwärme zugeführte Wärmeleistung?
e) Wie groß ist der thermische Wirkungsgrad?

Aufgabe 5.25

Beim Austreiben von Wasser aus Salzlösungen (Eindicken der Sole durch Kochen) entweicht Wasserdampf, so genannter Brüdendampf. Zur Nutzung der Nassdampfenthalpie (so genannte Brüdenabwärme), die bei der Würzekochung in einer Brauerei anfällt, wird eine Wärmekraftanlage mit R 114 als Arbeitsmittel eingesetzt, die einen Teil der Enthalpie des Brüdendampfes in mechanische Energie für den Antrieb des Verdichters einer Kältemaschine umwandelt.

Das Kältemittel tritt mit 1,26 MPa und 99 °C (Zustand 1) in die adiabate Turbine ein, und wird auf 208,2 kPa und 65°C (Zustand 2) entspannt (Stoffwerte siehe Tabelle). Der Abdampf wird kondensiert und verlässt den Kondensator als siedende Flüssigkeit. Von einer Speisepumpe (die Pumpenleistung wird im mechanischen Wirkungsgrad zusammen mit den mechanischen Verlusten berücksichtigt) wird das Kältemittel auf Verdampfungsdruck gebracht und strömt durch einen Vorwärmer, einen Verdampfer und einen Überhitzer wieder zur Turbine.

Der Brüdendampf (Wassernassdampf) wird geteilt und strömt mit 99,61 °C und einem Dampfgehalt von 0,9 zum einen durch den Überhitzer und zum anderen durch den Verdampfer und anschließend durch den Vorwärmer. Danach wird das anfallende Kondensat (siedende Flüssigkeit) wieder zusammengeführt und in einem Warmwasserbereiter auf 25 °C abgekühlt.

Der Brüdendampf gibt insgesamt eine Wärmeleistung von 6523 kW ab, davon werden 740 kW zur Warmwasserbereitung verwendet. Für den mechanischen Bedarf und die mechanischen Verluste wird eine mechanische Leistung von 80 kW gebraucht. An den Verdichter der Kälteanlage wird eine Leistung von 420 kW abgegeben.

a) Skizzieren Sie das Anlagenschema.
b) Tragen Sie die Zustandsänderungen des R 114-Arbeitsmittels in ein $\lg(p),h$-Diagramm und ein T,s-Diagramm ein.
c) Berechnen Sie den Massenstrom des R 114-Arbeitsmittels,
d) den Gesamtwirkungsgrad und
e) den Massenstrom des Brüdendampfes. Zeichnen Sie dazu die Zustandsänderung des Wasser in einem T,s-Diagramm.

p	t	v'	h'	h''	h
kPa	°C	m^3/ kg	kJ / kg	kJ / kg	kJ / kg
1260	94	0,00084	303,18	395,7	–
1260	99	–	–	–	400,4
208,2	24	0,00068	224,64	353,6	–
208,2	65	–	–	–	385,2

5.6 Linkslaufende Kreisprozesse mit Dämpfen

Aufgabe 5.26

Eine Kälteanlage arbeitet nach dem gegebenen Anlagenschema mit dem Kältemittel R 134a. Die Anlage liefert eine Kälteleistung bei zwei verschiedenen Temperaturen. Der Kältemitteldampf verlässt beide Verdampfer als trocken gesättigter Dampf (Verdampfer I: $\dot{Q}_{0nI} = 10$ kW, $t_0 = -30$ °C, Verdampfer II: $\dot{Q}_{0nII} = 10$ kW, $t_8 = 0$ °C). Nach der Drosselung des aus dem Verdampfer II strömenden Dampfes werden beide Dampfströme gemischt und im adiabaten Verdichter mit einem isentropen Wirkungsgrad von 0,85 auf einen solchen Druck verdichtet, dass die anschließende Verflüssigung bei einer Temperatur von

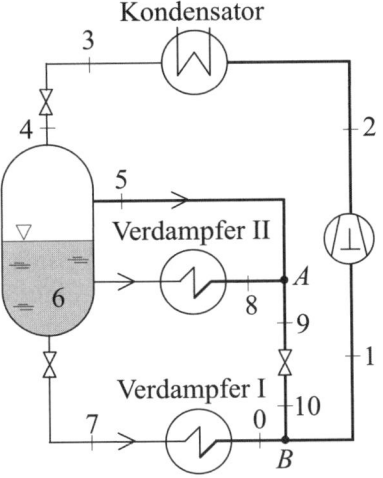

40 °C stattfindet. Das Kältemittel verlässt den Verflüssiger als siedende Flüssigkeit.

a) Skizzieren Sie den Kreisprozess der Anlage in einem lg(p),h-Diagramm.
b) Bestimmen Sie mithilfe des im Lehrbuch für R 134a angegebenen lg(p),h-Diagrammes die spezifischen Enthalpien in den Punkten 0, 1, 2, ... und geben Sie die Werte in einer Tabelle an.
c) Ermitteln Sie den Kältemittel-Massenstrom durch den Verdampfer I und durch den Verdampfer II.
d) Ermitteln Sie die Leistungszahl der Kältemaschine (ε_{KM} = Gesamtkälteleistung / technische Verdichterleistung).

Aufgabe 5.27

Es soll geprüft werden, wie sich ein innere Wärmeübertragung zwischen dem aus dem Verdampfer strömenden Dampf und der aus dem Verflüssiger strömenden Flüssigkeit bei einer einstufigen Kälteanlage auswirkt, wenn als Kältemittel R 134a verwendet wird.

Ausgangsanlage (ohne innere Wärmeübertragung): Kälteleistung: 100 kW, Temperatur im Verdampfer: 0 °C, Temperatur am Austritt des Verdampfers: 5 °C, Temperatur am Eintritt des adiabaten Verdichters: 5 °C, Verflüssigungstemperatur: 40 °C, isentroper Verdichterwirkungsgrad: 85 %, Temperatur am Austritt des Verflüssigers: 35 °C, adiabate Drosselung des Kältemittels.

a) Skizzieren Sie den Kreisprozess der Anlage in einem $\lg(p),h$-Diagramm.
b) Bestimmen Sie mithilfe des im Lehrbuch für R 134a angegebenen $\lg(p),h$-Diagrammes die spezifischen Enthalpien in den Punkten 0, 1, 2, ... und geben Sie die Werte in einer Tabelle an.
c) Berechnen Sie den Massenstrom und den Volumenstrom des Kältemittels am Eintritt des Verdichters.
d) Wie groß sind die spezifische Kälteleistung und die Leistungszahl der Kältemaschine?
e) Es wird nun eine innere Wärmeübertragung – Funktion wie oben beschrieben – in die Anlage eingebaut. Dabei wird der Kältemitteldampf auf eine Temperatur von 28 °C vor dem Verdichter erwärmt. Wie groß sind die Kälteleistung und die Leistungszahl der modifizierten Kältemaschine, wenn der Volumenstrom am Eintritt des Verdichters sowie der isentrope Verdichterwirkungsgrad gleich bleiben?

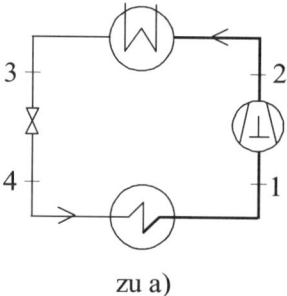

zu a)

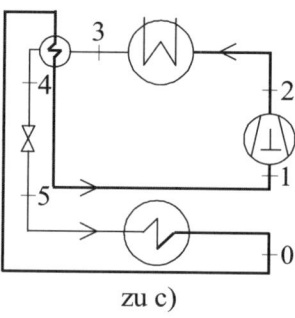

zu c)

Aufgabe 5.28

Der im Anlagenschema dargestellte zweistufige Prozess arbeitet mit dem Kältemittel R 134a. Er ist durch folgende Angaben gekennzeichnet: Kälteleistung des Verdampfers I: 100 kW, Temperatur im Verdampfer I: −30 °C, Kälteleistung des Verdampfers II: 20 kW, Temperatur in der Mitteldruckflasche: 0 °C, Temperatur im Verflüssiger: 40 °C, Austritt aus dem Verdampfer I: Dampf mit 5 K Überhitzung (entspricht Eintritt Niederdruck-Verdichter), Austritt aus dem Verdampfer II: Dampf, trocken gesättigt, Austritt aus der Mitteldruckflasche: Dampf, trocken gesättigt, Eintritt Hochdruckverdichter: Dampf mit 4 K Überhitzung, isentrope Verdichterwirkungsgrade = 1,

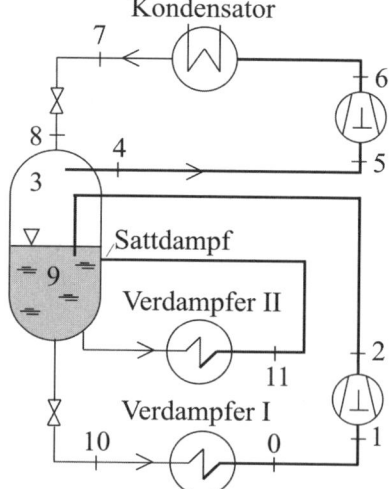

adiabate Verdichter, Austritt Verflüssiger: siedende Flüssigkeit.

a) Skizzieren Sie den Kreisprozess der Anlage in einem lg(p),h-Diagramm.

b) Bestimmen Sie mithilfe des im Lehrbuch für R 134a angegebenen lg(p),h-Diagrammes die spezifischen Enthalpien in den Punkten 0, 1, 2, ... und geben Sie die Werte in einer Tabelle an.

c) Berechnen Sie den Massenstrom durch den Verdampfer I und

d) den Massenstrom durch den Verdampfer II.

e) Berechnen Sie den Massenstrom durch den Hochdruckverdichter.

f) Geben Sie die Leistungszahl der Kältemaschine an.

Aufgabe 5.29

Eine zweistufige Kälteanlage arbeitet nach dem dargestellten Anlagenschema mit dem Kältemittel R 134a. Die Verdampfungstemperatur im Verdampfer I beträgt $-20\,°C$, im Verdampfer II $0\,°C$. Die Kälteleistung des Verdampfers I beträgt 10 kW, die des Verdampfers II 100 kW. Das Kältemittel verlässt die Verdampfer als gesättigter Dampf. In den beiden Verdichtern wird das Kältemittel reversibel, adiabat verdichtet. Die Verflüssigung findet bei einer Temperatur von $40\,°C$ statt. Das Kältemittel verlässt den Verflüssiger

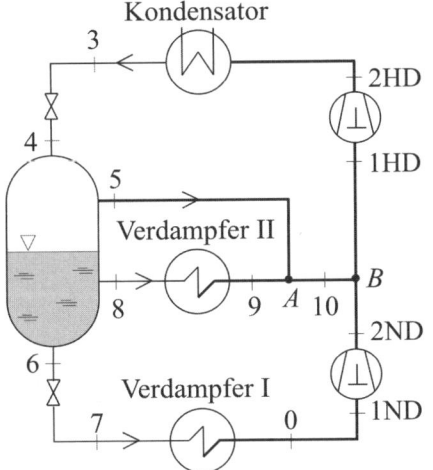

als siedende Flüssigkeit. Die Drosselungen des Kältemittels sind adiabat. Die Druck- und Wärmeverluste in den Leitungen und die Druckverluste in den Wärmeübertragern sollen vernachlässigt werden. Die Änderungen der kinetischen und der potenziellen Energien sind vernachlässigbar.

a) Skizzieren Sie den Kreisprozess der Anlage in einem lg(p),h-Diagramm.

b) Bestimmen Sie mithilfe des im Lehrbuch für R 134a angegebenen lg(p),h-Diagrammes die spezifischen Enthalpien für die bezeichneten Punkte des Anlagenschemas und geben Sie diese in einer Tabelle an (soweit zunächst möglich).

c) Berechnen Sie den Massenstrom durch den Verdampfer I,

d) den Massenstrom durch den Verdampfer II,

e) den Massenstrom durch den Hochdruckverdichter und

f) die Leistungszahl der Kältemaschine.

6 Gemische

6.1 Die Zusammensetzungen von Gemischen

Aufgabe 6.1

Die Zusammensetzung von Luft ist zum einen durch die Stoffmengenanteile: 78,1 % N_2; 20,93 % O_2; 0,9325 % Ar und 0,03 % CO_2 zum anderen durch die Massenanteile: 75,51 % N_2; 23,01 % O_2; 1,286 % Ar und 0,04 % CO_2 gegeben.

a) Berechnen Sie unter Verwendung der Stoffmengenanteile und
b) unter Verwendung der Massenanteile die molare Masse der Luft.

6.2 Ideale Gemische

6.3 Gemisch idealer Gase

Aufgabe 6.2

1 m^3/s feuchte Luft mit einer Temperatur von 20 °C und einem Druck von 750 kPa wird adiabat auf 100 kPa gedrosselt. Die feuchte Luft soll näherungsweise als Gemisch idealer Gase angenommen werden. Sie setzt sich aus 20,96 Vol.-% O_2, 78,87 Vol.-% N_2 und 0,17 Vol.-% Wasserdampf zusammen. Die Änderung der kinetischen und der potenziellen Energie soll vernachlässigt werden.

a) Berechnen Sie die Dichten der ungemischten Komponenten vor der Drosselung,
b) die Dichte der feuchten Luft vor der Drosselung,
c) die Zusammensetzung der feuchten Luft in Massenanteilen,
d) die spezielle Gaskonstante der feuchten Luft,
e) den Massenstrom der feuchten Luft und
f) die Entropieänderung des Luftstromes bei der adiabaten Drosselung.

6.4 Gas-Dampf-Gemisch; Feuchte Luft

6.4 Gas-Dampf-Gemisch; Feuchte Luft

Beispiel 6.1

Die Luft in einem Kühlraum ($V = 13{,}5$ m^3, $t = 2$ °C, 90 % relative Feuchte, $p = 101{,}325$ kPa) wird einmal pro Stunde durch Außenluft (30 °C, 50 % relative Feuchte, $p = 101{,}325$ kPa) ersetzt. Gesucht ist die daraus resultierende Kühllast. Berechnen Sie:

a) die auf die Masse der trockenen Luft bezogenen Enthalpien der Außenluft und der Luft im Kühlraum,
b) den Massenstrom der auszutauschenden trockenen Luft,
c) den beim Abkühlen der Außenluft abzuführenden Wärmestrom (Kühllast) (Die Enthalpie des anfallenden Kondensats soll vernachlässigt werden.) und
d) den anfallenden Kondensatstrom.

Zu a): <u>Gegeben</u>: $V_{Mi} = 13{,}5$ m^3, $t_1 = 30$ °C, $t_2 = 2$ °C, $p = 101{,}325$ kPa, $\varphi_1 = 0{,}5$, $\varphi_2 = 0{,}9$

<u>Gesucht</u>: $(h_{1+x})_1$, $(h_{1+x})_2$

$$(h_{1+x})_1 = c_{pl}t_1 + x_1(r_{0\,°C} + c_{pd}t_1) \quad \text{(Gl 6.67a)}$$

$$(h_{1+x})_1 = 1{,}004\,\frac{\text{kJ}}{\text{kg K}}\,30\,°C + 13{,}3135 \cdot 10^{-3}\left(2500{,}9\,\frac{\text{kJ}}{\text{kg}}\right.$$

$$\left. + 1{,}86\,\frac{\text{kJ}}{\text{kg K}}\,30\,°C\right) = \underline{\underline{64{,}1587\,\frac{\text{kJ}}{\text{kg}}}}$$

$$\left| x_1 = 0{,}622\,\frac{\varphi_1 p_{s1}}{p - \varphi_1 p_{s1}} \right. \quad \text{(Gl 6.61.b)}$$

$$\left| x_1 = 0{,}622\,\frac{0{,}5 \cdot 0{,}042467\,\text{bar}}{1{,}01325\,\text{bar} - 0{,}5 \cdot 0{,}042467\,\text{bar}} = 13{,}3135\,\frac{\text{g}}{\text{kg}} \right.$$

$$\left| p_{s1} = p_s(30\,°C) = 0{,}042467\,\text{bar} \right. \quad \text{(T 6.1)}$$

$$(h_{1+x})_2 = 1{,}004\,\frac{\text{kJ}}{\text{kg K}}\,2\,°C + 3{,}925 \cdot 10^{-3}\left(2500{,}9\,\frac{\text{kJ}}{\text{kg}}\right.$$

$$\left. + 1{,}86\,\frac{\text{kJ}}{\text{kg K}}\,2\,°C\right) = \underline{\underline{11{,}8389\,\frac{\text{kJ}}{\text{kg}}}}$$

$$x_2 = 0{,}622 \frac{\varphi_2 p_{s2}}{p - \varphi_2 p_{s2}} \qquad \text{(Gl 6.61.b)}$$

$$x_1 = 0{,}622 \frac{0{,}9 \cdot 0{,}007060 \text{ bar}}{1{,}01325 \text{ bar} - 0{,}9 \cdot 0{,}007060 \text{ bar}} = 3{,}925 \frac{\text{g}}{\text{kg}}$$

$$p_{s2} = p_s(2\,°C) = 0{,}007060 \text{ bar} \qquad \text{(T 6.1)}$$

Zu b): <u>Gesucht:</u> $\dot{m}_l$

$$\rho_l^* = \frac{m_l}{V_{Mi}} = \frac{p_l}{R_l T_2} = \frac{p - \varphi_2 p_{s2}}{R_l T_2} \qquad \Big| \cdot \frac{V_{Mi}}{\tau} \qquad \text{(Gl 6.58)}$$

$$\dot{m}_l = \frac{p - \varphi_2 p_{s2}}{R_l T_2} \frac{V_{Mi}}{\tau}$$

$$\dot{m}_l = \frac{101\,325 \text{ Pa} - 0{,}9 \cdot 706 \text{ Pa}}{287{,}2 \frac{\text{J}}{\text{kg K}} \cdot 275{,}15 \text{ K}} \cdot \frac{13{,}5 \text{ m}^3}{3600 \text{ s}} = 4{,}77817 \cdot 10^{-3} \frac{\text{kg}}{\text{s}}$$

Zu c): <u>Gesucht:</u> $\dot{Q}_{12}$

Enthalpiebilanz: Isobare Abkühlung $1 \to 2$:

$$\dot{H}_1 = \dot{H}_2 + \dot{H}_{kon} + |\dot{Q}_{12}|$$

$$\dot{m}_l (h_{1+x})_1 = \dot{m}_l (h_{1+x})_2 + \cancel{\dot{m}_l (x_2 - x_1) c_w t_2} + |\dot{Q}_{12}|$$

| Die Enthalpie des anfallenden Kondensats wird vernachlässigt.

$$\dot{Q}_{12} = \dot{m}_l \left[(h_{1+x})_2 - (h_{1+x})_1 \right]$$

$$\dot{Q}_{12} = 4{,}77817 \cdot 10^{-3} \frac{\text{kg}}{\text{s}} \left[11{,}8389 \cdot 10^{-3} - 64{,}1587 \cdot 10^{-3} \right] \frac{\cancel{\text{kJ}}}{\cancel{\text{kg}}}$$

$$\underline{\dot{Q}_{12} = -250 \text{ W}}$$

Zu d): <u>Gesucht:</u> $\dot{m}_{kon}$

$$\dot{m}_{kon} = \dot{m}_l (x_2 - x_1)$$

$$\underline{\dot{m}_{kon} = 4{,}77817 \cdot 10^{-3} \frac{\text{kg}}{\text{s}} \left[3{,}925 \cdot 10^{-3} - 13{,}3135 \cdot 10^{-3} \right] = -0{,}045 \frac{\text{g}}{\text{s}}}$$

6.4 Gas-Dampf-Gemisch; Feuchte Luft

Aufgabe 6.3

Gegeben ist feuchte Luft von 101,325 kPa (abs.) und 20 °C. Gemessen wird eine Taupunkttemperatur von 10 °C.

Berechnen Sie die relative Feuchte der Luft.

Aufgabe 6.4

Feuchte Luft (101,325 kPa, 20 °C, relative Feuchte: 60 %) bestehend aus Wasserdampf und 100 kg trockener Luft wird isobar auf 4 °C abgekühlt. Dabei kondensiert ein Teil das Wasserdampfes.

a) Skizzieren Sie die Zustandsänderung in einem Mollier-h,x-Diagramm,
b) Berechnen Sie die Masse des Kondensats und
c) die abzuführende Wärme (es ist eine genaue Rechnung gefordert).

Aufgabe 6.5

400 kg/h feuchte Luft mit 20 °C und 60 % relativer Feuchte werden isobar bei 101,325 kPa mit 300 kg/h nebliger feuchter Luft mit 20 °C und einem Wasserüberschuss von 5 g H_2O/(kg tL) gemischt.

a) Skizzieren Sie die Zustandsänderung in einem Mollier-h,x-Diagramm.
b) Bestimmen Sie den Feuchtegehalt und die Enthalpie des Mischzustandes (es ist eine genaue Rechnung gefordert).
c) Überprüfen Sie Ihre Ergebnisse mit einer grafischen Lösung im h,x-Diagramm.

Aufgabe 6.6

Ein Gasversorgungsunternehmen bezieht Erdgas bei 2,5 MPa (Überdruck), 10 °C, Taupunkttemperatur –8 °C. Im Ortsnetz wird der Druck auf 1,6 MPa (Überdruck) reduziert, die Gastemperatur im Ortsnetz beträgt 5 °C. Atmosphärischer Bezugsdruck 100 kPa.

Ermitteln Sie

a) die relative Feuchte beim Bezug,
b) die relative Feuchte im Ortsnetz und
c) die Taupunkttemperatur im Ortsnetz (auf ganze Zahl gerundet).

Aufgabe 6.7

200 kg/h feuchter Luft von 101,325 kPa, 25 °C und 40 % relativer Feuchte werden 1 kg/h Wasserdampf mit 110 °C zugeführt.

a) Der Mischzustand (Temperatur, relative Feuchte, Feuchtegehalt und spezifische Enthalpie) ist zu bestimmen.

b) Überprüfen Sie Ihre Ergebnisse mit einer grafischen Lösung im h,x-Diagramm.

Aufgabe 6.8

Erdgas hat bei 110,3 kPa (abs.) und 10 °C eine relative Feuchte von 70 %. Das Erdgas wird auf 300 kPa (abs.) verdichtet, wobei die Gastemperatur auf 70 °C steigt.

Berechnen Sie:

a) den Wasserdampfpartialdruck vor der Verdichtung und

b) den Wasserdampfpartialdruck,

c) die relative Feuchte und

d) die Taupunkttemperatur nach der Verdichtung.

Aufgabe 6.9

Die Räume eines Rechenzentrums sollen klimatisiert werden. Vorgeschrieben ist ein Luftwechsel, von 1000 m³/h. Der Außenluft (Zustand 1: 900 mbar, 5 °C, Taupunktstemperatur: 1 °C) wird zunächst Wärme zugeführt. Die Wärmezufuhr (Zustandsänderung $1 \rightarrow 2$) soll näherungsweise als isobar angenommen werden. Dann wird Wasser mit 20 °C eingespritzt. Diese Zustandsänderung ($2 \rightarrow 3$) soll näherungsweise als adiabat und isobar angenommen werden. Mit einem Ventilator (Zustandsänderung $3 \rightarrow 4$) wird die Luft (Zuluft, Zustand 4: 950 mbar, 20 °C, relative Feuchte: 60 %) anschließend in die Räume des Rechenzentrums gefördert. Die Antriebsleistung des Ventilators (näherungsweise als adiabat angenommen) soll vernachlässigt werden. Die Änderungen der kinetischen und der potenziellen Energien sollen vernachlässigt werden.

a) Berechnen Sie den Massenstrom der trockenen Luft,

b) die relative Feuchte der Umgebungsluft,

c) den erforderlichen Wassermassenstrom,

d) den zugeführten Wärmestrom und

e) die Temperatur der Luft nach der Wärmezufuhr.

Aufgabe 6.10

In einem Raum mit einem Volumen von 250 m³ wird bei einem Druck von 101,325 kPa und einer Temperatur von 20 °C eine relative Luftfeuchtigkeit von 50 % gemessen.

Berechnen Sie:

a) den Wasserdampfpartialdruck,
b) die Masse des Wasserdampfes, und der Luft und
c) der Feuchtegehalt.
d) Welches Volumen würde der Dampf alleine ausfüllen?

Aufgabe 6.11

Feuchte Luft strömt mit 20 °C (Kühlgrenztemperatur 12,5 °C) in ein Rückkühlwerk, wird dort erwärmt und befeuchtet und verlässt das Rückkühlwerk mit 26,5 °C (Kühlgrenztemperatur 26 °C). Warmes Kühlwasser (62 l/h) mit der Temperatur von 50 °C rieselt im Gegenstrom zur feuchten Luft über Füllkörper und verlässt das Rückkühlwerk mit einer Temperatur von 20 °C. Die Temperaturabhängigkeit der spezifischen Wärmekapazität des Wassers ist zu vernachlässigen, es ist mit dem Wert $c_w = 4{,}19$ kJ/(kg K) zu rechnen. Der Umgebungsdruck ist $p_{amb} = 101{,}325$ kPa.

a) Tragen Sie die Zustandspunkte der ein- und der ausströmenden feuchten Luft in ein h,x-Diagramm ein und bestimmen Sie die relativen Feuchten.

Berechen Sie

b) für die in das Rückkühlwerk einströmende und für die aus dem Rückkühlwerk ausströmende feuchte Luft die Feuchtegehalte und die auf die Masse der trockenen Luft bezogenen Enthalpien,
c) den Massenstrom des einströmenden Kühlwassers,
d) aus einer Energiebilanz am Rückkühlwerk, unter Berücksichtigung eines Gebläses mit einer Leistung von 100 W, den Massenstrom der trockenen Luft,
e) die Kühlleistung,
f) das Verhältnis aus dem Massenstrom der trockenen Luft zum Massenstrom des in das Rückkühlwerk einströmenden Wassers,
g) das Verhältnis aus Luft- und Wassermassenstrom des entsprechenden idealen Rückkühlwerks,
h) den Abkühlgrad und
i) das Verhältnis von tatsächlichem Luftmassenstrom zum Luftmassenstrom des idealen Rückkühlwerks.
j) Kontrollieren Sie mit dem h,x-Diagramm Ihre Ergebnisse unter b).

7 Strömungsvorgänge

7.1 Kontinuitätsgleichung

Aufgabe 7.1

In einen Sauna-Heizofen tritt unten trockene Luft von 65 °C ein und oben mit 105 °C aus. Die Luft ströme mit 1,3 m/s ein. Der Eintrittsquerschnitt ist gleich dem Austrittsquerschnitt.
a) Wie schnell strömt sie aus?
b) Welche Strömungsgeschwindigkeit würden Sie für die Berechnung des Wärmeübergangskoeffizienten ansetzen?

7.2 Der erste Hauptsatz der Thermodynamik für Strömungsvorgänge

7.2.1 Arbeitsprozesse

Beispiel 7.1

Ein Ventilator fördert aus einem großen Raum (p = 99 kPa, t = 25 °C,) einen Luft-Volumenstrom von 1,25 m³/s in einen Abluftkanal (Querschnittsfläche: 0,175 m²). Die technische Ventilatorleistung beträgt 1,6 kW. Die Druckerhöhung beträgt 0,85 kPa. Annahmen: Luft soll als ideales Gas, als trocken und als inkompressibel angenommen werden. $z_1 = z_2$, $c_1 = 0$.

Berechnen Sie

a) den geförderten Massenstrom,
b) die Geschwindigkeit im Abluftkanal,
c) die reversible technische Verdichterleistung und
d) die dissipierte Leistung.
e) Wie ändert sich die Temperatur der Luft, wenn die Zustandsänderung als adiabat angenommen wird (c_{pm} = 1004,3 J/(kg K))?

Gegeben:

p_1 = 99 kPa, t_1 = 25 °C, $\dot{V}_1 = 1{,}25$ m³/s, $c_1 = 0$, $z_2 = z_1$, $p_2 - p_1 = 0{,}85$ kPa,
$A_2 = 0{,}175$ m², $\dot{W}_{t12} = 1{,}6$ kW, Luft, ideales Gas, trocken, inkompressibel

Zu a): <u>Gesucht:</u> $\dot{m}$

Thermische Zustandsänderung des idealen Gases:

(Gl 1.16) $\quad p_1 \dot{V}_1 = \dot{m} R_i T_1 \qquad\qquad \big| : (R_i T_1)$

7.2 Der 1. HS der Thermodynamik für Strömungsvorgänge

$$\dot{m} = \frac{p_1 \dot{V}_1}{R_i T_1} = \frac{99\,000 \text{ Pa}}{287{,}2 \text{ J} \cdot 298{,}15 \text{ K}} \cdot \frac{\text{kg K} \cdot 1{,}25 \text{ m}^3}{\text{s}} = \underline{\underline{1{,}445 \frac{\text{kg}}{\text{s}}}}$$

$$\left| R_i = 287{,}2 \text{ J/(kg K)} \right. \tag{T 1.5}$$

Zu b): Gesucht: c_2

Kontinuitätsgleichung bei konstanter Dichte:

(Gl 7.2) $\quad \dot{V}_1 = \dot{V}_2 = \dot{V} = c_2 A_2 \qquad |:A_2$

$$c_2 = \frac{\dot{V}_1}{A_2} = \frac{1{,}25 \text{ m}^3}{0{,}175 \text{ m}^2 \cdot \text{s}} = \underline{\underline{7{,}143 \frac{\text{m}}{\text{s}}}}$$

Zu c): Gesucht: $\dot{W}_{t12}^{\text{rev}*}$

1. HS der Thermodynamik für Arbeitsprozesse:

$$w_{t12}^{\text{rev}*} = \int_1^2 v\,dp + \frac{1}{2}\left(c_2^2 - \cancel{c_1^2}\right) + g\left(\cancel{z_2 - z_1}\right) \quad |\cdot \dot{m} \tag{Gl 7.5}$$

$\quad\quad$ | Inkompressibel Zustandsänderung: $v = \text{const}$

$$\dot{W}_{t12}^{\text{rev}*} = \dot{V}(p_2 - p_1) + \frac{1}{2}\dot{m}\,c_2^2$$

$$\dot{W}_{t12}^{\text{rev}*} = 1{,}25\,\frac{\text{m}^3}{\text{s}} \cdot 850 \text{ Pa} + \frac{1}{2} \cdot 1{,}445\,\frac{\text{kg}}{\text{s}} \cdot \left(7{,}143\,\frac{\text{m}}{\text{s}}\right)^2$$

$$\underline{\underline{\dot{W}_{t12}^{\text{rev}*} = 1{,}099 \text{ kW}}}$$

Zu d): Gesucht: $\dot{W}_{\text{diss}12}$

(Gl 2.19) $\quad \dot{W}_{t12}^{*} = \dot{W}_{t12}^{\text{rev}*} + \dot{W}_{\text{diss}12}$

$$\dot{W}_{\text{diss}12} = \dot{W}_{t12}^{*} - \dot{W}_{t12}^{\text{rev}*} = 1{,}6 \text{ kW} - 1{,}099 \text{ kW} = \underline{\underline{0{,}501 \text{ kW}}}$$

Zu e): Gegeben: $c_{pm} = 1004{,}3$ J/(kg K), adiabate Zustandsänderung

Gesucht: $t_2 - t_1$

1. HS der Thermodynamik für offene Systeme:

(Gl 2.26) $\quad \dot{W}_{t12}^{*} = \dot{H}_2 - \dot{H}_1 + \frac{\dot{m}}{2}\left(c_2^2 - \cancel{c_1^2}\right) + \dot{m}g\left(\cancel{z_2 - z_1}\right) - \cancel{\dot{Q}_{12}}$

$\quad\quad$ | kalorische Zustandsgleichung für eine
$\quad\quad$ | isobare Zustandsänderung:

$$H_2 - H_1 = m\,c_{pm}\Big|_{t_1}^{t_2}(T_2 - T_1) \tag{Gl 3.32}$$

$$\dot{W}_{t12}^* = \dot{m} \cdot c_{pm}(t_2 - t_1) + \frac{\dot{m}}{2} \cdot c_2^2$$

$$t_2 - t_1 = \frac{\dot{W}_{t12}^*}{\dot{m} \cdot c_{pm}} - \frac{1}{2} \cdot \frac{c_2^2}{c_{pm}}$$

$$t_2 - t_1 = \frac{1600 \text{ W·s}}{1{,}445 \text{ kg} \cdot 1004{,}3 \text{ J}} \cdot \frac{\text{kg K}}{1} - \frac{1}{2} \cdot \frac{7{,}143^2 \text{ m}^2}{1004{,}3 \text{ s}^2} \cdot \frac{\text{kg K}}{\text{J}}$$

$$\underline{\underline{t_2 - t_1 = 1{,}077 \text{ K}}}$$

7.2.2 Strömungssprozesse

Aufgabe 7.2

Trockene Luft strömt mit 101 kPa, 24 °C und 4 m/s in einen horizontalen Kanal (400 x 600 mm^2) ein und verlässt ihn mit 100,1 kPa und 27 °C. Luft soll näherungsweise als ideales Gas angenommen werden. Die Temperaturabhängigkeit der spezifischen Wärmekapazität ist zu vernachlässigen, es ist mit dem Wert c_p = 1,005 kJ/(kg K) zu rechnen.

a) Bestimmen Sie den Luftmassenstrom und
b) die Austrittsgeschwindigkeit der Luft.
c) Skizzieren Sie den Vorgang im T,s-Diagramm und kennzeichnen Sie als Flächen $h_2 - h_1$ und $\frac{1}{2}(c_2^2 - c_1^2) + w_{diss12}$.
d) Skizzieren Sie den Vorgang im p,v-Diagramm.
e) Ermitteln Sie die spezifische Dissipationsenergie und die dissipierte Leistung.
f) Ermitteln Sie die mit der Umgebung ausgetauschte spezifische Wärme und den übertragenen Wärmestrom. Wird die Wärme zu- oder abgeführt?

7.3 Kraftwirkung bei Strömungsvorgängen

7.4 Düsen- und Diffusorströmung

Aufgabe 7.3

500 kmol/h Argon von 30 °C werden in einem Druckregler von 7 MPa auf 1 MPa entspannt. Argon soll näherungsweise als ideales Gas angenommen werden.

a) Welche maximale Geschwindigkeit kann im Regler auftreten?
b) Welchen Durchmesser muss die Düse am engsten Querschnitt des Reglers haben?

8 Wärmeübertragung

8.1 Arten der Wärmeübertragung

8.2 Wärmeleitung

8.2.1 Ebene Wand

Beispiel 8.1

Eine 40 mm dicke, ebene Kokillenplatte aus Kupfer (λ = 372 W/(Km)) ist auf eine 10 mm dicke Stahlplatte (λ = 44 W/(K m)) eines Wasserkastens geschraubt. Als mittlere Temperatur der Kupferplatte wird 750 °C, als mittlere Temperatur der Stahlplatte 350 °C gemessen.

Berechnen Sie die Temperatur in der Kontaktfläche der beiden Platten.

Gegeben:
$$\frac{t_1 + t_2}{2} = t_{Cu} = 750\ °C,\quad \lambda_{Cu} = 372\,\frac{W}{K\,m},\quad \delta_{Cu} = 0{,}040\ m,$$

$$\frac{t_2 + t_3}{2} = t_{St} = 350\ °C,\quad \lambda_{St} = 44\,\frac{W}{K\,m},\quad \delta_{St} = 0{,}010\ m$$

Gesucht: t_2

$$\dot{Q} = \dot{Q}_{Cu} = \dot{Q}_{St} \qquad\qquad |\,:A$$

$$\dot{q} = \frac{\lambda_{Cu}}{\frac{\delta_{Cu}}{2}}(t_{Cu} - t_2) = \frac{\lambda_{St}}{\frac{\delta_{St}}{2}}(t_2 - t_{St}) \qquad |\,:2 \qquad\qquad (Gl\ 8.4)$$

$$\frac{\lambda_{Cu}}{\delta_{Cu}} t_{Cu} + \frac{\lambda_{St}}{\delta_{St}} t_{St} = \left(\frac{\lambda_{St}}{\delta_{St}} + \frac{\lambda_{Cu}}{\delta_{Cu}}\right) t_2 \qquad |\,:\left(\frac{\lambda_{St}}{\delta_{St}} + \frac{\lambda_{Cu}}{\delta_{Cu}}\right)$$

$$t_2 = \frac{\dfrac{\lambda_{Cu}}{\delta_{Cu}} t_{Cu} + \dfrac{\lambda_{St}}{\delta_{St}} t_{St}}{\dfrac{\lambda_{St}}{\delta_{St}} + \dfrac{\lambda_{Cu}}{\delta_{Cu}}}$$

$$\underline{\underline{t_2}} = \frac{\dfrac{372\ W}{0{,}040\ m\,K\,m}\,750\ °C + \dfrac{44\ W}{0{,}010\ m\,K\,m}\,350\ °C}{\dfrac{44\ W}{0{,}010\ m\,K\,m} + \dfrac{372\ W}{0{,}040\ m\,K\,m}} = \underline{\underline{621{,}53\ °C}}$$

8.2.2 Zylindrische Wand

Beispiel 8.2

In einem Pressverband, bestehend aus zwei gleich langen zylindrischen Schalen, kommt es zu einer Relativbewegung der beiden Hohlzylinder, verbunden mit einer starken Erwärmung. Der innere Zylinder (Innenradius 25 mm, Außenradius 50 mm, $\lambda = 100$ W/(K m)) habe innen eine Wandtemperatur von 20 °C, der äußere Zylinder (Innenradius 50 mm, Außenradius 100 mm, $\lambda = 350$ W/(Km)) außen eine Wandtemperatur von 40 °C. Zwischen den beiden Zylindern entsteht durch Reibung eine Wärmestromdichte von 187,55 kW/m².

a) Skizzieren Sie die Temperaturverteilung in den beiden Hohlzylindern.
b) Berechnen Sie die maximale Temperatur im Pressverband.
c) Welcher Wärmestrom fließt durch den inneren Zylinder, welcher durch den äußeren Zylinder (Länge des Hohlzylinders 15 cm) ?

<u>Gegeben:</u>

$l = 15$ cm,
$\dot{q}_Q = 187{,}55$ kW/m²

Der mit der Strichlinie dargestellte Temperaturverlauf wäre auch denkbar.

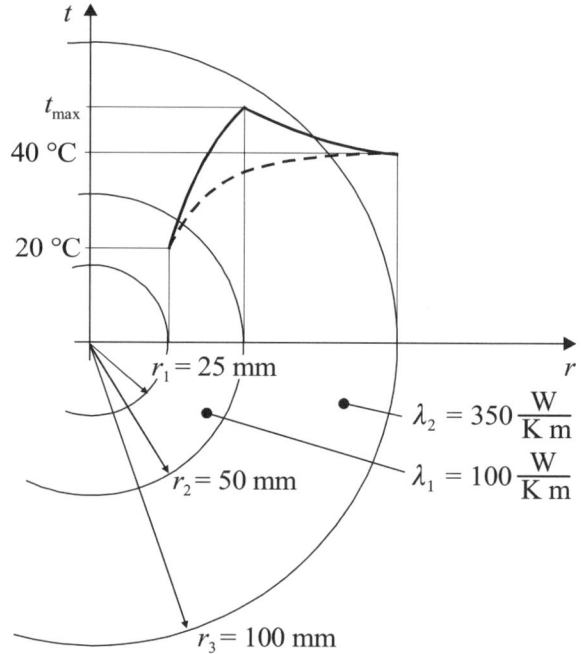

Zu a): <u>Gesucht:</u> $t(r)$
siehe oben

Zu b): <u>Gesucht:</u> $t_{max} = t_2$

$$\dot{Q}_Q = |\dot{Q}_1| + \dot{Q}_2$$

8.2 Wärmeleitung

$$\dot{q}_Q 2\pi l\, r_2 = \left| \frac{\lambda_1\, 2\pi l\, (t_1 - t_2)}{\ln\left(\dfrac{r_2}{r_1}\right)} \right| + \frac{\lambda_2\, 2\pi l\, (t_2 - t_3)}{\ln\left(\dfrac{r_3}{r_2}\right)} \qquad |\cdot \ln(2) \qquad \text{(Gl 8.9)}$$

$$\left| \ln\left(\frac{r_2}{r_1}\right) = \left(\frac{r_3}{r_2}\right) = \ln(2) \right.$$

$$\dot{q}_Q r_2\, \ln(2) = \lambda_1 (t_2 - t_1) + \lambda_2 (t_2 - t_3)$$

$$\dot{q}_Q r_2\, \ln(2) = t_2 (\lambda_1 + \lambda_2) - (\lambda_1 t_1 + \lambda_2 t_3) \qquad |+(\lambda_1 t_1 + \lambda_2 t_3)$$

$$t_2 (\lambda_1 + \lambda_2) = \dot{q}_Q r_2\, \ln(2) + (\lambda_1 t_1 + \lambda_2 t_3) \qquad |:(\lambda_1 + \lambda_2)$$

$$t_2 = \frac{\dot{q}_Q\, r_2\, \ln(2) + \lambda_1 t_1 + \lambda_2 t_3}{\lambda_1 + \lambda_2}$$

$$t_2 = \frac{187\,550\,\dfrac{W}{m^2 K}\, 0{,}05\,m\, \ln(2) + 100\,\dfrac{W}{K\,m}\, 20\,°C + 350\,\dfrac{W}{K\,m}\, 40\,°C}{450\,\dfrac{W}{K\,m}}$$

$$\underline{\underline{t_2 = 50\,°C}}$$

Zu c): <u>Gesucht:</u> $\dot{Q}_1$, $\dot{Q}_2$ \qquad <u>Gegeben:</u> $l = 15\,cm$

$$\dot{Q}_1 = \frac{\lambda_1\, 2\pi l\, (t_1 - t_2)}{\ln\left(\dfrac{r_2}{r_1}\right)} \qquad \text{(Gl 8.9)}$$

$$\underline{\underline{\dot{Q}_1}} = \frac{100\,\dfrac{W}{K\,m}\, 2\pi\, 0{,}150\,m\, (20 - 50)\,K}{\ln\left(\dfrac{50}{25}\right)} = \underline{\underline{-4079\,W}}$$

$$\underline{\underline{\dot{Q}_2}} = \frac{350\,\dfrac{W}{K\,m}\, 2\pi\, 0{,}150\,m\, (50 - 40)\,K}{\ln\left(\dfrac{100}{50}\right)} = \underline{\underline{4759\,W}}$$

8.2.3 Hohlkugelwand

Aufgabe 8.1

Ein kugelförmiger Warmwasserspeicher besteht aus einem 5 mm starken Grundkörper aus Kupfer (Innendurchmesser: 50 cm, λ = 372 W/(K m)), einer 60 mm starken Thermovlies-Isolierung (λ = 0,037 W/(K m)) und einer Außenverkleidung aus 1 mm starkem Stahlblech (λ = 59 W/(K m)). Um die Wärmeverluste des Behälters zu kompensieren, muss dem Wasser ständig ein Wärmestrom von 52 W zugeführt werden.
a) Berechnen Sie für die dreischichtige Behälterwand den Wärmeleitwiderstand.
b) Wie groß ist die Temperatur der Innenoberfläche des Kupferbleches, wenn die Temperatur der Außenoberfläche des Stahlbleches 20 °C beträgt?

8.3 Konvektiver Wärmeübergang

8.3.1 Wärmeübergang bei erzwungener Strömung

Aufgabe 8.2

Bei der Bestimmung der Halbwertszeit eines Thermometers wird das untersuchte Thermometer durch Luft von 20 °C (Mittelwert zwischen zu- und Abströmtemperatur) mit einer Geschwindigkeit von 5 m/s quer angeströmt. Während eines Abkühlversuches hat das Thermometer bei einer angezeigten Temperatur von 40 °C eine gemessene Abkühlgeschwindigkeit von 15 K/min. Der Temperaturfühler besteht aus einem zylindrischen Körper von 8 cm Länge und 0,8 cm Durchmesser. Als Oberfläche des Temperaturfühlers ist näherungsweise die Zylindermanteloberfläche zu betrachten. Temperaturunterschiede im Fühler seien vernachlässigbar klein.
a) Welcher Wärmestrom verlässt den Temperaturfühler im Moment der Messung?
b) Berechnen Sie die mittlere Wärmekapazität $m \cdot c$ des Temperaturfühlers.

Aufgabe 8.3

Von dem Dach eines Pkws werden durch Sonneneinstrahlung 400 W/m^2 aufgenommen. Vereinfachend soll angenommen werden, dass diese gesamte Energie direkt wieder durch Konvektion an die Umgebungsluft von 20 °C (Mittelwert zwischen zu- und Abströmtemperatur), also keine Wärme an das Innere des Wagens, abgegeben wird. Das Dach ist als ebene Platte mit 1,2 m Breite und 1,5 m Länge anzusetzen. Bei der Berechnung des Wärmeübergangskoeffizienten soll die Dachoberflächentemperatur mit 25 °C angenommen werden.

Welche Dachtemperatur stellt sich im Beharrungszustand ein, wenn sich der Pkw mit 100 km/h fortbewegt?

8.3 Konvektiver Wärmeübergang

8.3.2 Wärmeübergang bei freier Strömung

Beispiel 8.3

Eine Hauswand ohne Fenster hat eine Länge von 10 m und eine Höhe von 3 m. Sie besteht aus Ziegeln (λ = 0,58 W/(K m)) mit einer Dicke von 0,11 m, einer Glaswolleschicht von 0,033 m und einer Spanplatte von 0,019 m Dicke (λ = 0,14 W/(K m)). Die in der Glaswolleschicht angebrachte Stützkonstruktion aus Holz für die Spanplatte und die Glaswolle wird in den folgenden Betrachtungen vernachlässigt. Bei Windstille und einer Außentemperatur von –19 °C wird auf der Innenseite eine Wandtemperatur von +18 °C gemessen.

a) Welcher Wärmestrom geht durch die Wand an die Umgebung?
(Anleitung: Nehmen Sie zur Berechnung des Wärmestromes als Ausgangsnäherung für die Temperatur an der Außenseite der Ziegelwand eine Temperatur von –11 °C an. Berechnen Sie zunächst α_a und dann $\dot{Q}$.)

b) Prüfen Sie anhand des unter a) berechneten Wärmestromes die dort getroffene Annahme für die Temperatur. (Stoffwerte für die Baustoffe sind näherungsweise bei den in der Tabelle aufgeführten Temperaturen zu nehmen.)?

Gegeben:

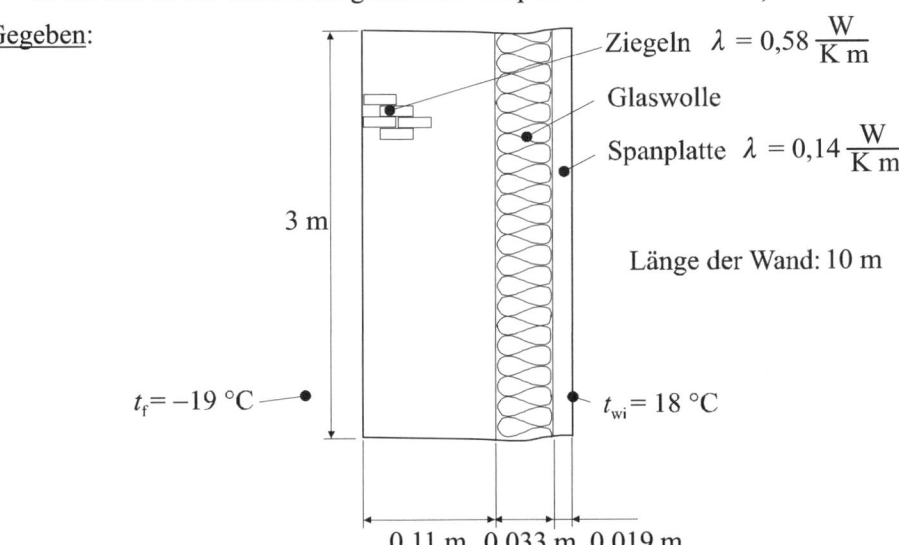

Zu a): Gesucht: $\dot{Q}$

Der Wärmestrom, der durch die Wand fließt, fließt auch von der Wandoberfläche an das Fluid.

$$\dot{Q} = \frac{1}{\frac{\delta_1}{\lambda_1} + \frac{\delta_2}{\lambda_2} + \frac{\delta_3}{\lambda_3}} A(t_{wa} - t_{wi}) = \alpha_a A(t_f - t_{wa}) \qquad \text{(Gl 8.7), (Gl 8.12)}$$

Zur Berechnung des gesuchten Wärmestromes muss die Temperatur der Außenoberfläche der Wand t_{wa} bekannt sein. Diese Temperatur hängt von den Wärmeübergangsbedingungen an der Außenwand ab. Daher muss zunächst der Wärmeübergangskoeffizient α_a mit einem Modellgesetz berechnet werden. Da bei dem gegebenen Modellgesetz jedoch die Temperatur der Außenoberfläche der Wand bekannt sein muss, muss diese zunächst geschätzt und dieser Schätzwert durch wiederholte Rechnungen korrigiert werden.

Feie Strömung, senkrechte Wand:

$$Ra = \frac{g\ \gamma\ \Delta t\ l^3}{\nu\ a} \tag{Gl 8.14f}$$

Stoffwerte bei:

$$t = \frac{t_f + t_w}{2} = \frac{-19\ °C + (-11\ °C)}{2} = -15\ °C \tag{Gl 8.24a}$$

$$\gamma = \frac{1}{T_f} = \frac{1}{254{,}15\ K} \tag{Gl 8.24a}$$

$$\Delta t = |t_f - t_w| = |-19\ °C - (-11\ °C)| = 8\ K$$

$$\nu\ (-15\ °C) = 12{,}215 \cdot 10^{-6}\ m^2/s \quad \text{(T 8.3a, interpoliert)}$$

$$a\ (-15\ °C) = 16{,}955 \cdot 10^{-6}\ m^2/s \quad \text{(T 8.3a, interpoliert)}$$

$$l = 3\ m\ \text{(Wandhöhe)}$$

$$Ra = \frac{9{,}81\ m\quad 1 \cdot 8\ K\ (3\ m)^3}{254{,}15\ K\quad 12{,}215 \cdot 10^{-6}\ m^2\quad 16{,}955 \cdot 10^{-6}\ m^2}$$

$$Ra = 40\ 256\ 997\ 354{,}2 \quad \text{Es gilt: } 0{,}1 < Ra < 10^{12}$$

$$Pr\ (-15\ °C) = 0{,}7206 \quad \text{Es gilt: } 0{,}001 < Pr < \infty \quad \text{(T 8.3a, interpoliert)}$$

$$Nu_m = \left[0{,}825 + 0{,}387\ (Ra \cdot f_1)^{\frac{1}{6}}\right]^2 = 393{,}565 \tag{Gl 8.24a}$$

$$f_1 = \frac{1}{\left[1 + \left(\frac{0{,}492}{Pr}\right)^{\frac{9}{16}}\right]^{\frac{16}{9}}} = 0{,}34935$$

8.3 Konvektiver Wärmeübergang

$$Nu = \frac{\alpha\, l}{\lambda} \qquad\qquad \left|\cdot \frac{\lambda}{l}\right. \qquad \text{(Gl 8.14a)}$$

$$\alpha_m = \frac{Nu\, \lambda}{l} = \frac{395{,}565 \cdot 0{,}023\,017\,5}{3\ \text{m}}\frac{\text{W}}{\text{K m}} = 3{,}035\ \frac{\text{W}}{\text{K m}^2}$$

$$\left|\ \lambda\,(-15\ °\text{C}) = 0{,}023\,017\,5\ \frac{\text{W}}{\text{K m}}\right. \qquad \text{(T 8.3a, interpoliert)}$$

$$\dot{Q} = \alpha_a A\,(t_f - t_{wa}) \qquad \text{(Gl 8.12)}$$

$$\dot{Q} = 3{,}035\ \frac{\text{W}}{\text{K m}^2} \cdot 10\ \text{m} \cdot 3\ \text{m} \cdot \bigl(-19\ °\text{C} - \{-11\ °\text{C}\}\bigr)$$

$$\underline{\dot{Q} = -728{,}4\ \text{W}}$$

Zu b): Gesucht: t_{wa}

$$\dot{Q} = \frac{1}{\dfrac{\delta_1}{\lambda_1} + \dfrac{\delta_2}{\lambda_2} + \dfrac{\delta_3}{\lambda_3}} A\,(t_{wa} - t_{wi}) \qquad \text{(Gl 8.7)}$$

$$t_{wa} = \dot{Q}\left(\frac{\delta_1}{\lambda_1} + \frac{\delta_2}{\lambda_2} + \frac{\delta_3}{\lambda_3}\right)\frac{1}{A} + t_{wi}$$

$$t_{wa} = -728{,}4\ \text{W}\left(\frac{0{,}11\ \text{m}}{0{,}58\ \frac{\text{W}}{\text{K m}}} + \frac{0{,}033\ \text{m}}{0{,}037\ \frac{\text{W}}{\text{K m}}} + \frac{0{,}019\ \text{m}}{0{,}14\ \frac{\text{W}}{\text{K m}}}\right)\frac{1}{30\ \text{m}^2} + 18\ °\text{C}$$

$$\left|\ \lambda\,(25\ °\text{C}) = 0{,}037\ \frac{\text{W}}{\text{m K}}\right. \qquad \text{Glaswolle} \qquad \text{(T 8.1)}$$

$$\underline{t_{wa} = -11{,}56\ °\text{C}}$$

Aufgabe 8.4

Ein in ruhender Luft (ideales Gas, Temperatur 20 °C) horizontal verlaufender Draht (Durchmesser: 2 mm) wird von einem elektrischen Strom durchflossen.

Welche Leistung darf je Meter Draht maximal in Wärme umgewandelt werden, wenn die Oberflächentemperatur 180 °C nicht überschreiten soll?

Aufgabe 8.5

Eine Stromschiene aus Kupfer (Höhe: 200 mm, Breite: 40 mm) soll maximal eine Oberflächentemperatur von 60 °C annehmen. Wie groß darf der durch die Stromschiene fließende elektrische Strom höchstens sein. Die Stromschiene ist von Luft (ideales Gas) mit einer Temperatur von 20 °C umgeben.

a) Berechnen Sie den pro Meter Schiene durch Konvektion abgegebenen Wärmestrom. Die schmalen Flächen sollen dabei nicht berücksichtigt werden.
b) Wie groß ist der elektrische Strom?

(Der elektrische Widerstand berechnet sich nach der Beziehung: $R = \rho \dfrac{l}{A}$.

$\rho = 0{,}01786\ \Omega\,mm^2/m$ ist der spezifische Widerstand, A die Querschnittsfläche und l die Länge der Stromschiene.)

8.3.3 Wärmeübergang beim Kondensieren und Verdampfen

Aufgabe 8.6

Ein senkrecht stehendes Kondensatorrohr hat die Länge 1,5 m, den Außendurchmesser 30 mm und die Wandstärke 2,5 mm. Die Wärmeleitfähigkeit des Rohrmaterials (Stahl) beträgt 34,88 W/(K m). An der Rohraußenoberfläche soll gesättigter Wasserdampf, der eine Temperatur von 100 °C hat, kondensieren. Dabei bildet sich eine laminare Kondensathaut aus. Die dabei abzuführende Wärme wird von einem Kühlwassermassenstrom von $\dot{m} = 350{,}37$ kg/h aufgenommen, der mit der Temperatur 10 °C in das Rohr eintritt.

a) Wie groß ist der mittlere Wärmeübergangskoeffizient bei dem Wärmeübergang an der Rohraußenoberfläche ($t_{wa} = 90$ °C, laminare Strömung)?
b) Welcher Wärmestrom wird vom Kühlwasser aufgenommen?
c) Mit welcher Temperatur tritt das Kühlwasser aus dem Kondensatorrohr aus?
d) Welche Kondensatmenge fällt pro Stunde an?

8.4 Temperaturstrahlung

Aufgabe 8.7

Die Sonnenstrahlung hat ihre maximale spektrale spezifische Ausstrahlung bei einer Wellenlänge von $\lambda_{max} = 0{,}5014$ µm, wenn man die Absorptionsverluste in der Atmosphäre berücksichtigt. Wie groß ist die Oberflächentemperatur der Sonne, wenn man diese als schwarzen Körper ansieht?

Aufgabe 8.8

Bei welcher Wellenlänge hat ein schwarzer Körper bei 1000 K die maximale spektrale spezifische Ausstrahlung?

Aufgabe 8.9

Eine horizontal verlaufende Stromschiene (Höhe: 200 mm, Breite: 100 mm, Länge: 10 m) aus Kupfer ($\varepsilon = 0{,}039$) wird zur besseren Kühlung mit Emissionsfarbe ($\varepsilon = 0{,}92$) gestrichen. Oberflächentemperatur: 60 °C, Lufttemperatur: 20 °C

a) Berechnen Sie für die gestrichene Schiene den durch Konvektion übertragenen Wärmestrom. Es sollen nur die beiden 10 m langen und 200 mm hohen Seitenflächen der Schiene berücksichtigt werden.

b) Berechnen Sie den durch Strahlung abgegebenen Wärmestrom für die ungestrichene und für die gestrichene Schiene. Der Wärmestrom soll dabei näherungsweise mit der Wandkombination: Innenrohr (Schiene) in einem Mantelrohr (Wände) berechnet werden. ($A_2 \gg A_1$, $t_2 = 20$ °C. Die Stirnflächen 100 x 200 mm sollen dabei nicht berücksichtigt werden.)

c) Um wie viel Prozent verbessert sich der Wärmeübergang gegenüber der ungestrichenen Stromschiene?

8.5 Wärmedurchgang

Aufgabe 8.10

Eine Wasserleitung besteht aus einem Stahlrohr (Innendurchmesser: 50 mm, Wandstärke: 2 mm, $\lambda_1 = 59$ W/(K m)), das mit einer 5 cm starken Dämmwolle-Isolierung ($\lambda_2 = 0{,}037$ W/(K m)) umgeben ist. Sie wird durch ein im Rohr liegendes Heizband (die Heizleistung pro Meter beträgt 8 W) vor dem Einfrieren geschützt. Der Wärmeübergangskoeffizient für den Wärmeübergang vom Wasser zum Stahlrohr beträgt $\alpha_1 = 70$ W/(m² K), der Wärmeübergangskoeffizient für den Wärmeübergang von der Isolierung zur umgebenden Luft beträgt $\alpha_3 = 5$ W/(m² K).

a) Welche Wassertemperatur stellt sich bei einer Lufttemperatur von −20 °C ein?

b) Wie groß ist die Temperatur der Innenoberfläche des Stahlrohres?

c) Skizzieren Sie die Temperaturverteilung zwischen dem Wasser und der Umgebung.

Aufgabe 8.11

Die Wand eines Kühlraumes besteht aus zwei Stahlblechen (Dicke: je 4 mm, Wärmeleitfähigkeit: $\lambda = 52$ W/(K m)), zwischen denen eine Polyurethan-Hartschaum-Schicht (Dicke: 100 mm, Wärmeleitfähigkeit: $\lambda = 0{,}02$ W/(K m)) angeordnet ist. Der Hersteller gibt einen Wärmedurchgangskoeffizienten von 0,16 W/(m² K) an. Die Temperatur der Umgebung beträgt 21 °C, die der Luft im Kühlraum 2 °C.

a) Skizzieren Sie die Temperaturverteilung zwischen der Luft im Kühlraum und der Umgebung.
b) Berechnen Sie die Differenz der Temperaturen der Wandoberflächen.

Beispiel 8.4

Durch ein horizontal verlegtes, sehr langes Kupferrohr (Innenradius: 8 mm, Außenradius: 9 mm) mit einer Thermovlies-Isolierung ($\lambda = 0{,}037$ W/(K m), Dicke: 10 mm) und einer PVC-Ummantelung ($\lambda = 0{,}17$ W/(K m), Dicke: 1 mm) strömt Wasser mit einer Geschwindigkeit von 0,13 m/s und einer Eintrittstemperatur von 75 °C. Durch eine im Rohr liegende Heizung werden die Wärmeverluste der Leitung kompensiert, sodass die Wassertemperatur über die Länge des Rohres gleich bleibt. Die Umgebungsluft (ideales Gas) hat die Temperatur 10 °C. Annahmen zur Berechnung der Wärmeübergangskoeffizienten: Kupferrohr-Innenwandtemperatur: 75 °C, PVC-Außenwandtemperatur: 30 °C.
Berechnen Sie die erforderliche Heizleistung in W/m (Rohrform beachten).

Gegeben:

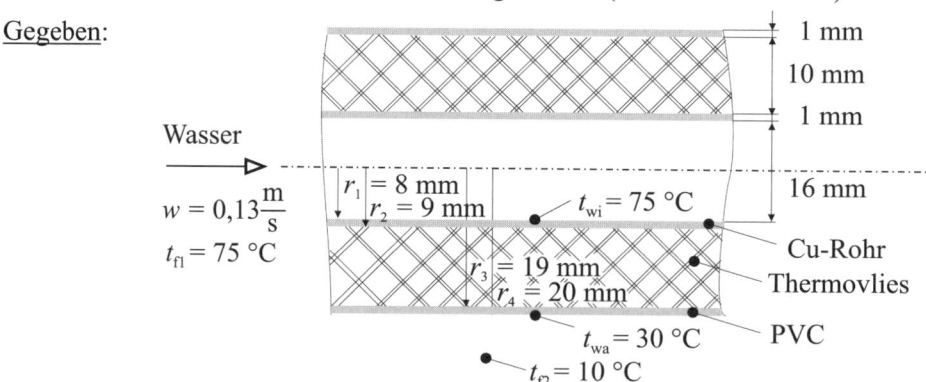

Gesucht: $\dot{q}_H = \dfrac{\dot{Q}}{l}$ Gegeben: Annahme: $t_{wi} = 75\ °C$

erzwungene Strömung, Rohr innen:

$$Re = \frac{wl}{\nu} = \frac{0{,}13\,\text{m}\cdot 0{,}016\,\text{m}\cdot \text{s}}{\text{s}\cdot 0{,}409\cdot 10^{-6}\,\text{m}^2} \quad \text{(Gl 8.14b)}$$

8.5 Wärmedurchgang

$Re = 5085{,}57$ Es gilt: $2300 < Re < 10^6$

Stoffwerte bei: $\dfrac{t_1 + t_2}{2} = \dfrac{75\,°\!C + 75\,°\!C}{2} = 75\,°\!C$

$\nu(75\,°\!C) = 0{,}409 \cdot 10^{-6} \dfrac{m^2}{s}$ (T 8.2, interpoliert)

$l = d = 0{,}016$ m - charakteristische Länge   (Gl 8.14b)

$Pr(75\,°\!C) = 2{,}5375$ Es gilt: $1{,}5 < Pr < 500$ (T 8.2, interpoliert)

$$Nu_m = 0{,}012 \left(Re^{0{,}87} - 280\right) Pr^{0{,}4} \left[1 + \left(\dfrac{d}{h}\right)^{\frac{2}{3}}\right] K \quad \text{(Gl 8.20)}$$

$h \to \infty \to \dfrac{d}{h} \approx 0$, $K = \left(\dfrac{Pr_f}{Pr_w}\right)^{0{,}11} = 1$

$Pr_f = Pr(75\,°\!C)$

$Pr_w = Pr(75\,°\!C)$

$Nu_m = 0{,}012 \left(Re^{0{,}87} - 280\right) Pr^{0{,}4}$

$Nu_m = 0{,}012 \left(5085{,}57^{0{,}87} - 280\right) 2{,}5375^{0{,}4} = 24{,}33$

$\alpha_i = \dfrac{Nu\,\lambda}{l} = \dfrac{24{,}33 \cdot 0{,}66225}{0{,}016\,m} \dfrac{W}{K\,m} = 1007 \dfrac{W}{K\,m^2}$ (Gl 8.14a)

$\lambda(75\,°\!C) = 0{,}66225 \dfrac{W}{K\,m}$ (T 8.2, interpoliert)

freie Strömung, horizontaler Zylinder:

$Ra = \dfrac{g\,\gamma\,\Delta t\,l^3}{\nu\,a}$ (Gl 8.14f)

$Ra = \dfrac{9{,}81\,m}{s^2} \dfrac{1}{283{,}15\,K} \dfrac{\cdot 20\,K\,(\pi\,0{,}020)^3\,m^3\,s}{15{,}35 \cdot 10^{-6}\,m^2} \dfrac{s}{21{,}47 \cdot 10^{-6}\,m^2}$

Stoffwerte bei:

Stoffwerte bei: $\dfrac{t_f + t_w}{2} = \dfrac{10\,°\!C + 30\,°\!C}{2} = 20\,°\!C$

$\nu(20\,°\!C) = 15{,}35 \cdot 10^{-6} \dfrac{m^2}{s}$ (T 8.3a)

$$a\,(20\,°C) = 21{,}47 \cdot 10^{-6}\,\frac{m^2}{s} \quad \text{(T 8.3a)}$$

$$\gamma = \frac{1}{T_f} = \frac{1}{283{,}15}\frac{1}{K}$$

$$l = \pi\,r \quad \text{- charakteristische Länge} \quad \text{(Gl 8.26a)}$$

$$Ra = 521\,532{,}79 \qquad \text{Es gilt: } 0 < Ra < \infty$$

$$Pr\,(20\,°C) = 0{,}7148 \qquad \text{Es gilt: } 0 < Pr < \infty \quad \text{(T 8.3a)}$$

$$Nu_m = \left[0{,}752 + 0{,}387\,(Ra \cdot f_3)^{\frac{1}{6}}\right]^2 = 13{,}22 \quad \text{(Gl 8.26a)}$$

$$f_3 = \frac{1}{\left[1 + \left(\frac{0{,}559}{Pr}\right)^{\frac{9}{16}}\right]^{\frac{16}{9}}} = 0{,}32838$$

$$\alpha_a = \frac{Nu\,\lambda}{l} = \frac{13{,}22 \cdot 0{,}02569}{\pi\,0{,}020}\,\frac{W}{K\,m^2} = 5{,}41\,\frac{W}{K\,m^2} \quad \text{(Gl 8.14a)}$$

$$\lambda\,(20\,°C) = 0{,}02569\,\frac{W}{K\,m} \quad \text{(T 8.3a)}$$

$$\dot{Q} = \frac{2\pi l\,(t_{f1} - t_{f2})}{\dfrac{1}{\alpha_i\,r_1} + \dfrac{1}{\lambda_{Cu}}\ln\!\left(\dfrac{r_2}{r_1}\right) + \dfrac{1}{\lambda_{TV}}\ln\!\left(\dfrac{r_3}{r_2}\right) + \dfrac{1}{\lambda_{PVC}}\ln\!\left(\dfrac{r_4}{r_3}\right) + \dfrac{1}{\alpha_a\,r_4}} \quad \text{(Gl 8.49)}$$

$$\dot{q}_H = \frac{\dot{Q}}{\ell} = \frac{2\pi(t_{f1} - t_{f2})}{\dfrac{1}{\alpha_i\,r_1} + \dfrac{1}{\lambda_{Cu}}\ln\!\left(\dfrac{r_2}{r_1}\right) + \dfrac{1}{\lambda_{TV}}\ln\!\left(\dfrac{r_3}{r_2}\right) + \dfrac{1}{\lambda_{PVC}}\ln\!\left(\dfrac{r_4}{r_3}\right) + \dfrac{1}{\alpha_a\,r_4}}$$

$$\frac{1}{\alpha_i\,r_1} = \frac{K\,m^2}{1007\,W\,\cdot\,0{,}008\,m} = 0{,}124\,\frac{K\,m}{W}$$

$$\frac{1}{\lambda_{Cu}}\ln\!\left(\frac{r_2}{r_1}\right) = \frac{K\,m}{372\,W}\cdot\ln\!\left(\frac{9}{8}\right) = 3{,}166 \cdot 10^{-4}\,\frac{K\,m}{W}$$

$$\frac{1}{\lambda_{TV}}\ln\!\left(\frac{r_3}{r_2}\right) = \frac{K\,m}{0{,}037\,W}\ln\!\left(\frac{19}{9}\right) = 20{,}195\,\frac{K\,m}{W}$$

8.5 Wärmedurchgang

$$\left| \frac{1}{\lambda_{PVC}} \ln\left(\frac{r_4}{r_3}\right) = \frac{K\,m}{0{,}17\,W} \ln\left(\frac{20}{19}\right) = 0{,}3017\,\frac{K\,m}{W} \right.$$

$$\left| \frac{1}{\alpha_a\,r_4} = \frac{K\,m^2}{5{,}41\,W\;0{,}020\,m} = 9{,}242\,\frac{K\,m}{W} \right.$$

$$\dot{q}_H = \frac{2\pi(75\,°C - 10\,°C)}{(0{,}124 + 3{,}166\cdot 10^{-4} + 20{,}195 + 0{,}3017 + 9{,}242)K\,m}\,W = 13{,}68\,\frac{W}{m}$$

Probe: $\dot{Q} = \alpha \cdot A \cdot (t_f - t_w)$ \hfill (Gl 8.12)

$$t_{wa} - t_{f2} = \frac{\dot{Q}}{\alpha_a\,2\pi r_4\,l} = \frac{13{,}68\,W}{m} \cdot \frac{K\,m^2}{5{,}41\,W \cdot 2\pi \cdot 0{,}02\,m} = 20{,}12\,K$$

$t_{wa} = 30{,}12\,°C$ (geschätzt mit 30 °C)

$$t_{f1} - t_{wi} = \frac{\dot{Q}}{\alpha_i\,2\pi r_1\,l} = \frac{13{,}68\,W}{m} \cdot \frac{K\,m^2}{1007\,W \cdot 2\pi \cdot 0{,}008\,m} = 0{,}270\,K$$

$t_{wi} = 74{,}73\,°C$ (geschätzt mit 75 °C)

Aufgabe 8.12

In den Abgaszügen eines Heizungskessels strömt Abgas mit 300 °C (Wärmeübergangskoeffizient: 100 W/(m² K)) an einer außen isolierten 3 mm starken ebenen Stahlwand entlang. Die Isolierung besteht aus 30 mm starker Glaswolle (λ = 0,037 W/(K m)), die außen durch ein 1 mm starkes Stahlblech verkleidet ist. Der Heizkessel steht in einem Raum von 20 °C. Der Wärmeübergangskoeffizient außen beträgt 5 W/(m² K). Als Wärmeleitfähigkeit kann für die Stahlwand näherungsweise der Wert bei 300 °C für das Stahlblech näherungsweise der Wert bei 100 °C verwendet werden.

a) Skizzieren Sie qualitativ den Temperaturverlauf in den Fluiden und in der Wand. Achten Sie darauf, dass der Temperaturverlauf prinzipiell korrekt wiedergegeben wird!
b) Ermitteln Sie die Temperatur der dem Abgas zugewandten Oberfläche der Stahlwand und
c) die Temperatur der dem Raum zugewandten Oberfläche der Stahlverkleidung.

8.6 Wärmeübertrager

Aufgabe 8.13

Durch ein 100 m langes Stahlrohr mit einem inneren Durchmesser von 50 mm und einem äußeren Durchmesser von 60 mm sollen pro Stunde 600 kg Wasser (c_{pm} = 4,2 kJ/(kg K)) transportiert werden. Die Eintrittstemperatur beträgt 90 °C. Zur thermischen Isolierung ist das Stahlrohr (λ = 55 W/(K m)) mit einer 20 mm starken Kunststoffschicht (λ = 0,058 W/(K m)) ummantelt. Der Wärmeübergangskoeffizient für den Wärmeübergang vom Wasser an die Rohrinnenwand beträgt 348,79 W/(K m^2), der von der Rohrisolierung an die Umgebung 5,813 W/(K m^2). Die Temperaturabhängigkeit der Wärmeleitfähigkeiten und die Änderung der Wärmeübergangskoeffizienten über die Länge des Rohres sollen vernachlässigt werden. Umgebungstemperatur: 10 °C. Die mittlere logarithmische Temperaturdifferenz beträgt 77,76 K.

a) Berechnen Sie den Wärmewiderstand für den Wärmetransport vom Wasser an die Umgebung (exakt, nicht als ebene Wand rechnen).
b) Welcher Wärmestrom wird vom Wasser an die Umgebung außen abgegeben?
c) Mit welcher Temperatur verlässt das Wasser die Rohrleitung? (Es soll eine reibungsfreie Strömung angenommen werden.)
d) Welche Temperatur stellt sich an der Trennfläche Stahlrohr-Isolierung zu Beginn der Rohrleitung ein (exakt, nicht als ebene Wand rechnen)?
e) Skizzieren Sie den Temperaturverlauf zwischen Wasser und Umgebung zu Beginn der Rohrleitung (qualitativ korrekt).

Aufgabe 8.14

Aus einer Spinndüse wird kontinuierlich ein Kunstfaserfaden (Durchmesser: 0,5 mm) mit einer Geschwindigkeit von 2 m/s und einer Temperatur von 200 °C gepresst. Der Faden wird mit Luft von 19 °C quer angeströmt. Die Luft strömt mit 21 °C ab. Nach einer Länge von 0,5 m hat sich der Faden auf 80 °C abgekühlt.

a) Welchen Wärmestrom gibt der sich abkühlende Faden an die Luft ab?
b) Wie groß ist der erforderliche Wärmeübergangskoeffizient?
c) Mit welcher Luftgeschwindigkeit muss der Kunstfaserfaden angeströmt werden?

Hinweise: Für die Temperaturdifferenz zwischen Faden und Luft ist die mittlere logarithmische Temperaturdifferenz einzusetzen. Es ist von einer laminaren Luftströmung auszugehen. Die mittlere Oberflächentemperatur des Fadens soll mit 140 °C angenommen werden. Es sollen die folgenden Stoffwerte für den Kunststofffaden verwendet werden: ρ_F = 1200 kg/m^3, $c_{pm,F}$ = 670 J/(kg K).

Beispiel 8.5

In einem Betrieb der chemischen Industrie arbeiten zwei miteinander gekoppelte Anlagen. Die für die Aufgabe relevanten Daten sind im Anlagenschema dargestellt.

8.6 Wärmeübertrager

	Strom	$\dot{C}_p$
	1 (H, 500 K → 300 K)	$\dot{C}_{p1} = 0{,}5$ kW/K
	2 (H, 450 K → 300 K)	$\dot{C}_{p2} = 1{,}5$ kW/K
	3 (H, 500 K → 450 K)	$\dot{C}_{p3} = 5{,}5$ kW/K
	4 (K, 500 K → 400 K)	$\dot{C}_{p4} = 2{,}0$ kW/K
	5 (K, 500 K → 300 K)	$\dot{C}_{p5} = 2{,}0$ kW/K

Anlage 1 → H (500 K → 450 K) ③ → Anlage 2; K (500 K → 400 K) ④; weitere Ströme: ① (300 K → 500 K) H, ② (300 K → 450 K) H, ⑤ (500 K → 300 K) K.

Die geforderten Temperaturänderungen der Fluidströme werden zunächst durch eine externe Wärmezufuhr bzw. Kühlung erreicht.

a) Berechnen Sie die den Wärmestrom, der insgesamt von den kalten Fluidströmen aufgenommen wird und den Wärmestrom, der insgesamt von den heißen Fluidströmen abgegeben wird.

Durch eine interne Wärmeübertragung sollen nun die zwischen dem Gesamtsystem und seiner Umgebung übertragenen Wärmeströme minimiert werden:

b) Zeichnen Sie die Summenkurven für die heißen (4,5) und die kalten (1, 2, 3) Fluidströme (Zusammenhang zwischen insgesamt übertragenem Wärmestrom und der Temperatur der Fluidströme) in ein $t, \dot{H}$-Diagramm ein.

c) Ermitteln Sie aus dem Diagramm, für eine minimale Temperaturdifferenz von $\Delta t_{\min}^P = 0$ K, den rückgewinnbaren Wärmestrom und geben Sie ihn in kW an. Wie groß ist der extern zuzuführende Wärmestrom und der extern abzuführende Wärmestrom? Kennzeichnen Sie im Diagramm den Pinch-Point.

Zu a): Gesucht: $\dot{Q}_{zu}$, $\dot{Q}_{ab}$

$$\dot{Q} = \dot{m} c_{pm}(T_2 - T_1) = \dot{C}_p \Delta t \qquad \frac{d}{d\tau} \quad (Gl\ 3.32)$$

$\dot{Q}_1 = 0{,}5$ kW/K $\cdot$ 200 K $= 100$ kW, $\dot{Q}_2 = 1{,}5$ kW/K $\cdot$ 150 K $= 225$ kW

$\dot{Q}_3 = 5{,}5$ kW/K $\cdot$ 50 K $= 275$ kW, $\underline{\underline{\dot{Q}_{zu} = \dot{Q}_1 + \dot{Q}_2 + \dot{Q}_3 = 600\ \text{kW}}}$

$\dot{Q}_4 = 2{,}0 \frac{\text{kW}}{\text{K}}(-100\ \text{K}) = -200$ kW, $\dot{Q}_5 = 2{,}0 \frac{\text{kW}}{\text{K}}(-200\ \text{K}) = -400$ kW

$\underline{\underline{\dot{Q}_{ab} = \dot{Q}_4 + \dot{Q}_5 = -600\ \text{kW}}}$

Zu b): Siehe Diagramm

Zu c): Gesucht: $\dot{Q}_{rück}$, $\dot{Q}_{zu\,min}$, $\dot{Q}_{ab\,min}$

$\underline{\underline{\dot{Q}_{rück} = 500\ \text{kW}}}$, $\underline{\underline{\dot{Q}_{zu\,min} = 100\ \text{kW}}}$, $\underline{\underline{\dot{Q}_{ab\,min} = -100\ \text{kW}}}$

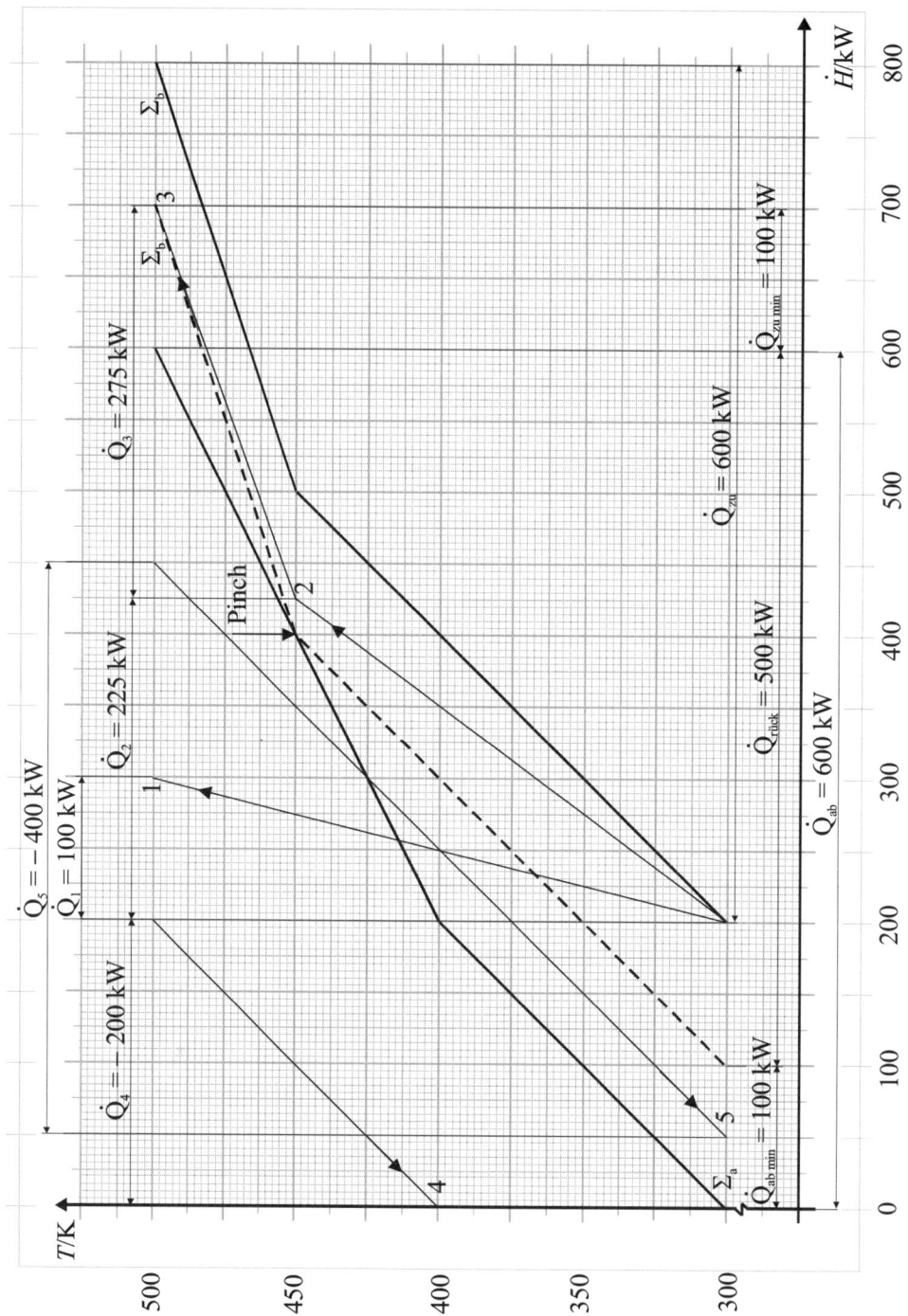

Aufgabe 8.15

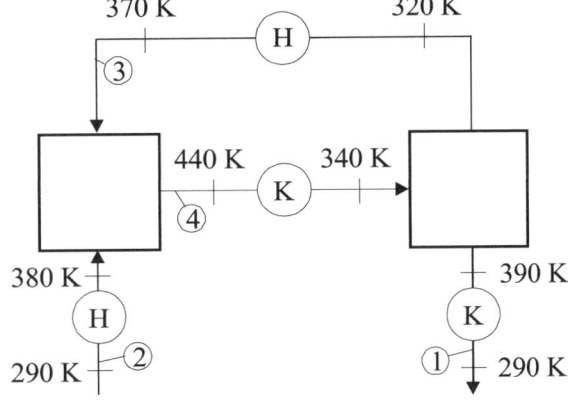

In einer Anlage, die aus einem chemischen Reaktor und einer thermischen Trennanlage besteht, müssen zwei Fluidströme abgekühlt und zwei Fluidströme aufgeheizt werden. Die Temperaturen sind in der Skizze eingetragen. Die Wärmekapazitätsströme betragen:
$\dot{C}_1 = 1,9$ kW/K,
$\dot{C}_2 = 1,7$ kW/K, $\dot{C}_3 = 3,9$ kW/K, $\dot{C}_4 = 1,0$ kW/K

a) Ermitteln Sie in einem $t, \dot{H}$-Diagramm die Heiz- und Kühlleistung und

b) die minimale Heiz- und Kühlleistung bei Anwendung innerer Wärmeübertragung (Wärmeintegration). Die minimale Temperaturdifferenz für die Wärmeübertrager soll am Pinch 0 K betragen (theoretischer Grenzfall). Es sind Gegenstromwärmeübertrager zu verwenden.

Aufgabe 8.16

Bei der Kondensation eines Ammoniakstromes in einer Kälteanlage (Wärmepumpe) wird ein Wärmestrom frei, der zur Aufheizung von Wasser ($c_{pm} = 4,18$ kJ/(kg K)) genutzt werden soll. Dem Wärmeübertrager wird ein Massenstrom Ammoniak von 0,033 kg/s bei 140 °C und einem Druck von 1,554 MPa (abs.) als überhitzter Dampf zugeführt. Das Wasser tritt im Gegenstrom mit einer Temperatur von 15 °C in den Wärmeübertrager ein.

a) Welcher Massenstrom kann durch das sich enthitzende, kondensierende und unterkühlende Ammoniak auf eine Temperatur von 60 °C aufgeheizt werden, wenn a1) $\Delta t_{min}^P = 0$ K, a2) $\Delta t_{min}^P = 10$ K angenommen wird?

b) Welcher Wassermassenstrom kann durch das sich enthitzende, kondensierende und unterkühlende Ammoniak auf eine Temperatur von 30 °C aufgeheizt werden, wenn b1) $\Delta t_{min}^P = 0$ K, b2) $\Delta t_{min}^P = 10$ K angenommen wird?

Gegeben sind folgende Daten von Ammoniak (NH_3):
$h(140$ °C, $1,544$ MPa$) = 1750,76$ kJ/kg, $h(0$ °C, $1,544$ MPa$) = 200,00$ kJ/kg,
$h''(40$ °C$) = 1472,2$ kJ/kg, $h'(40$ °C$) = 371,1$ kJ/kg, $p_s(40$ °C$) = 1,554$ MPa

Aufgabe 8.17

Der Dampfkraftwerksteil einer GUD-Anlage weist das skizzierte Anlagenschema auf.

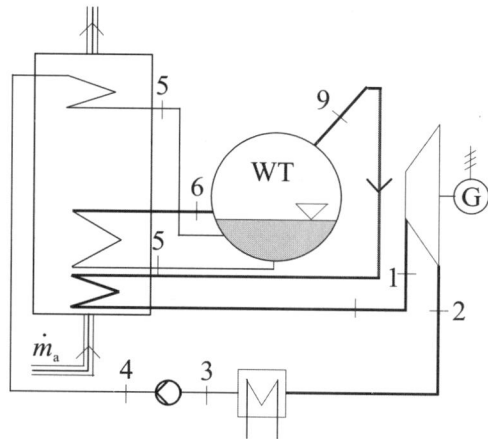

Der Frischdampf strömt der adiabaten Turbine zu, in der er mit einem isentropen Wirkungsgrad von 0,97 expandiert und eine technische Leistung von 100 MW abgibt. Die Verflüssigungstemperatur im Kondensator der Anlage beträgt 41,53 °C. Die Speisewasserpumpe fördert das siedende Wasser auf einen Druck von 10 MPa. Anschließend wird es im Abhitzekessel bis zum Siedezustand erhitzt und in die Wassertrommel (WT) geführt.

Aus der Wassertrommel wird siedendes Wasser entnommen und in einem Wärmeübertrager des Abhitzekessels gerade vollständig verdampft. Der Sattdampf wird wieder der Wassertrommel zugeführt. Außerdem wird der Wassertrommel Sattdampf entnommen, der zur Überhitzung in einen weiteren Wärmeübertrager des Abhitzekessels geführt wird, wo er auf eine Temperatur von 550°C gebracht wird.

a) Stellen Sie den Prozess in einem T,s- und einem h,s-Diagramm dar und geben Sie die spezifischen Enthalpien der Zustandspunkte 1, 2, 3, ... in einer Tabelle an.

b) Berechnen Sie die in der Pumpe dem Wasser zugeführte technische Leistung (adiabate, reversible Druckerhöhung eines inkompressiblen Fluids).

Verwenden Sie bei den Aufgabenteilen c) bis f) für den Wassermassenstrom den Wert $\dot{m}_w = 75$ kg/s.

c) Berechnen Sie die im Abhitzekessel übertragenen Wärmeströme.

d) Bestimmen Sie den erforderlichen Massenstrom des Abgases, sofern dieses mit einer Temperatur von 600 °C in den Abhitzekessel eintritt und mit 200 °C austritt ($c_{pm} = 1,004$ kJ/(kg K)).

e) Denken Sie sich den Abhitzekessel durch einen normalen Dampferzeuger ersetzt. Welcher Brennstoffmassenstrom müsste dem Dampferzeuger zugeführt werden, sofern sich die Arbeitspunkte des Wasserdampfprozesses nicht ändern sollen (Kesselwirkungsgrad: 0,9; Heizwert des Brennstoffes: 42 000 kJ/kg)?

f) Zeichnen Sie für das Wasser und das Abgas im Abhitzekessel mit den Daten aus c) den Temperaturverlauf über der Änderung des Enthalpiestromes auf

(Gegenstrom). Wie groß ist die minimale Temperaturdifferenz zwischen den Fluidströmen und wie groß sind die Temperaturen des Abgases und des Wassers am Pinch?

Aufgabe 8.18

Eine kombinierte GUD-(Gas- und Dampf-)Kraftanlage zur gleichzeitigen Erzeugung von Strom und Prozessdampf weist das skizzierte Anlagenschema auf.

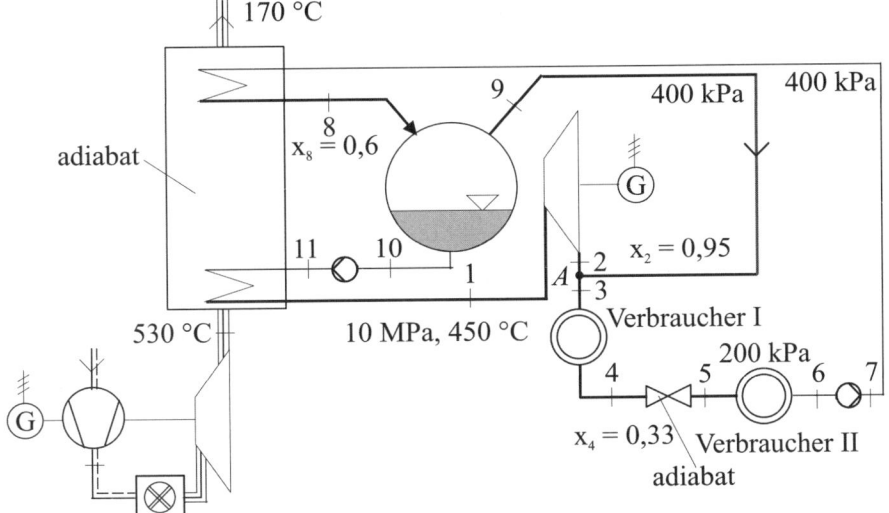

Die Daten der Anlage entnehmen Sie bitte dem Anlagenschema. Änderungen von kinetischer und potenzieller Energie sind vernachlässigbar.

a) Skizzieren Sie den Kreisprozess in einem T,s-Diagramm für Wasser unter Verwendung der Punktbezeichnungen (1, 2, ...) der Anlagenskizze. Zustandsänderungen in den Pumpen reversibel adiabat.
b) Ermitteln Sie die spezifischen Enthalpien für die Punkte 1, 2, 4, ... 10 und 11 und geben Sie diese in einer Tabelle an (h_3 zunächst ausgelassen). Pumpenarbeiten berücksichtigen. Im Zustand 6 liegt siedende Flüssigkeit vor.
c) Ermitteln Sie den erforderlichen Massenstrom durch die adiabate Turbine, wenn der von der Turbine angetriebene Generator eine elektrische Leistung von 2216 kW abgeben soll. $\eta_m = 0{,}95$, $\eta_{gen} = 0{,}98$.
d) Welchen Wärmestrom nimmt der Verbraucher II auf?
e) Welchen Wärmestrom nimmt der Verbraucher I auf?
f) Ermitteln Sie den Massenstrom des Abgases, bei dem die berechneten Leistungen erreicht werden. $c_{pa} = 1{,}054$ kJ/(kg K).
g) Zeichnen Sie für den Wärmeübertragungsvorgang das $t, \dot{H}$-Diagramm und bestimmen Sie die minimale Temperaturdifferenz.

9 Energieumwandlung durch Verbrennung und in Brennstoffzellen

9.1 Umwandlung der Brennstoffenergie durch Verbrennung

Beispiel 9.1

Methanol (CH_3OH) hat einen spezifischen Brennwert von 23,84 MJ/(kg CH_3OH).

a) Berechnen Sie den spezifischen Heizwert und
b) den auf das Normvolumen bezogenen Brenn- und Heizwert

Zu a): Gegeben: $H_o = 23{,}84$ MJ/(kg CH_3OH)   Gesucht: H_u

$$H_u = H_o - w_a r \qquad \text{(Gl 9.3)}$$

Verbrennungsgleichung:

$$CH_3OH + \frac{3}{2} O_2 \rightarrow CO_2 + 2\,H_2O$$

1 kmol CH_3OH ergeben   2 kmol H_2O

$$\underbrace{6 \cdot 2 + 3 \cdot 1 + 2 \cdot 8 + 1}_{32 \text{ kg } CH_3OH} \quad \text{ergeben} \quad \underbrace{2 \cdot [2 + (2 \cdot 8)]}_{36 \text{ kg } H_2O}$$

Durch den Brennstoff verursachte Feuchtigkeitsmenge im Abgas:

$$w_a = \frac{36 \text{ kg } H_2O}{32 \text{ kg } CH_3OH}$$

$$H_u = 23{,}84 \frac{\text{MJ}}{\text{kg } CH_3OH} - \frac{36 \text{ kg } H_2O}{32 \text{ kg } CH_3OH} \, 2{,}442 \frac{\text{MJ}}{\text{kg } H_2O}$$

$\quad | \; r = 2{,}442$ MJ/(kg H_2O) (s. Abschn. 9.1.1)

$$\underline{\underline{H_u = 21{,}093 \frac{\text{MJ}}{\text{kg } CH_3OH}}}$$

Zu b): Gesucht: H_{on}, H_{un}

$$m H_o = V_n H_{on} \qquad\qquad |:V_n$$

$\quad | \; \rho_n = \dfrac{m}{V_n}$ \hfill (Gl 1.26)

$\quad | \; m = n\,M$ \hfill (Gl 1.19)

9.2 Verbrennungsrechnung

$$\left| V_n = nV_{mn} \right. \tag{Gl 1.22}$$

$$\left| \rho_n = \frac{\cancel{n}\, M}{\cancel{n}\, V_{mn}} = \frac{32}{22{,}4} \frac{\text{kg}}{\text{kmol}} \frac{\text{kmol}}{\text{m}^3} = 1{,}429 \frac{\text{kg}}{\text{m}^3} \right. \tag{Gl 1.25}$$

$$H_{on} = \rho_n H_o \tag{Gl 9.2a}$$

$$H_{on} = 1{,}429\, \frac{\text{kg CH}_3\text{OH}}{\text{m}^3}\, 23{,}84\, \frac{\text{MJ}}{\text{kg CH}_3\text{OH}} = 34{,}057\, \frac{\text{MJ}}{\text{m}^3}$$

$$mH_u = V_n H_{un} \qquad \left|\, : V_n \right.$$

$$\left| \rho_n = \frac{m}{V_n} \right. \tag{Gl 1.26}$$

$$H_{un} = \rho_n H_u = 30{,}133\, \frac{\text{MJ}}{\text{m}^3}$$

Aufgabe 9.1

Hexan (C_6H_{14}) hat einen spezifischen Heizwert von 45,1 MJ/kg bei 25 °C. Wie groß ist der spezifische Brennwert?

9.2 Verbrennungsrechnung

9.2.1 Feste und flüssige Brennstoffe

Aufgabe 9.2

Torf mit $c = 0{,}38$; $h = 0{,}04$; $o = 0{,}26$; $n = 0{,}01$; $s = 0{,}01$; $w = 0{,}25$ und $a = 0{,}05$ wird mit Luft von 24,08 °C, 100 kPa, und 45 % relativer Feuchte bei 20 % Luftüberschuss vollständig verbrannt. Berechnen Sie

a) den Mindestsauerstoffbedarf,
b) den Mindestluftbedarf,
c) die feuchte Mindestluftmenge,
d) die trockene Mindestverbrennungsgasmenge,
e) die feuchte Mindestverbrennungsgasmenge,
f) die trockene Verbrennungsgasmenge,
g) die feuchte Verbrennungsgasmenge und
h) die prozentuale Verbrennungsgaszusammensetzung, bezogen auf trockenes Verbrennungsgas.

180   9 Energieumwandlung durch Verbrennung und in Brennstoffzellen

9.2.2 Gasförmige Brennstoffe

Beispiel 9.2

In einem Heizkessel wird trockenes Erdgas (Zusammensetzung in Volumenprozenten: 85 % CH_4, 2 % C_2H_6, 1 % CO_2, 12 % N_2) bei einem Luftverhältnis von 1,2 vollständig verbrannt. Die Luft wird dem Verbrennungsraum mit 60 % relativer Feuchte, 20 °C und einem Druck von 100 kPa zugeführt.

Es sind bei vernachlässigter Abweichung vom idealen Gaszustand zu berechnen (die gesuchten Größen sind auch im Normzustand anzugeben):
a) die zuzuführende feuchte Verbrennungsluftmenge,
b) die trockene Mindestverbrennungsgasmenge,
c) die tatsächliche trockene und feuchte Verbrennungsgasmenge,
d) die Abgaszusammensetzung (bezogen auf das trockene Abgas) in Volumen-% und
e) der maximalen CO_2 - Gehalt im Verbrennungsgas.

Gegeben:

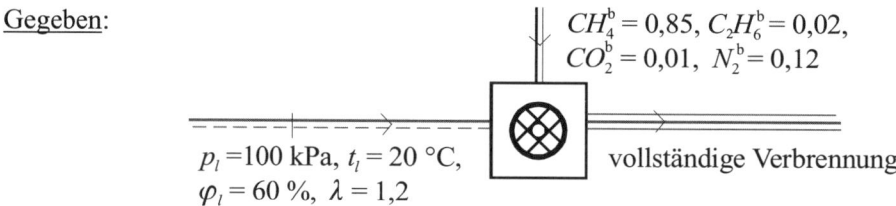

$CH_4^b = 0{,}85$, $C_2H_6^b = 0{,}02$,
$CO_2^b = 0{,}01$, $N_2^b = 0{,}12$

$p_l = 100$ kPa, $t_l = 20$ °C,
$\varphi_l = 60\,\%$, $\lambda = 1{,}2$

vollständige Verbrennung

Zu a):   Gesucht: l_f, l_{fn}

Mindestsauerstoffbedarf:

$$o_{min} = \left[\frac{1}{2}\left(CO^b + H_2^b\right) + 2\,CH_4^b + \sum\left(n + \frac{m}{4}\right)C_nH_m^b \right. $$
$$\left. - O_2^b\right] \frac{\text{kmol } O_2}{\text{kmol B}} \qquad (Gl\ 9.18)$$

$$o_{min} = \left[2\cdot 0{,}85 + \sum\left(2 + \frac{6}{4}\right)0{,}02\right]\frac{\text{kmol } O_2}{\text{kmol B}} = 1{,}77\,\frac{\text{kmol } O_2}{\text{kmol B}}$$

Mindestluftbedarf:

$$l_{min} = \frac{o_{min}}{0{,}21}\,\frac{\text{kmol L}}{\text{kmol } O_2} = \frac{1{,}77}{0{,}21}\,\frac{\cancel{\text{kmol } O_2}}{\text{kmol B}}\,\frac{\text{kmol L}}{\cancel{\text{kmol } O_2}} \qquad (Gl\ 9.8)$$

$$l_{min} = 8{,}429\,\frac{\text{kmol L}}{\text{kmol B}}$$

9.2 Verbrennungsrechnung

Feuchte Mindestluftmenge:

$$l_{\min f} = (1 + w_l)\, l_{\min} = (1 + 0{,}014235)\, 8{,}429\ \frac{\text{kmol fL}}{\text{kmol B}} \quad \text{(Gl 9.9b)}$$

$$\left|\ \begin{aligned} w_l &= \frac{\varphi_l p_s}{p - \varphi_l p_s}\ \frac{\text{kmol H}_2\text{O}}{\text{kmol L}} \\ w_l &= \frac{0{,}6 \cdot 2{,}3392\ \cancel{\text{kPa}}}{100\ \cancel{\text{kPa}} - 0{,}6 \cdot 2{,}3392\ \cancel{\text{kPa}}}\ \frac{\text{kmol H}_2\text{O}}{\text{kmol L}} \\ &\left|\ p_s(20\ °\text{C}) = 2{,}3392\ \text{kPa}\right. \\ w_l &= 0{,}014235\ \frac{\text{kmol H}_2\text{O}}{\text{kmol L}} \end{aligned}\right. \quad \begin{aligned}&\text{(Gl 9.9a)}\\ \\ &\text{(T 6.1)}\end{aligned}$$

$$\underline{\underline{l_{\min f} = 8{,}54855\ \frac{\text{kmol fL}}{\text{kmol B}}}}$$

Tatsächliche feuchte Verbrennungsluftmenge:

$$\underline{\underline{l_f = \lambda\, l_{\min f} = 1{,}2 \cdot 8{,}54855\ \frac{\text{kmol fL}}{\text{kmol B}} = 10{,}2583\ \frac{\text{kmol fL}}{\text{kmol B}}}} \quad \text{(Gl 9.10a)}$$

$$\underline{\underline{l_{f\,n} = 10{,}2583\ \frac{\text{m}^3\ \text{fL}}{\text{m}^3\ \text{B}}}}$$

Zu b): Gesucht: $v_{\min}$, $v_{\min n}$

$$v_{CO_2} = \left(CO^b + CH_4^b + \sum n\, C_n H_m^b + CO_2^b\right)\ \frac{\text{kmol CO}_2}{\text{kmol B}} \quad \text{(Gl 9.20)}$$

$$v_{CO_2} = (0{,}85 + 2 \cdot 0{,}02 + 0{,}01)\ \frac{\text{kmol CO}_2}{\text{kmol B}} = 0{,}9\ \frac{\text{kmol CO}_2}{\text{kmol B}}$$

$$v_{N_2} = \left(N_2^b + 0{,}79\, \lambda\, l_{\min}\right)\ \frac{\text{kmol N}_2}{\text{kmol B}} \quad \text{(Gl 9.20)}$$

$$v_{N_2} = (0{,}12 + 0{,}79 \cdot 1 \cdot 8{,}429)\ \frac{\text{kmol N}_2}{\text{kmol B}},\quad \lambda = 1$$

$$v_{N_2} = 6{,}7786\ \frac{\text{kmol N}_2}{\text{kmol B}},\quad \lambda = 1$$

$$\underline{\underline{v_{\min t} = v_{CO_2} + v_{N_2}(\lambda = 1) = 7{,}6786\ \frac{\text{kmol A}}{\text{kmol B}}}}$$

$$\underline{\underline{v_{\min t n} = 7{,}6786\ \frac{\text{m}^3\ \text{A}}{\text{m}^3\ \text{B}}}}$$

Zu c): Gesucht: v_t, v_f

$$v_{CO_2} = \left(CO^b + CH_4^b + \sum n\, C_nH_m^b + CO_2^b\right)\frac{\text{kmol CO}_2}{\text{kmol B}} \quad \text{(Gl 9.20)}$$

$$v_{CO_2} = (0{,}85 + 2 \cdot 0{,}02 + 0{,}01)\frac{\text{kmol CO}_2}{\text{kmol B}} = 0{,}9\,\frac{\text{kmol CO}_2}{\text{kmol B}}$$

$$v_{H_2O} = \left(H_2^b + 2CH_4^b + \sum \frac{m}{2} C_nH_m^b + w_l \lambda l_{min} + w_g\right)\frac{\text{kmol H}_2\text{O}}{\text{kmol B}} \quad \text{(Gl 9.20)}$$

$$v_{H_2O} = \left(2 \cdot 0{,}85 + \frac{6}{2}\,0{,}02 + 0{,}014235 \cdot 1{,}2 \cdot 8{,}429\right)\frac{\text{kmol H}_2\text{O}}{\text{kmol B}}$$

$$v_{H_2O} = 1{,}904\,\frac{\text{kmol H}_2\text{O}}{\text{kmol B}}$$

$$v_{N_2} = \left(N_2^b + 0{,}79\,\lambda\,l_{min}\right)\frac{\text{kmol N}_2}{\text{kmol B}} \quad \text{(Gl 9.20)}$$

$$v_{N_2} = (0{,}12 + 0{,}79 \cdot 1{,}2 \cdot 8{,}429)\frac{\text{kmol N}_2}{\text{kmol B}} = 8{,}1103\,\frac{\text{kmol N}_2}{\text{kmol B}}$$

$$v_{O_2} = 0{,}21\,(\lambda - 1)\,l_{min}\,\frac{\text{kmol O}_2}{\text{kmol B}} \quad \text{(Gl 9.20)}$$

$$v_{O_2} = 0{,}21\,(1{,}2 - 1)\,8{,}429\,\frac{\text{kmol O}_2}{\text{kmol B}} = 0{,}354\,\frac{\text{kmol O}_2}{\text{kmol B}} \quad \text{(Gl 9.20)}$$

$$v_t = v_{CO_2} + v_{N_2} + v_{O_2} = 9{,}3643\,\frac{\text{kmol A}}{\text{kmol B}} \quad \text{(Gl 9.13)}$$

$$v_{tn} = 9{,}3643\,\frac{\text{m}^3\,\text{tA}}{\text{m}^3\,\text{B}}$$

$$v_f = v_t + v_{H_2O} = 11{,}268\,\frac{\text{kmol fA}}{\text{kmol B}} \quad \text{(Gl 9.14)}$$

$$v_{fn} = 11{,}268\,\frac{\text{m}^3\,\text{fA}}{\text{m}^3\,\text{B}}$$

Zu d): Gesucht: CO_2^a, N_2^a, O_2^a

$$CO_2^a = \frac{v_{CO_2}}{v_t} = \frac{0{,}9}{9{,}3643} = 0{,}0961 \quad \to \quad 9{,}6\,\% \quad \text{(Gl 9.16)}$$

$$N_2^a = \frac{v_{N_2}}{v_t} = \frac{8{,}1303}{9{,}3643} = 0{,}8661 \qquad \rightarrow \quad 86{,}6\,\%$$

$$O_2^a = \frac{v_{O_2}}{v_t} = \frac{0{,}354}{9{,}3643} = 0{,}0378 \qquad \rightarrow \quad 3{,}8\,\%$$

$$\phantom{O_2^a = \frac{v_{O_2}}{v_t} = \frac{0{,}354}{9{,}3643} = 0{,}0378 \qquad \rightarrow \quad } 100{,}0\,\%$$

Zu e):   Gesucht: $CO_{2\,max}^a$

$$CO_{2\,max}^a = \frac{v_{CO_2}}{v_{min\,t}} = \frac{0{,}9}{7{,}6786} = 0{,}1172 \quad \rightarrow \quad 11{,}7\,\% \qquad \text{(Gl 9.31)}$$

Aufgabe 9.3

Methanol CH_3OH wird mit 6 % Luftmangel verbrannt, wobei als brennbare Bestandteile im Abgas CO und H_2 zu jeweils gleichen Teilen, aber kein O_2 gefunden werden.

Ermitteln Sie die Abgaszusammensetzung (bezogen auf trockenes Abgas) in Volumen-%.

Aufgabe 9.4

Propylen (C_3H_6) wird bei 3 % Luftmangel verbrannt. Im Abgas tritt als unverbrannter Bestandteil nur CO auf. Freier Sauerstoff ist im Abgas nicht vorhanden.

Ermitteln sie die Abgaszusammensetzung, die bei einer Analyse des Abgases gemessen würde.

9.2.3 Näherungslösungen

Aufgabe 9.5

Für die Verbrennung von Erdgas mit einem Heizwert von $H_{un} = 34$ MJ/m³ mit 30 % Luftüberschuss sind die Normvolumen der Mindestluft- und der feuchten Mindestverbrennungsgasmenge zu bestimmen (Näherungslösung).

Aufgabe 9.6

Für die Verbrennung von Braunkohlebriketts mit einem Heizwert von $H_{un} = 20$ MJ/kg mit 30 % Luftüberschuss sind die Normvolumen der tatsächlich zuzuführenden trockenen Verbrennungsluft- und der feuchten Mindestverbrennungsgasmenge zu bestimmen (Näherungslösung).

9.3 Verbrennungskontrolle

Beispiel 9.3

Ein flüssiger Brennstoff bestehend aus 52 Massen-% C, 13 Massen-% H_2 und 35 Massen-% O_2 wird mit feuchter Luft von 100 kPa, 20 °C und 70 % relativer Feuchte vollständig verbrannt. Im Abgas werden 11,88 % CO_2 gemessen.

Gesucht ist die feuchte Verbrennungsgasmenge in kmol fA/kg B?

Gegeben:

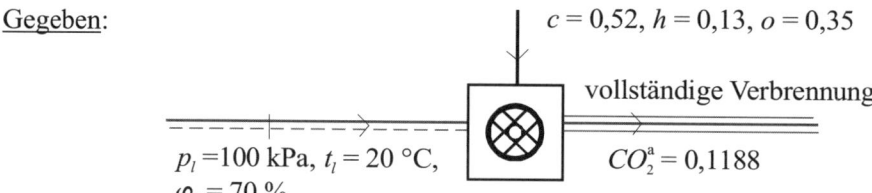

$c = 0{,}52,\ h = 0{,}13,\ o = 0{,}35$

$p_l = 100$ kPa, $t_l = 20$ °C, $\varphi_l = 70\ \%$

vollständige Verbrennung

$CO_2^a = 0{,}1188$

Gesucht: v_f

Mindestsauerstoffbedarf:

$$o_{\min} = \left(\frac{c}{12} + \frac{h}{4} + \frac{s}{32} - \frac{o}{32}\right) \frac{\text{kmol O}_2}{\text{kg B}} \tag{Gl 9.7}$$

$$o_{\min} = \left(\frac{0{,}52}{12} + \frac{0{,}13}{4} - \frac{0{,}35}{32}\right) \frac{\text{kmol O}_2}{\text{kg B}} = 0{,}064896 \frac{\text{kmol O}_2}{\text{kg B}}$$

Mindestluftbedarf:

$$l_{\min} = \frac{o_{\min}}{0{,}21} \frac{\text{kmol L}}{\text{kg O}_2} = 0{,}309 \frac{\text{kmol L}}{\text{kg B}} \tag{Gl 9.8}$$

$$v_{CO_2} = \frac{c}{12} \frac{\text{kmol CO}_2}{\text{kg B}} = \frac{0{,}52}{12} \frac{\text{kmol CO}_2}{\text{kg B}} = 0{,}04333 \frac{\text{kmol CO}_2}{\text{kg B}} \tag{Gl 9.12}$$

$$v_{N_2} = \left(\frac{n}{28} + 0{,}79\ \lambda\ l_{\min}\right) \frac{\text{kmol N}_2}{\text{kmol B}} \tag{Gl 9.12}$$

$$v_{N_2} = 0{,}79 \cdot 0{,}309 \frac{\text{kmol L}}{\text{kg B}} = 0{,}24411 \frac{\text{kmol N}_2}{\text{kg B}},\quad \lambda = 1$$

$$v_{\min t} = v_{CO_2} + v_{N_2}(\lambda = 1) = 0{,}28744 \frac{\text{kmol tA}}{\text{kg B}}$$

$$CO_{2\ \max}^a = \frac{v_{CO_2}}{v_{\min t}} = \frac{0{,}04333}{0{,}28744} \frac{\text{kmol CO}_2}{\text{kg B}} \cdot \frac{\text{kg B}}{\text{kmol tA}} \rightarrow 15{,}07\ \% \tag{Gl 9.31}$$

9.3 Verbrennungskontrolle

$$\lambda = 1 + \frac{v_{\min t}}{l_{\min}}\left(\frac{CO_{2\max}^a}{CO_2^a - CO^a} - 1\right) \qquad \text{(Gl 9.32a)}$$

$$\lambda = 1 + \frac{0,28744}{0,309}\left(\frac{0,1507}{0,1188} - 1\right) = 1,25$$

$$v_{CO_2} = \frac{c}{12}\frac{\text{kmol CO}_2}{\text{kg B}} = \frac{0,52}{12}\frac{\text{kmol CO}_2}{\text{kg B}} = 0,04333\frac{\text{kmol CO}_2}{\text{kg B}} \qquad \text{(Gl 9.12)}$$

$$v_{H_2O} = \frac{h}{2} + w_l\,\lambda\,\{l_{\min}\} = \left(\frac{0,13}{2} + 0,0166 \cdot 1,25 \cdot 0,309\right)\frac{\text{kmol H}_2\text{O}}{\text{kg B}}$$

$$\left|\begin{array}{l} w_l = \dfrac{\varphi_l p_s}{p - \varphi_l p_s}\dfrac{\text{kmol H}_2\text{O}}{\text{kmol L}} = \dfrac{0,7 \cdot 2,3392}{100 - 0,7 \cdot 2,3392}\dfrac{\text{kmol H}_2\text{O}}{\text{kmol L}} \qquad \text{(Gl 9.9a)} \\[4pt] \left|\; p_s(20\,°C) = 2,3392\text{ kPa} \qquad \text{(T 6.1)}\right. \\[4pt] w_l = 0,0166\dfrac{\text{kmol H}_2\text{O}}{\text{kmol L}} \end{array}\right.$$

$$v_{H_2O} = 0,07142\,\frac{\text{kmol H}_2\text{O}}{\text{kg B}}$$

$$v_{N_2} = \left(\frac{n}{28} + 0,79\,\lambda\,\{l_{\min}\}\right)\frac{\text{kmol N}_2}{\text{kmol B}} \qquad \text{(Gl 9.12)}$$

$$v_{N_2} = 0,79 \cdot 1,25 \cdot 0,309\,\frac{\text{kmol N}_2}{\text{kg B}} = 0,30514\,\frac{\text{kmol N}_2}{\text{kg B}}, \quad \lambda = 1$$

$$v_{O_2} = 0,21(\lambda - 1)\{l_{\min}\}\,\frac{\text{kmol O}_2}{\text{kmol B}} \qquad \text{(Gl 9.12)}$$

$$v_{O_2} = 0,21(1,25 - 1)\,0,309\,\frac{\text{kmol O}_2}{\text{kmol B}} = 0,01622\,\frac{\text{kmol O}_2}{\text{kmol B}}$$

$$\underline{\underline{v_f = v_{CO_2} + v_{N_2} + v_{O_2} + v_{H_2O} = 0,4361\,\frac{\text{kmol fA}}{\text{kg B}}}}$$

alternativ:
v_t könnte man aus einer <u>Kohlenstoffbilanz</u> ermitteln:

$$\frac{c}{12} = v_t\,CO_2^a \;\rightarrow\; v_t = \frac{0,52}{12 \cdot 0,1188} = 0,3647\,\frac{\text{kmol tA}}{\text{kg B}}$$

$$\left|\text{ für } v_{H_2O} \text{ braucht man aber } \lambda!\right.$$

Aufgabe 9.7

In einem Verbrennungsmotor wird flüssiger Kraftstoff mit folgender Zusammensetzung verbrannt: 40 Massen-% Ethanol (C_2H_5OH), 60 Massen-% Methanol (CH_3OH). Die verbrennungstechnischen Berechnungen sollen ohne Vernachlässigung durchgeführt werden. Gesucht:

a) Mindestluftbedarf in m^3 L/kg B,
b) Bunte-Dreieck und
c) Luftverhältnis, wenn im Abgas 10 % CO_2 und 0 % CO gemessen werden. Eine O_2-Messung im Abgas wurde nicht durchgeführt.

Aufgabe 9.8

Ein Brenngas besteht aus 80 Volumen-% CO, Rest N_2. Es wird mit Luft vollständig verbrannt. Die Abgasanalyse ergibt 25 % CO_2; für O_2 ist keine Messung vorgesehen.

Ermitteln Sie:

a) das Luftverhältnis (exakt),
b) die trockene Abgasmenge in m^3 tA/m^3 B (Normzustand) und
c) die Zusammensetzung des trockenen Abgases in Volumen-%.

Aufgabe 9.9

Torf mit 40 % Kohlenstoff, 5 % Wasserstoff, 25 % Sauerstoff, 2 % Stickstoff, 8 % Asche und 20 % Wasser wird mit trockener Luft bei 27,85 % Luftüberschuss verbrannt.

a) Berechnen Sie die trockene Mindestverbrennungsgasmenge,
b) die trockene Verbrennungsgasmenge bei vollständiger Verbrennung und
c) die trockene Verbrennungsgasmenge, wenn im Abgas 10 % CO_2 und als einziges brennbares Gas 4 % CO gemessen werden und 1 % der Brennstoffmenge die Feuerung als unvergaster Kohlenstoff verlässt.
d) Geben Sie für die in c) beschriebene unvollständige Verbrennung die Einzelbestandteile des Verbrennungsgases in kmol/kg B an (Luftüberschuss wie bei b)).
e) Geben Sie eine Erklärung dafür, warum die Verbrennungsgasmenge bei der vollständigen Verbrennung unterschiedlich ist zu der bei der unvollständigen Verbrennung.

9.4 Theoretische Verbrennungstemperatur

Aufgabe 9.10

In einem Gasgebläsebrenner wird Flüssiggas vollständig verbrannt, das zu 30 Volumen-% aus Butan (C_4H_{10}) und zu 70 Volumen-% aus Propan (C_3H_8) besteht. Im Abgas werden 3 Volumen-% O_2 gemessen. Eine Messung der übrigen Abgasbestandteile erfolgt nicht.

Ermitteln Sie:

a) den Anteil der übrigen Abgasbestandteile, bezogen auf trockenes Abgas (mithilfe des Bunte-Dreiecks),
b) das Luftverhältnis (exakt) und
c) die theoretische Verbrennungstemperatur, wenn Brennstoff und Luft mit 0 °C zugeführt werden (grafische Lösung ist zugelassen).

Aufgabe 9.11

Zur Verwendung in einem Gasturbinenprozess wird trockenes Hochofengas mit einem Heizwert von 3 MJ/m^3 (Normzustand) mit trockener Luft verbrannt. Das entstehende Abgas wird der Gasturbine zugeführt, die für eine maximale Abgastemperatur von 900 °C gebaut ist. Aus diesem Grund muss die Verbrennung mit hohem Luftüberschuss erfolgen, damit die theoretische Verbrennungstemperatur den genannten Wert von 900 °C nicht überschreitet. Luft und Hochofengas strömen der Brennkammer mit jeweils 1 MPa, 300 °C zu. (Näherungslösungen sind zulässig, die molare Wärmekapazität des Hochofengases kann gleich der Wärmekapazität der Luft gesetzt werden).

Ermitteln Sie das erforderliche Luftverhältnis.

Aufgabe 9.12

Erdgas (3 % C_2H_6, 90 % CH_4, 5 % N_2, 2 % CO_2) wird vollständig verbrannt. Durch eine Abgasanalyse werden 9,5 % CO_2 im Abgas ermittelt.

Ermitteln Sie exakt:

a) das Luftverhältnis und
b) die übrigen Abgasbestandteile des trockenen Abgases in %.
c) Skizzieren Sie das Bunte-Dreieck und tragen Sie den Messpunkt ein und
d) ermitteln Sie die maximale Verbrennungstemperatur (grafische Lösung ist zugelassen) wenn Brennstoff und Luft trocken und mit 0 °C zugeführt werden.

9.5 Abgasverlust und feuerungstechnischer Wirkungsgrad

Beispiel 9.4

In einem Heizkessel werden pro Stunde 10 kmol Erdgas (Zusammensetzung: 88 % CH_4, 5 % C_2H_6, 7 % N_2) bei einem Luftverhältnis von 1,15 vollständig verbrannt. Dem Verbrennungsraum ist ein zusätzlicher Wärmeübertrager nachgeschaltet. Luft und Brennstoff werden trocken dem Verbrennungsraum mit 0 °C bei einem Druck von 100 kPa, zugeführt.

a) Bestimmen Sie den CO_2-Gehalt des Verbrennungsgases (bezogen auf die trockene Verbrennungsgasmenge).

b) Dem Verbrennungsraum wird ein Wärmestrom von 5100 MJ/h entzogen. Bestimmen Sie den tatsächlichen Volumenstrom des Verbrennungsgases in m³/h unmittelbar vor dem Eintritt in den nachgeschalteten Wärmeübertrager unter der Annahme idealen Gasverhaltens (grafische Teillösungen sind zugelassen).

c) Bestimmen Sie die aus der Gesamtanlage austretende Verbrennungsgasmenge in kmol fA/kmol B, wenn das Verbrennungsgas aus der Anlage bei einem Druck von 100 kPa eine Temperatur von 40 °C besitzt (Verbrennungsgas ist gesättigt).

Gegeben:

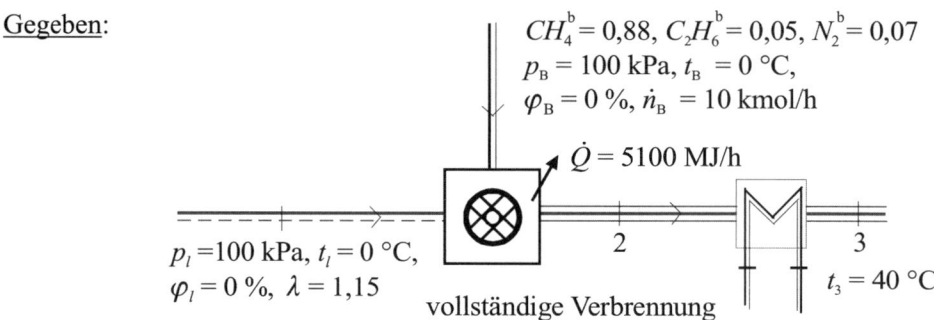

$CH_4^b = 0{,}88$, $C_2H_6^b = 0{,}05$, $N_2^b = 0{,}07$
$p_B = 100$ kPa, $t_B = 0$ °C,
$\varphi_B = 0\,\%$, $\dot{n}_B = 10$ kmol/h
$\dot{Q} = 5100$ MJ/h
$p_l = 100$ kPa, $t_l = 0$ °C,
$\varphi_l = 0\,\%$, $\lambda = 1{,}15$
vollständige Verbrennung
$t_3 = 40$ °C

Zu a): Gesucht: CO_2^a

Mindestsauerstoffbedarf:

$$o_{min} = \left[\frac{1}{2}\left(CO^b + H_2^b\right) + 2\,CH_4^b + \sum\left(n + \frac{m}{4}\right)C_nH_m^b - O_2^b\right]\frac{\text{kmol } O_2}{\text{kmol B}}$$ (Gl 9.18)

$$o_{min} = \left[2 \cdot 0{,}88 + \left(2 + \frac{6}{4}\right)0{,}05\right]\frac{\text{kmol } O_2}{\text{kmol B}} = 1{,}935\,\frac{\text{kmol } O_2}{\text{kmol B}}$$

9.5 Abgasverlust und feuerungstechnischer Wirkungsgrad

Mindestluftbedarf:

$$l_{min} = \frac{o_{min}}{0,21} \frac{\text{kmol L}}{\text{kmol O}_2} = \frac{1,935}{0,21} \frac{\cancel{\text{kmol O}_2}}{\text{kmol B}} \frac{\text{kmol L}}{\cancel{\text{kmol O}_2}} \qquad \text{(Gl 9.8)}$$

$$l_{min} = 9,214 \frac{\text{kmol L}}{\text{kmol O}_2}$$

$$v_{CO_2} = \left(CO^b + CH_4^b + \sum n\, C_nH_m^b + CO_2^b\right) \frac{\text{kmol CO}_2}{\text{kmol B}} \qquad \text{(Gl 9.20)}$$

$$v_{CO_2} = (0,88 + 2 \cdot 0,05) \frac{\text{kmol CO}_2}{\text{kmol B}} = 0,98 \frac{\text{kmol CO}_2}{\text{kmol B}}$$

$$v_{H_2O} = \left(H_2^b + 2CH_4^b + \sum \frac{m}{2} C_nH_m^b + w_l\lambda l_{min} + w_g\right) \frac{\text{kmol H}_2\text{O}}{\text{kmol B}} \qquad \text{(Gl 9.20)}$$

$$v_{H_2O} = \left(2 \cdot 0,88 + \frac{6}{2} \cdot 0,05\right) \frac{\text{kmol H}_2\text{O}}{\text{kmol B}} = 1,91 \frac{\text{kmol H}_2\text{O}}{\text{kmol B}}$$

$$v_{N_2} = \left(N_2^b + 0,79\, \lambda\, l_{min}\right) \frac{\text{kmol N}_2}{\text{kmol B}} \qquad \text{(Gl 9.20)}$$

$$v_{N_2} = (0,07 + 0,79 \cdot 1,15 \cdot 9,214) \frac{\text{kmol N}_2}{\text{kmol B}} = 8,441 \frac{\text{kmol N}_2}{\text{kmol B}}$$

$$v_{O_2} = 0,21\, (\lambda - 1)\, l_{min} \frac{\text{kmol O}_2}{\text{kmol B}} \qquad \text{(Gl 9.20)}$$

$$v_{O_2} = 0,21\, (1,15 - 1)\, 9,214 \frac{\text{kmol O}_2}{\text{kmol B}} = 0,2902 \frac{\text{kmol O}_2}{\text{kmol B}}$$

$$v_t = v_{CO_2} + v_{N_2} + v_{O_2} = 9,71 \frac{\text{kmol tA}}{\text{kmol B}} \qquad \text{(Gl 9.13)}$$

$$v_f = v_t + v_{H_2O} = 11,62 \frac{\text{kmol fA}}{\text{kmol B}} \qquad \text{(Gl 9.14)}$$

$$v_{fn} = v_f V_{mn} = 11,62 \frac{\cancel{\text{kmol fA}}}{\text{kmol B}} 22,4 \frac{\text{m}^3 \text{ fA}}{\cancel{\text{kmol fA}}} = 260,32 \frac{\text{m}^3 \text{ fA}}{\text{kmol B}}$$

$$\left| V_{mn} = 22,4 \text{ m}^3 / \text{kmol} \right. \qquad \text{(Gl 1.21)}$$

$$CO_2^a = \frac{v_{CO_2}}{v_t} = \frac{0,98}{9,7112} = 0,1009 \quad \rightarrow \quad 10,1\,\% \qquad \text{(Gl 9.16)}$$

Zu b): Gegeben: $\dot{Q} = 5100$ MJ/h Gesucht: $\dot{V}_{f2}$

$$H_{a\,max} = H_{u\,0°C} + H_B + H_l = 777{,}72 \frac{MJ}{kmol\,B} \qquad (Gl\ 9.36)$$

$$H_{um} = \left(802{,}60\ CH_4^b + 1428{,}64\ C_2H_6^b\right)\frac{MJ}{kmol\,B} \qquad (Gl\ 9.5a)$$

$$H_{um} = (802{,}60 \cdot 0{,}88 + 1428{,}64 \cdot 0{,}05)\frac{MJ}{kmol\,B}$$

$$H_{um} = 777{,}72 \frac{MJ}{kmol\,B}, \quad H_b = H_l = 0$$

$$H_{a2} = H_{a\,max} - \frac{\dot{Q}}{\dot{n}_B}$$

$$H_{a2} = 777{,}72\ \frac{MJ}{kmol\,B} - \frac{5100}{10}\ \frac{MJ}{h}\ \frac{h}{kmol\,B} = 267{,}72\ \frac{MJ}{kmol\,B}$$

$$H_{ma2} = \frac{H_{a2}}{v_f} = \frac{267{,}72}{11{,}62}\ \frac{MJ}{kmol\,B}\ \frac{kmol\,B}{kmol\,fA} = 23{,}04\ \frac{MJ}{kmol\,fA}$$

9.5 Abgasverlust und feuerungstechnischer Wirkungsgrad

Luftgehalt:
$$l_a = \frac{(\lambda-1)l_{min}}{v_f} = \frac{(1{,}15-1)\,9{,}214}{11{,}62} = 0{,}12 \qquad \text{(Gl 9.42)}$$

$$t_{a2} = 670\ °C \qquad \text{(B. 9.6)}$$

$$\left.\begin{array}{l} p_2\dot{V}_{f2} = m\,R_i\,T_2 \\ p_n\dot{V}_n = m\,R_i\,T_n \end{array}\right| :$$

$$\frac{p_2\dot{V}_{f2}}{p_n\dot{V}_{fn}} = \frac{T_2}{T_n}$$

$$\dot{V}_{f2} = \dot{V}_{fn}\frac{T_{f2}}{T_n}\frac{p_n}{p_2} = 2603{,}2\,\frac{m^3\text{fA}}{h}\,\frac{943{,}15}{273{,}15}\,\frac{101{,}325}{100}$$

$$\left|\;\dot{V}_{fn} = v_{fn}\dot{n} = 260{,}32\,\frac{m^3\,\text{fA}}{\text{kmol B}}\,10\frac{\text{kmol B}}{h} = 2603{,}2\,\frac{m^3\,\text{fA}}{h}\right.$$

Physikalischer Normzustand:
$$T_n = 273{,}15\ K\ ,\ p_n = 101{,}325\ kPa \qquad \text{(Gl 1.20)}$$

$$\underline{\underline{\dot{V}_{f2} = 9107{,}6\,\frac{m^3\,\text{fA}}{h}}}$$

alternativ:
$$pV = mR_i T \qquad \text{(Gl 1.16)}$$

$$p\dot{V} = \dot{n}R_m T \ \rightarrow\ p_2\dot{V}_{f2} = \dot{n}_f R_m T_2$$

$$\dot{V}_{f2} = \frac{\dot{n}_f R_m T_2}{p_2} = \frac{116{,}21\,\cancel{\text{kmol}}}{10\,000\,\cancel{\text{Pa}}\,h}\,\frac{8314{,}472\,\cancel{J}}{\cancel{\text{kmol}}\,\cancel{K}}\,\frac{943{,}15\,\cancel{K}}{}\,\frac{\text{Pa}\,m^2}{\cancel{N}}\,\frac{\cancel{N}\,m}{\cancel{J}}$$

$$\left|\;\dot{n}_f = v_f \cdot \dot{n}_b = 11{,}62\,\frac{\text{kmol fA}}{\text{kmol B}}\cdot 10\,\frac{\text{kmol B}}{h} = 116{,}21\,\frac{\text{kmol fA}}{h}\right.$$

$$\dot{V}_{f2} = 9113{,}29\,\frac{m^3\text{fA}}{h}$$

Zu c): Gegeben: $t_3 = 40\ °C$, $p_3 = 100\ kPa$ \qquad Gesucht: v_{f3}

$$v_{f3} = v_t + v_{H_2O,3} = v_t + y_{H_2O,3}v_{f3}$$

$\left|\;\text{Verbrennungsgasfeuchte:}\right.$

$$y_{H_2O} = \frac{n_{H_2O}}{n_{fa}} = \frac{v_{H_2O}}{v_{fa}} = \frac{p_d^*}{p_{fa}}$$

$$y_{H_2O,3} = \frac{p_d^*}{p_{fa}} = \frac{7{,}375 \text{ kPa}}{100 \text{ kPa}} = 0{,}07375 \; \frac{\text{kmol H}_2\text{O}}{\text{kmol fA}}$$

$$p_d^* = p_s(40\,°\text{C}) = 7{,}375 \text{ kPa} \tag{T 6.1}$$

$$v_{f3} = \frac{v_t}{1 - y_{H_2O,3}} = \frac{9{,}71}{1 - 0{,}07375} \frac{\text{kmol fA}}{\text{kmol B}} = 10{,}483 \; \frac{\text{kmol fA}}{\text{kmol B}}$$

Aufgabe 9.13

Ein trockenes Brenngas (80 Volumen-% C_3H_6, Rest N_2) wird mit trockener Luft bei $\lambda = 1$ vollständig verbrannt. Brenngas und Lufttemperatur: 0 °C, Abgastemperatur: 200 °C.

Ermitteln Sie den feuerungstechnischen Wirkungsgrad (Lösung rechnerisch).

9.6 Abgastaupunkt

Aufgabe 9.14

Im Rahmen einer Untersuchung über eine modifizierte Wasserstoffwirtschaft soll das Verhalten eines Wasserstoff-Methan-Gemisches untersucht werden.

a) Dabei soll zunächst ein Gemisch von Wasserstoff und Methan mit einem molaren Heizwert von 466,044 MJ/kmol hergestellt werden. Wie groß ist der molare Brennwert dieses Gemisches?
b) Berechnen Sie die Mindestluftmenge in kmol L/kmol B des Brenngasgemisches von 0,6 kmol H_2/kmol B und 0,4 kmol CH_4/kmol B.

Die weiteren Aufgabenpunkte beziehen sich auf das Brenngasgemisch des Aufgabenpunktes b).

c) Berechnen Sie die feuchte Abgasmenge in kmol fA/kmol B für eine vollständige Verbrennung mit einem Luftverhältnis von $\lambda = 1{,}2$. Die Verbrennung erfolgt mit feuchter Luft von 40 °C, $p = 100$ kPa mit einer relativen Luftfeuchte $\varphi = 40$ %.
d) Bei welcher Temperatur beginnt der Wasserdampf im Abgas im Fall c) zu kondensieren?

e) Das Brenngas wird bei 100 °C zusammen mit Verbrennungsluft (beides trocken) von 100 °C dem Verbrennungsraum bei einem Luftverhältnis von 1,2 zugeführt. Ermitteln Sie die theoretische Verbrennungstemperatur unter Berücksichtigung von Dissoziation. (Stoffwerte für H_2, CH_4 und Luft bei 0 °C nehmen.)

f) Der Feuerung wird unter der Bedingung von e) eine Brenngasmenge von 100 kmol/h zugeführt. Dem Abgas wird in einem Wärmeübertrager ein Wärmestrom von 12 340 kW entzogen. Bestimmen Sie die Temperatur des Abgases am Austritt des Wärmeübertragers.

g) Ermitteln Sie den auf den Heizwert bezogenen feuerungstechnischen Wirkungsgrad der Anlage.

Aufgabe 9.15

Propan (trocken) wird mit feuchter Luft von 25 °C, 99 kPa, 80 % relativer Feuchte bei 40 % Luftüberschuss vollständig verbrannt. Abgasdruck = Umgebungsdruck.

Ermitteln Sie den Taupunkt, abgerundet auf ganze Zahlen (Luftfeuchte beachten).

9.7 Emissionen aus Verbrennungsanlagen

9.8 Chemische Reaktionen und Irreversibilität der Verbrennung

9.9 Brennstoffzellen

10 Lösungsergebnisse der Aufgaben

(in Klammern sind Zwischenergebnisse angegeben)

1 Grundlagen der Thermodynamik

1.1 a) Geschwindigkeit b) v
  c) 10 km/h
  d) $v = 10$ km/h, $\{v\} = 10$, $[v] = $ km/h
  e) nein, es handelt sich um eine abgeleitete Größe
  f) $v = s/\tau$ g) $2,\overline{7}$ m/s
  h) $\dim(v) = L \cdot Z^{-1}$

1.2 a) $V_A = 8{,}4$ m³, $V_B = 4{,}2$ m³ b) $V_{ges} = 12{,}6$ m³
  c) $v = 0{,}63$ m³/kg

1.3 $\rho_B = 900$ kg/m³

1.4 a) $h = 507{,}73$ mm b) $h = 602{,}12$ mm

1.5 $p = 688{,}435$ kPa

1.6 a) $\Delta h_G = 0{,}1$ cm b) $p_{e2} = 100\,321{,}78$ Pa
  c) $p_{\text{amb}\,2} = 99\,528{,}6$ Pa

1.7 a) $T = 328{,}15$ K, $t_F = 131$ °F, $T_R = 590{,}67$ °R
  b) $t = 36{,}11\overline{1}$ °C, $T = 309{,}26\overline{1}$ K, $T_R = 556{,}67$ °R
  c) $t = -212{,}03\overline{8}$ °C, $T = 61{,}\overline{1}$ K, $t_F = -349{,}67$ °F

1.8 a) $\{t_F\} = \dfrac{9}{5}\{T\} - 459{,}67$ b) $\{t\} = \dfrac{5}{9}\{T_R\} - 273{,}15$
  c) $\{\Delta T_R\} = \dfrac{9}{5}\{\Delta t\}$

1.9 $t_2 - t_1 = 69{,}64$ K

1.10 a) $p = 136\,376{,}5$ Pa ($p_{\text{Ar}\,1} = 96\,498{,}85$ Pa)
  b) $t_2 - t_1 = 30{,}75$ K ($p_{\text{Ar}\,2} = 101\,284{,}17$ Pa)

1.11 a) $m = 0{,}0164$ g b) $T_2 = 351{,}78$ K, $t_2 = 78{,}63$ °C

1.12 $n = 10{,}085$ kmol

1.13 $\rho = 2{,}885$ kg/m³

1.14 a) $p_2 = 606{,}\overline{6}$ kPa ($V_a = 5{,}3623$ m³, $V_b = 1{,}9499$ m³)
  b) $m_{a2} = 38{,}66$ kg, $m_{b2} = 14{,}057$ kg

1.15 a) $V = 47{,}916\ \text{m}^3$ b) $M = 17{,}839\ \text{kg/kmol}$
 c) $R_i = 466{,}1\ \text{J/(kg K)}$ d) $\rho_n = 0{,}7959\ \text{kg/m}^3$
 e) $m = 178{,}386\ \text{kg}$ f) $V_n = 224\ \text{m}^3$

1.16 a) $M = 32\ \text{kg/kmol}$ b) $R_i = 259{,}83\ \text{J/(kg K)}$
 c) $\rho_n = 1{,}429\ \text{kg/m}^3$ d) $m = 32\ \text{kg}$
 e) $V_n = 22{,}39\ \text{m}^3$ f) $V = 0{,}2798\ \text{m}^3$

1.17 $t = 55{,}192\ °\text{C}$ (Lösungshinweis: Die Flüssigkeitstemperatur muss aus der Volumenänderung (Gl 1.47) des herausragenden Teils des Quecksilberfadens, für eine Temperaturerhöhung von 20 °C auf Flüssigkeitstemperatur, berechnet werden. Dabei verhalten sich die Volumen wie die entsprechenden Differenzen der Temperaturwerte.)

2 Erster Hauptsatz der Thermodynamik

2.1 a) $p = 104\ \text{kPa}$ b) $W_{v12} = -2600\ \text{kJ}$
 c) $W_{n12} = -75\ \text{kJ}$

2.2 a) $W_{v12} = -118{,}72\ \text{kJ}$ b) $U_2 - U_1 = -68{,}72\ \text{kJ}$
 c)

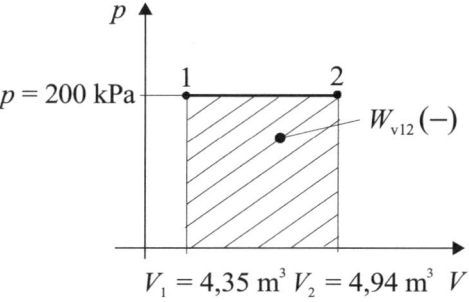

2.3 $U_2 - U_1 = 180\ \text{kJ}$

2.4 a) $\dot{H}_2 - \dot{H}_1 = -6779{,}75\ \text{kW}$ b) $\dot{W}_{t12}^{\text{rev}} = -10\,884{,}36\ \text{kW}$

2.5 a) $V = 4{,}862\ \text{m}^3$ b) $v = 2{,}41\ \text{m}^3/\text{kg}$
 c) $U_2 - U_1 = 623{,}6\ \text{kJ}$ d) $H_2 - H_1 = 1039{,}31\ \text{kJ}$

2.6 a) $\dot{W}_{t12}^{\text{rev}} = 1930{,}43\ \text{kW}$ b) $\dot{H}_2 - \dot{H}_1 = 2814{,}56\ \text{kW}$
 c) $\dot{U}_2 - \dot{U}_1 = 2010{,}4\ \text{kW}$

2.7 $c_{pm}\big|_{27\ °C}^{500\ °C} = 1068{,}2946\ \dfrac{\text{J}}{\text{kg K}}$

2.8 a) $c_{pm}\big|_{100\,°C}^{300\,°C} = 977\,\dfrac{J}{kg\,K}$ b) $Q_{12}^{rev} = 156{,}32\,kJ$

2.9 $h_2 - h_1 = 68{,}93\,kJ/kg$

2.10 a) $c_{vm} = 758{,}497\,\dfrac{J}{kg\,K}$ b) $c_{pm} = 1055{,}297\,\dfrac{J}{kg\,K}$

2.11 a) $M = 4\,kg/kmol$ b) $c_{pm} = 5192{,}98\,\dfrac{J}{kg\,K}$

     c) $c_{vm} = 3115{,}08\,\dfrac{J}{kg\,K}$ d) $V_n = 1{,}1028\,m^3$

2.12 a) $\rho_n = 0{,}9\,kg/m^3$ b) $V_n = 1{,}11\,m^3$

     c) $R_i = 412{,}036\,J/(kg\,K)$ d) $\kappa = 1{,}667$

     e) $C_{mp} = 20{,}780\,\dfrac{kJ}{kmol\,K}$ f) $C_{mv} = 12{,}466\,\dfrac{kJ}{kmol\,K}$

     g) $c_p = 1029{,}781\,\dfrac{J}{kg\,K}$ h) $c_v = 617{,}745\,\dfrac{J}{kg\,K}$

2.13 a) $V = 89{,}84\,m^3$ b) $R_i = 188{,}568\,J/(kg\,K)$

     c) $\rho_n = 1{,}968\,kg/m^3$ d) $m = 661{,}395\,kg$

     e) $V_n = 336\,m^3$ f) $C_{mv} = 66{,}6\overline{6}\,kJ/(kmol\,K)$

     g) $\kappa = 1{,}1247$

3 Zweiter Hauptsatz der Thermodynamik

3.1 a) $\dot{S}_{q12} = -\,0{,}03095\,W/K$ b) $\dot{S}_{q\,amb} = 0{,}03411\,W/K$

     c) $\left(\dot{S}_2 - \dot{S}_1\right)_{ges} = 0{,}003167\,W/K \geq 0$

3.2

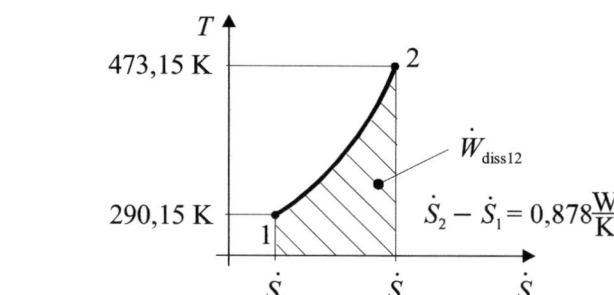

3.3 a) $p_{e2} = 666,5$ kPa
 b) $S_2 - S_1 = 214,56$ J/K ($m = 0,66911$ kg)
 c) $(S_3 - S_2)_{ges} = 65,53$ J/K ($Q_{12} = 81,519$ kJ,
  $(S_3 - S_2)_{CO_2} = -214,56$ J/K, $(S_3 - S_2)_{amb} = 279,99$ J/K)

3.4 a) $V = 89,84$ m^3 b) $R_i = 188,57$ J/(kg K)
 c) $\rho_n = 1,9684$ kg/m^3 d) $m = 661,395$ kg
 e) $V_n = 336$ m^3 f) $c_{vm}|_{t_1}^{t_2} = 1511,96$ J/(kg K)
 g) $\kappa = 1,1247$

3.5 a) $\dot{Q}_{12} = 1440$ W b) $\Delta t = 2,2275$ K

3.6 a) $S_2 - S_1 = -44,47$ kJ/K b) $(S_2 - S_1)_{ges} = 24,88$ kJ/K

3.7 a) $p = 104$ kPa b) $W_{v12} = -2600$ kJ
 c) $W_{u12} = -2525$ kJ d) $W_{n12} = -75$ kJ
 e) $V_1 = 183,22$ m^3 f) $V_2 = 208,219$ m^3
 g) $m = 138,37$ kg
 h)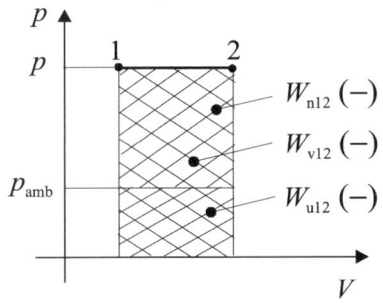

3.8 a) $h = 49,96$ m ($p_1 = 557,1$ kPa)
 b) $m_3 - m_2 = 73,1$ kg ($p_3 = 589,242$ kPa)

3.9 a)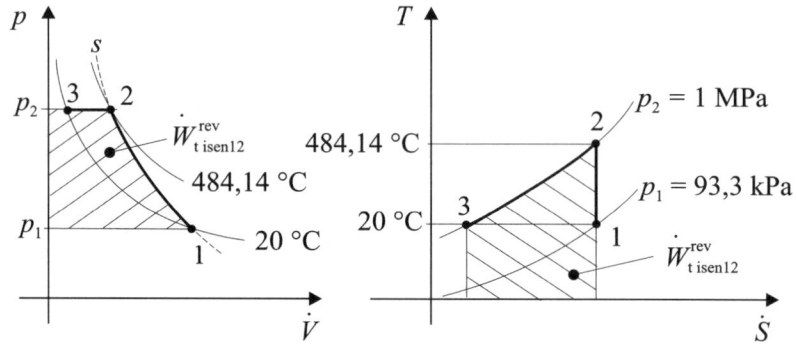

b) $\dot{W}_{t\,isen12}^{rev} = 307{,}66\ \text{W}$ c) $\dot{Q}_{23}^{rev} = -307{,}66\ \text{W}$ ($T_2 = 757{,}29\ \text{K}$)

Da die Temperaturen des Heliums vor dem Verdichter und nach dem Wärmeübertrager gleich sind, sind auch der Enthalpieströme gleich (die Enthalpie eines idealen Gases hängt nur von der Temperatur ab). Daher muss im Wärmeübertrager genau so viel Wärme abgeführt werden, wie im Verdichter Arbeit zugeführt wird.

d) $\dot{H}_2 - \dot{H}_1 = 307{,}66\ \text{W}$, $\dot{S}_2 - \dot{S}_1 = 0\ \text{W/K}$, $\dot{U}_2 - \dot{U}_1 = 184{,}55\ \text{W}$

e) $\dot{H}_3 - \dot{H}_2 = -307{,}66\ \text{W}$, $\dot{S}_3 - \dot{S}_2 = -0{,}629\ \text{W/K}$, $\dot{U}_3 - \dot{U}_2 = -184{,}55\ \text{W}$

f) siehe a)

3.10 a) $m = 1\ \text{kg}$ b) $n = 1{,}0998$

c) $W_{v\,pol\,12} = -288{,}114\ \text{kJ}$

d) $W_{n12} = -266{,}47\ \text{kJ}$ ($W_{u12} = -21{,}65\ \text{kJ}$)

e)

3.11 a) $Q_{pol\,12}^{rev} = -374{,}1\ \text{kJ}$ (abgeführt)

b) $p_2 = 437{,}95\ \text{kPa}$ ($n = 1{,}19528$)

3.12 a) $n = \kappa = 1{,}401$. Es handelt sich um eine isentrope Verdichtung, die Entropie des Massenstromes ändert sich nicht ($\dot{S}_2 = \dot{S}_1$).

   b) $\dot{Q}_{12} = -\dot{Q}_{w1,w2}^{rev} = -41{,}82$ kW

   c) $\dot{W}_{diss12} = |\dot{Q}_{12}| = 41{,}82$ kW. Aus Gl 5.3 folgt mit $dS = 0$, dass die Dissipationsleistung gleich ist dem Betrag des abgeführten Wärmestromes.

   d) $\dot{W}_{t12} = 386{,}34$ kW

3.13 a) $t_{l2} = 19{,}98$ °C   b) $t_{l3} = 50{,}53$ °C

   c) $n_{12} = 1{,}7758$, $n_{23} = 0{,}2836$

   d)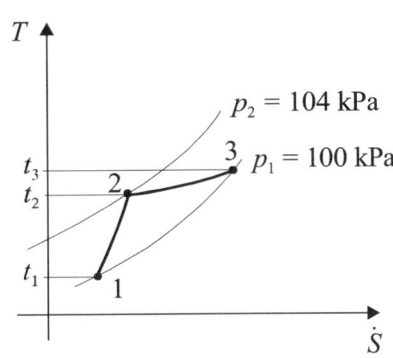

3.14 a) $W_{n12} = -5$ J   b) $W_{g\,pol\,12} = -8{,}16$ J

   c) $W_{v\,pol\,12} = -12{,}784$ J   d) $W_{diss12} = 4{,}624$ J

   e) $Q_{12} = 7{,}114$ J

   f) $(S_2 - S_1)_{amb} = -0{,}0243$ J/K, $(S_2 - S_1)_{Luft} = 0{,}0411$ J/K

   g) $c_2 = 141{,}14$ m/s

3.15 a) $n = 1{,}1308$

   b)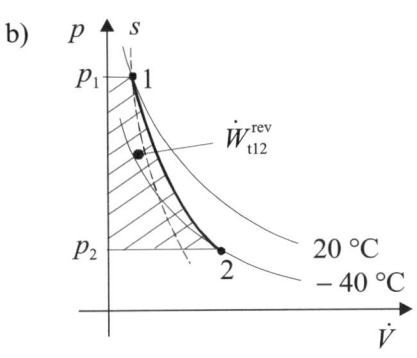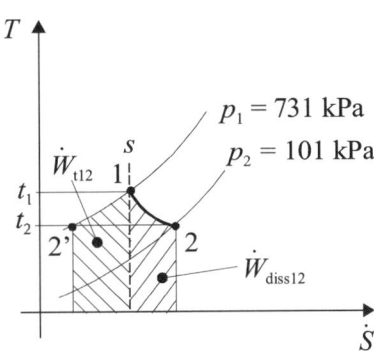

c) $\dot{m} = 0{,}017365$ kg/s d) $\dot{W}_{t12} = -1036{,}26$ W

e) $\dot{W}_{diss12} = 1550{,}69$ W f) $\dot{W}_{t12}^{rev} = -2586{,}95$ W

g) $\dot{W}_{t\,isen\,12}^{rev} = -2204{,}17$ W h) $\dot{S}_2 - \dot{S}_1 = 5{,}916$ W/K

i) siehe a)

3.16 a) $n = 1{,}2156$

b)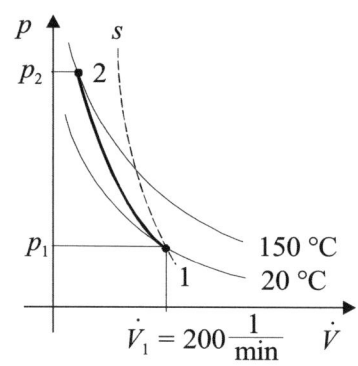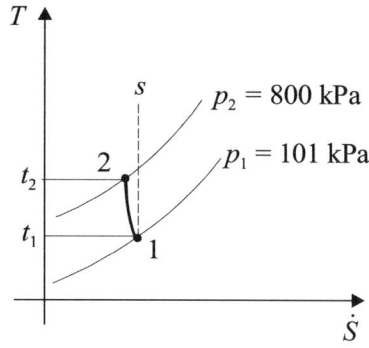

c) $\dot{m} = 3{,}9988 \cdot 10^{-3}$ kg/s d) $\dot{W}_{t12} = 924{,}6$ W

e) $\dot{W}_{diss12} = 82{,}83$ W f) $\dot{S}_2 - \dot{S}_1 = -0{,}8955$ W/K

3.17 a)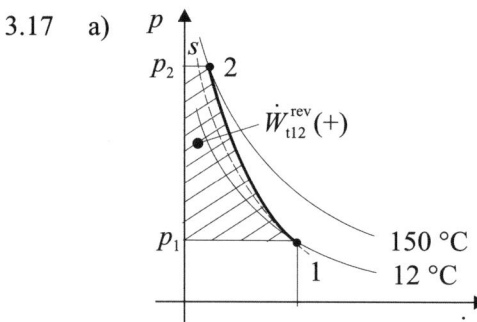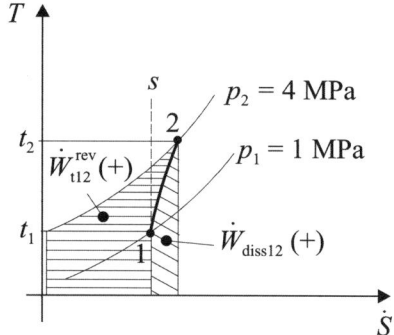

b) $\dot{W}_{t12} = 5915{,}614$ kW ($\dot{m} = 19{,}8807$ kg/s)

c) $\dot{S}_2 - \dot{S}_1 = 2635{,}39$ W/K ($n = 1{,}3981$)

d) $\dot{W}_{t12}^{rev} = 4994{,}222$ kW e) $\dot{W}_{diss12} = 921{,}39$ kW

f) siehe a)

3.18 a)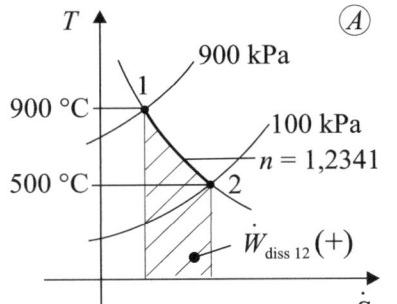

b) $\dot{W}_{t12}^{A} = -40{,}172$ MW, $\dot{W}_{t12}^{rev\,B} = -52{,}86$ MW

c) $\dot{W}_{diss12}^{A} = 20{,}37$ MW d) $\dot{Q}_{12}^{rev\,B} = -7{,}4$ MW (abgeführt)

e) siehe a)

3.19 a)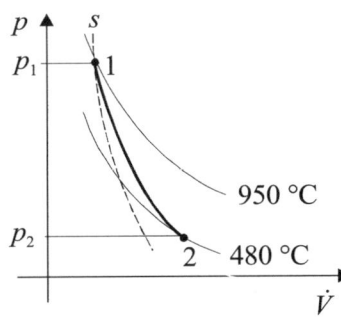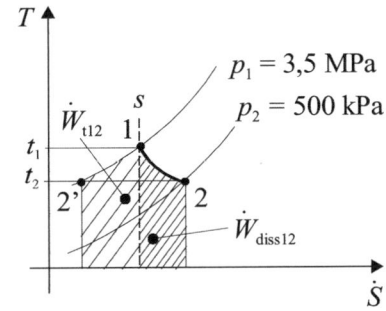

b) $\dot{W}_{t12} = -6778{,}043$ kW ($\kappa = 1{,}667$, $n = 1{,}3319$)

c) $\dot{W}_{diss12} = 4105{,}215$ kW, $\dot{S}_2 - \dot{S}_1 = 4235{,}23$ W/K

d) siehe a)

3.20 a) $\varepsilon_{KM\,car} = 3{,}86$ b) $W_k^{rev} = 1460$ J

c) $p_{e2} = -13{,}69$ kPa

3.21 a)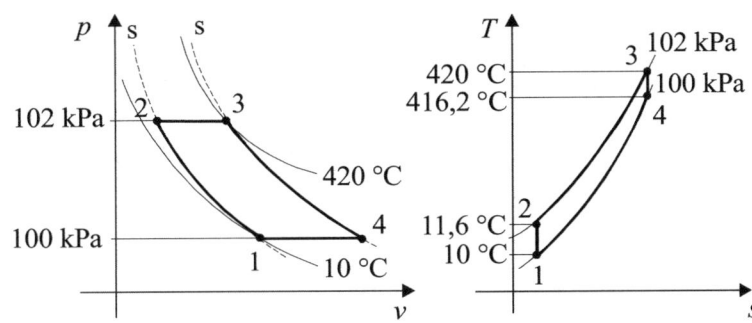

b) $w_k^{rev} = -2,3$ kJ/kg ($t_2 = 11,566$ °C, $t_4 = 416,188$ °C,
$c_{pm} = 1031,24$ J/(kg K), $q_{23}^{rev} = 421,19$ kJ/kg, $q_{41}^{rev} = -418,88$ kJ/kg)

c) $\eta_{th}^{rev} = 0,0055$

3.22 a) $\dot{Q}_{23}^{rev} = -2670,06$ kW ($n_{31} = 1,3080$, $\dot{Q}_{31}^{rev} = 1948,8$ kW)

b)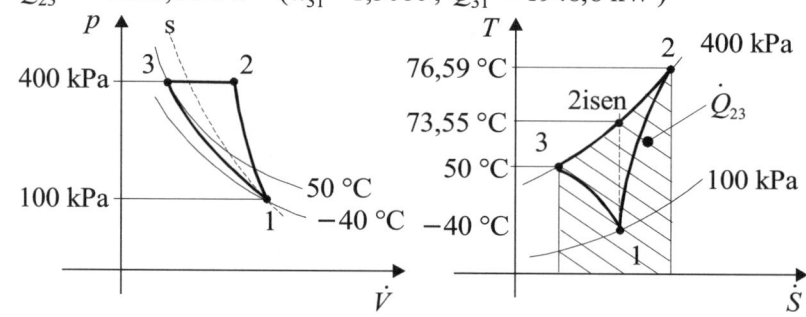

3.23 a)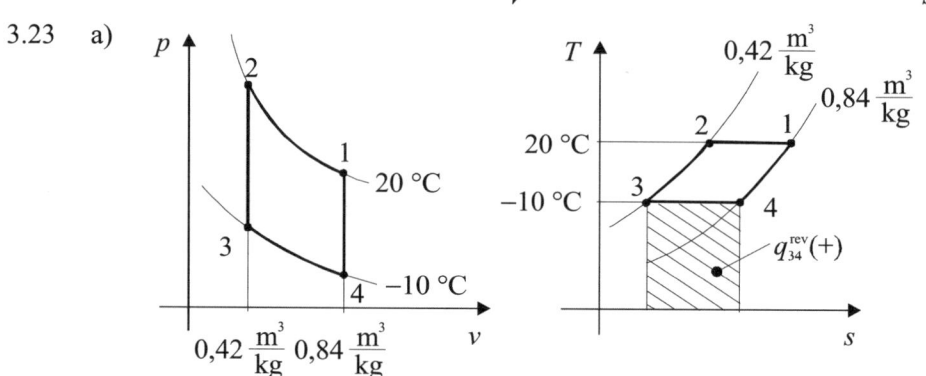

Es handelt sich um einen linkslaufenden Kreisprozess. Es muss Arbeit aufgewendet werden.

b) $w_k^{rev} = 5972,16$ J/kg c) $q_{34}^{rev} = 52\,386$ J/kg

d) siehe a)

3.24 a) $\dot{m} = 3,2144$ kg/s, $t_2 = t_1 = 20$ °C, adiabate Drosselung eines idealen Gases, $\dot{S}_{diss12} = \dot{S}_2 - \dot{S}_1 = 5,1428$ kW/K

b) $\dot{W}_{t\,ith12}^{rev} = -1,5076$ MW

c) $t_3 = -135,53$ °C, $\dot{W}_{t\,isen13}^{rev} = -1,0577$ MW

d) $t_4 = 351,31$ °C

e) 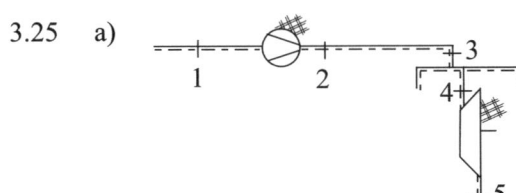 f)

3.25 a)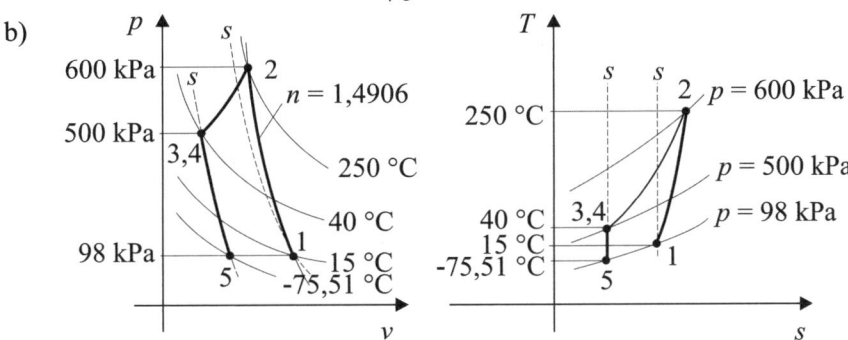

b)

c) $\dot{W}_{t12} = 786{,}15$ kW ($\dot{m}_1 = 3{,}2894$ kg/s)
d) $\dot{m}_4 = 0{,}042565$ kg/s ($\kappa = 1{,}3935$, $t_5 = -75{,}51$ °C)
e) $\dot{S}_3 - \dot{S}_2 = -1{,}544$ kW/K

3.26 a) $m_1 = 1{,}8089$ kg   b) $t_2 = 33{,}298$ °C
c) $p_2 = 162{,}326$ kPa ($\kappa = 1{,}1274$)
d) $W_{g12} = 55{,}282$ kJ

3.27 $c_{pm}\big|_{25\,°C}^{100\,°C} = 733{,}12$ J/(kg K)

3.28 a) $t_{Mi} = 121{,}587\,°C$ ($m_a = 0{,}9 \cdot m_b$)

b) $\dfrac{\Delta S_{Mi,T}}{m_{ges}} = 23{,}28\,\dfrac{J}{kg\,K}$

3.29 a) $e_2 - e_1 = 99{,}2\,kJ/kg$ ($e_2 = 102\,589{,}23\,J/kg$, $e_1 = 3388{,}896\,J/kg$)

b) $(e_2 - e_1)_{w_{t\,ith12}^{rev}} = w_{t\,ith12}^{rev} = 89{,}049\,kJ/kg$

c) $(e_2 - e_1)_{q_{ith12}^{rev}} = e_{q12} = 10{,}152\,kJ/kg$

Bei einer reversiblen, isothermen Zustandsänderung wird genauso viel Wärme abgegeben, wie Arbeit zugeführt wird (Gl 3.39). Wird die Wärme unterhalb der Umgebungstemperatur abgegeben, nimmt die Exergie des Systems zu (s. Lehrbuch Kap. 3.9.4).

d)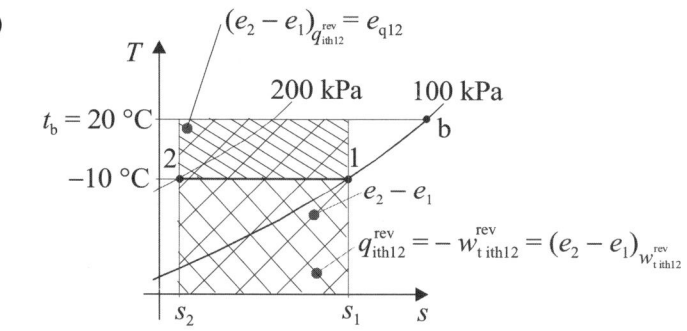

3.30 a) $Q_{12}^{rev} = -83{,}64\,kJ$ b) $E_{g2} - E_{g1} = 2{,}99\,kJ = E_{g2}$ ($E_{g1} = 0$)

Bei Wärmeabgabe unterhalb der Umgebungstemperatur nimmt die Exergie des Systems zu (s. Lehrbuch Kap. 3.9.4). Da die vom System abgegebene Arbeit gleich der Verschiebearbeit ist, ist die Exergieänderung gleich der Exergie der Wärme.

3.31 a) $Q_{ich12}^{rev} = 897{,}67\,J$, $(E_{g2} - E_{g1})_{ich} = E_{q12ich} = -40\,J$

($m = 0{,}25036\,kg$, $E_{g1} = 99{,}9\,J$, $E_{g2ich} = 59{,}9\,J$)

Bei Wärmeaufnahme unterhalb der Umgebungstemperatur nimmt die Exergie des Systems ab (s. Lehrbuch Kap. 3.9.4).

b) $Q_{ib12}^{rev} = 1257{,}18\,J$, $(E_{g2} - E_{g1})_{ib} = E_{q12ib} = -56\,J$ ($E_{g2ib} = 44\,J$)

Die zugeführte Wärme ist größer als bei der isochoren Zustandsänderung, da nicht nur die Temperatur erhöht wird, sondern auch das Volumen vergrößert wird. Die zugeführte Wärme ist um den Betrag der Volumenänderungsarbeit größer: $Q_{ich12}^{rev} + |W_{v\,ib12}| = Q_{ib12}^{rev}$.

c)

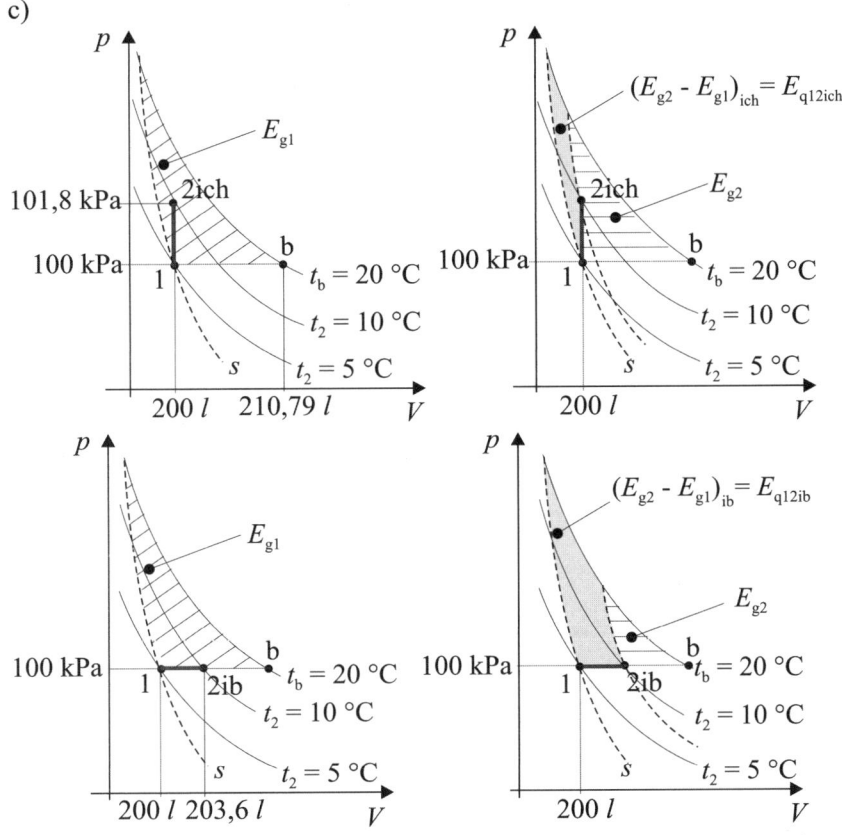

d) Der Betrag der Exergieänderung ist bei der isobaren Zustandsänderung größer.

3.32 a) $E_{g1} = 14\,660{,}115$ MJ ($m_1 = 59\,387{,}59$ kg, $V_{b1} = 50\,000$ m^3)

b) $E_{g\,B2} = 1747{,}75$ MJ ($m_{B2} = 11\,465{,}948$ kg, $T_2 = 151{,}836$ K, $V_{b\,B2} = 9653{,}489$ m^3)

Lösungsweg 1: Es wird direkt die Exergie $E_{g\,B2}$ der, nach der isentropen Expansion, im Behälter verbleibenden Luftmasse m_{B2} berechnet. Dazu wird diese Luftmasse vom Zustand 1 aus ins Gleichgewicht mit der Umgebung gebracht, wo sie das Volumen $V_{b\,B2}$ einnimmt.

Lösungsweg 2: Es wird zunächst die Exergie $E_{g2} = 9052{,}43$ MJ der gesamten Luftmasse m_1 im Zustand 2 berechnet. Dazu wird diese Luftmasse vom Zustand 1 aus ins Gleichgewicht mit der Umgebung gebracht, wo sie das Volumen V_{b1} einnimmt. Die Exergie wird dann entsprechend der Massen der Luft im Behälter m_{B2} und der Luft im Anschlussrohr m_{R2} aufgeteilt.

3.33 a)

[p-v diagram: 800 kPa at point 1, 100 kPa at point 2, n = 1,2350, 700 °C]

[T-s diagram: $t_1 = 700$ °C, $t_2 = 382$ °C, $t_b = 20$ °C, 800 kPa, 100 kPa, n = 1, n = κ, $s_2 - s_1 = 0{,}2$ kJ/kg K, e_{v12}]

b) $e_{v12} = 58{,}6$ kJ/kg c) $T_2 = 655{,}15$ K

3.34 $\dot{E}_{v13} = 2{,}847$ kW ($\dot{E}_1 = 1{,}7527$ kW , $\dot{E}_3 = 2{,}7249$ kW , $\dot{E}_{v12} = 0{,}3957$ kW , $\dot{E}_{v23} = 2{,}4491$ kW)

3.35 a)

[T-S diagram: $t_b = 20$ °C, $t_1 = 8$ °C, $p_1 = 2$ MPa, $p_2 = 1{,}5$ MPa, $\dot{E}_{v12}$, $\dot{W}_{diss12}$]

b) $\dot{E}_{v12} = 8{,}69$ kW ($\dot{m} = 0{,}35878$ kg/s)

c) $\dot{W}_{diss12} = 8{,}334$ kW d) siehe a)

3.36 a) $\dot{E}_2 - \dot{E}_1 = -18{,}43$ kW

($\dot{H}_2 - \dot{H}_1 = 83{,}691\overline{6}$ kW , $\dot{S}_2 - \dot{S}_1 = 222{,}62$ kW/K)

Da bei der Zustandsänderung 1→2 keine Arbeit zugeführt oder entnommen wird (es gibt keine Maschine, die Arbeit verrichtet), handelt es sich um einen Strömungsprozess ($W_{t12} = 0$). Da der Druck abnimmt, ist der Vorgang irreversibel. Die Dissipationsleistung ist gleich dem Betrag der reversiblen technischen Leistung ($\dot{W}_{diss12} = -\dot{W}_{t12}^{rev} = 9280{,}85$ W). Das Volumen der Luft nimmt ab. Sie wird nicht durch einen zunehmenden Druck, sondern durch eine abnehmende Temperatur verdichtet. Es handelt sich um eine polytrope Kompression mit einem mittleren Polytropenexponenten von -0,6334.

b) $\dot{E}_{v23} = 108{,}8$ kW

3.37 a) $E_{g2} - E_{g1} = -219{,}773$ kJ ($Q_{12}^{rev} = H_2 - H_1 = -2439{,}837$ kJ)

b) $E_{q12} = -220{,}113$ kJ ($W_{n12} = 339{,}799$ J)

Bei Annahme einer inkompressiblen Flüssigkeit ($dv = 0 \rightarrow c_{vm} = c_{pm}$) wäre die mit der Wärme abgeführte Exergie gleich groß der Änderung der Exergie des geschlossenen Systems. Da sich aber das Volumen verringert, vergrößert sich die mit der Wärme abgeführte Exergie um die zugeführte Nutzarbeit.

3.38 a) $P_{el} = 9{,}835$ kW

b) $\dot{E}_1 = 0{,}006379$ kW , $\dot{E}_2 = 1{,}0935$ kW

c) $\dot{W}_{t12\,mind}^{rev} = \dot{E}_2 - \dot{E}_1 = 1{,}0872$ kW

d) $\dot{E}_{v12} = 8{,}7477$ kW

e)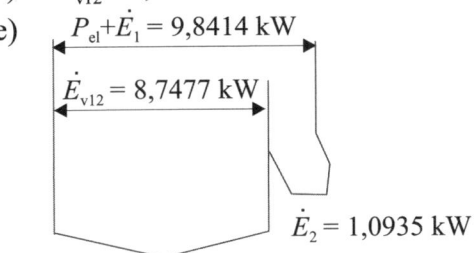

3.39 a) $\dot{W}_{t12} = 524{,}77$ W ($n = 1{,}5086$)

b) $\dot{E}_2 = 457{,}06$ W   c) $\dot{E}_{v12} = 67{,}7$ W

d)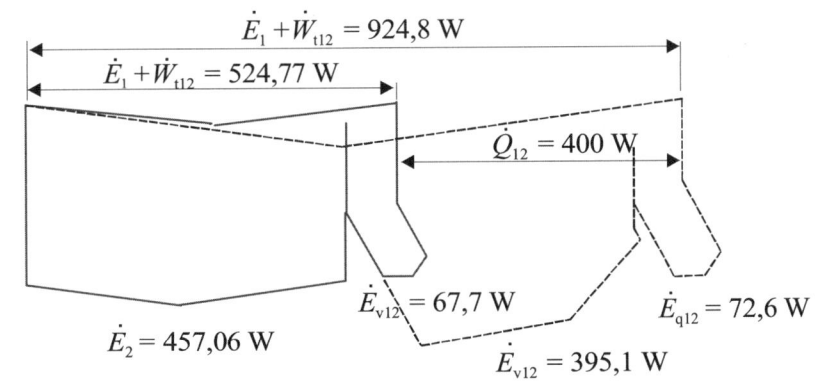

e) $\dot{W}_{t12} = 924{,}77$ W   f) $\dot{E}_{q12} = -72{,}6$ W

g) $\dot{E}_{v12} = 395{,}11$ W   h) siehe d)

3.40 a) $\dot{E}_2 = 16{,}268$ kW ($t_2 = 214{,}14$ °C)
 b) $\dot{E}_{v12} = 3{,}732$ kW c) $\dot{E}_3 = 11{,}539$ kW
 d) $\dot{E}_{w2} = 0{,}21665$ kW ($\dot{Q}_{23} = -17{,}9914$ kW, $t_{w2} = 22{,}05$ °C)
 e) $\dot{E}_{vK} = 4{,}512$ kW
 f)

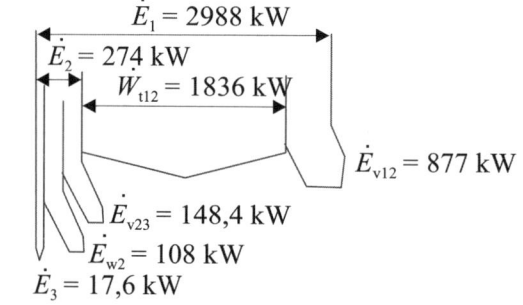

$\overset{0}{\dot{E}_1} + \dot{E}_{w1} + \dot{W}_{t12} = 20$ kW
$\dot{E}_{vK} = 4{,}512$ kW
$\dot{E}_{v12} = 3{,}732$ kW
$\dot{E}_3 = 11{,}539$ kW $\dot{E}_{w2} = 0{,}21665$ kW

3.41 a) $\dot{E}_1 = 2988$ kW, $\dot{E}_2 = 274$ kW b) $\zeta = 0{,}675$
 c) $\dot{E}_3 = 17{,}6$ kW d) $\dot{E}_{w2} = 108$ kW
 e)

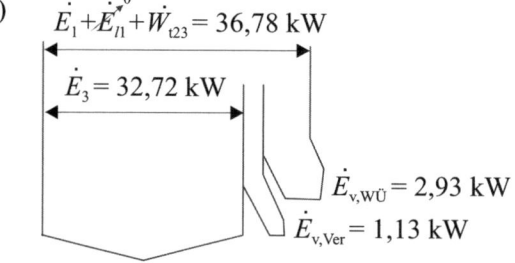

$\dot{E}_1 = 2988$ kW
$\dot{E}_2 = 274$ kW
$\dot{W}_{t12} = 1836$ kW
$\dot{E}_{v12} = 877$ kW
$\dot{E}_{v23} = 148{,}4$ kW
$\dot{E}_{w2} = 108$ kW
$\dot{E}_3 = 17{,}6$ kW

3.42 a) $\dot{E}_1 = 16{,}419$ kW, $\dot{E}_2 = 13{,}492$ kW, $\dot{E}_3 = 32{,}72$ kW
 b) $\dot{E}_{v,WÜ} = 2{,}93$ kW c) $\dot{E}_{v,Ver} = 1{,}13$ kW
 d) $\dot{E}_1 + \overset{0}{\dot{E}_{II}} + \dot{W}_{t23} = 36{,}78$ kW

$\dot{E}_3 = 32{,}72$ kW
$\dot{E}_{v,WÜ} = 2{,}93$ kW
$\dot{E}_{v,Ver} = 1{,}13$ kW

3.43 a) $n = 1{,}1308$

b) $\dot{E}_1 = 2893{,}74$ W ($\dot{m} = 0{,}017365$ kg/s, $c_{pm} = 994{,}589$ J/(kg K))

c)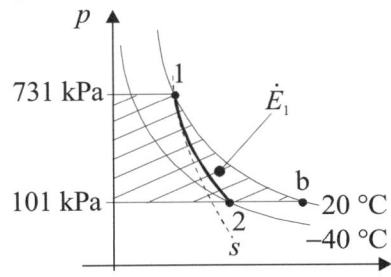

e)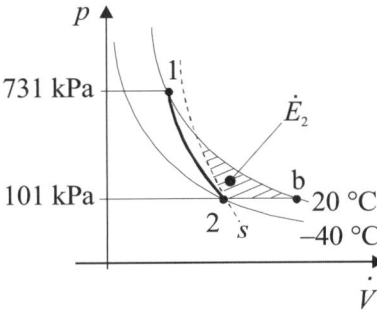

d) $\dot{E}_2 = 123{,}18$ W

f) $\dot{E}_{v12} = 1734{,}3$ W

g)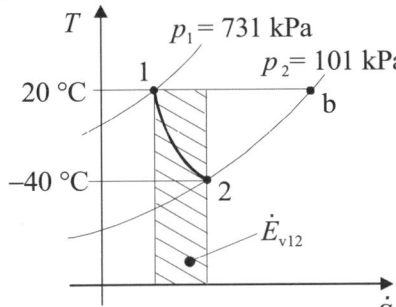

h)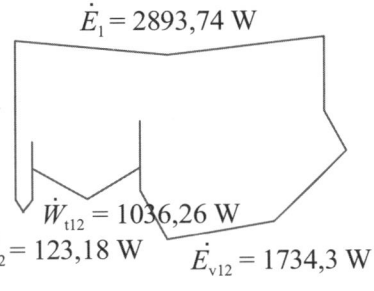

i) $\zeta = 35{,}8\,\%$

4 Das ideale Gas in Maschinen und Anlagen

4.1 a)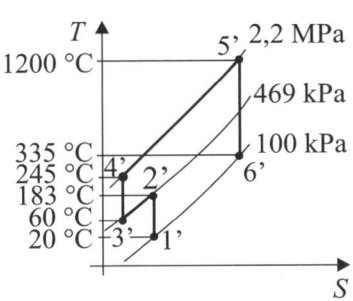

Die Enthalpie ist beim idealen Gas nur von der Temperatur abhängig. Sie nimmt mit zunehmender Temperatur zu. Das h,S-Diagramm ist gegenüber dem T,S-Diagramm daher nur in y-Richtung gestreckt.

b)

	1'	2'	3'	4'	5'	6'
t/°C	20	183,1	60	245,36	1200	335
T/K	293,15	456,25	333,15	518,51	1473,15	608,15
p/kPa	100	469,04	469,04	2200	2200	100

c) $w_k^{rev} = -518,6 \text{ kJ/kg}$, $\eta_{th}^{rev} = 0,54$

d) $\dot{Q}_{2'3'}^{rev} = -479,57 \text{ kW}$ ($\dot{m} = 3,879 \text{ kg/s}$)

e)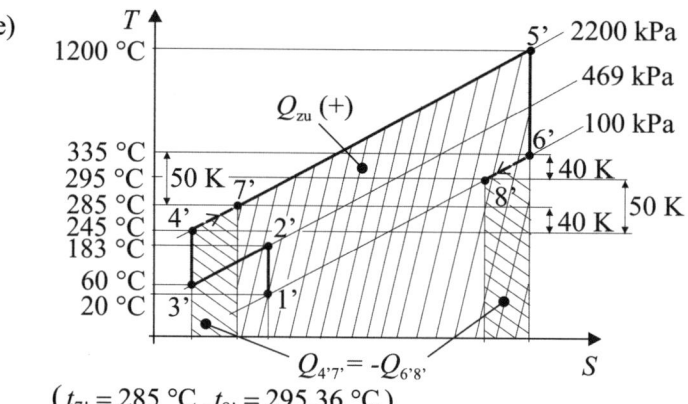

$(t_{7'} = 285 \text{ °C}, t_{8'} = 295,36 \text{ °C})$

f) $\eta_{th}^{rev} = 0,564$ ($q_{zu} = 918,93 \text{ kJ/kg}$)

4.2 a) b)

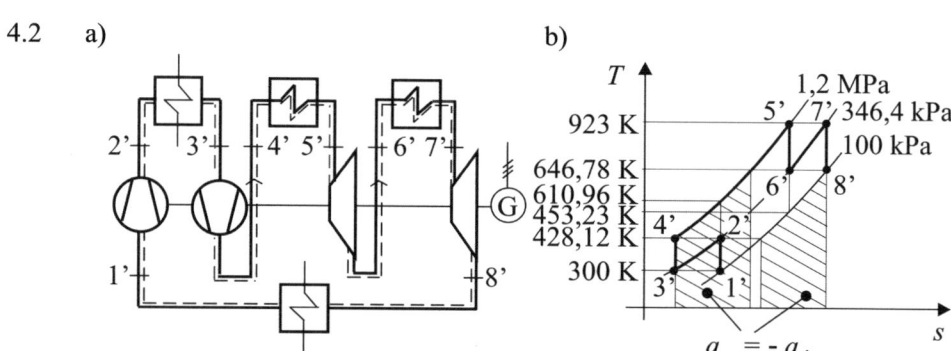

c1) $w_j = -159,5 \text{ kJ/kg}$, $\eta_{th}^{rev} = 0,509$

c2) $w_{j \, mod} = -297,5 \text{ kJ/kg}$, $\eta_{th \, mod}^{rev} = 0,384$ ($q_{zu \, mod} = 774,41 \text{ kJ/kg}$)

d) siehe b), $\eta_{th}^{rev} = 0,536$ ($q_{zu} = 554,81 \text{ kJ/kg}$)

e) $\eta_{th}^{rev} = 0,675$

4.3 a) $w_j = -623$ kJ/kg   b) $\eta_{th}^{rev} = 0{,}622$

c) $q_{3'4'} = 1732$ kJ/kg , $q_{1'2'} = -286{,}21$ kJ/kg , $w_{er} = -1445{,}7$ kJ/kg

d) $\eta_{th}^{rev} = 0{,}835$

4.4 a) $p_2/p_1 = 8{,}12$ b) $w_j = -180{,}36$ kJ/kg

c) $\eta_{th}^{rev} = 0{,}451$

d) $w_k^{rev} = -382{,}08$ kJ/kg , $\eta_{th}^{rev} = 0{,}3203$ ($q_{zu} = 1193{,}19$ kJ/kg)

4.5 a)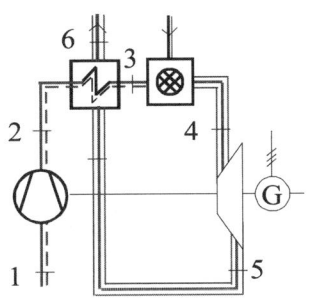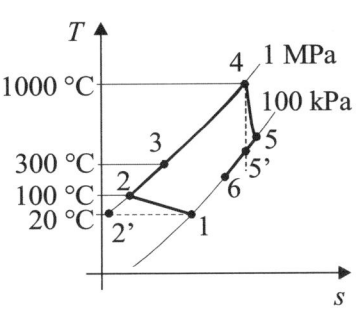

b) $\dot{W}_{tV12} = 11{,}141$ MW   c) $\dot{W}_{tT45} = -27{,}756$ MW

d) $\dot{W}_{gen} = -15{,}67$ MW   e) $P_{kl} = -15{,}67$ MW

4.6 a)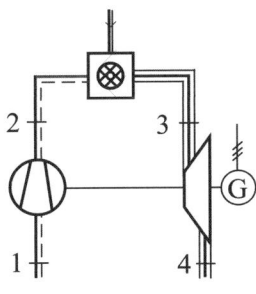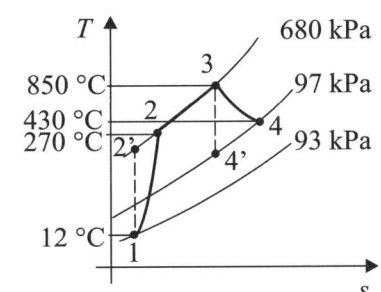

b) $\dot{W}_k = -134{,}6$ kW ($\dot{m} = 0{,}7722$ kg/s)

c) $\dot{Q}_{23} = 481{,}915$ kW $= \dot{Q}_{23}^{rev}$, $\dot{Q}_{41} \approx -347{,}31$ kW ($\dot{m}_j = 0{,}7018$ kg/s),

$\dot{Q}_{4'1}^{rev} = -288{,}93$ kW , $\eta_i = 0{,}697$

d) $\eta_{isen\,V} = 0{,}775$, $\eta_{isen\,T} = 0{,}922$

4.7 a)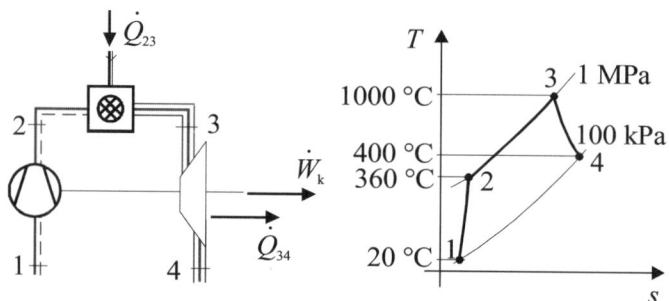

b) $\dot{W}_{tV12} = 10{,}244$ MW, $\dot{W}_{tT34} = -16{,}577$ MW

c) $\dot{W}_k = -6{,}33$ MW   d) $\eta_{th} = 0{,}329$ ($\dot{Q}_{23} = 19{,}283$ MW)

e) $\dot{W}_{diss\,34} = 2{,}1$ MW ($n_{34} = 1{,}3827$)

4.8 a)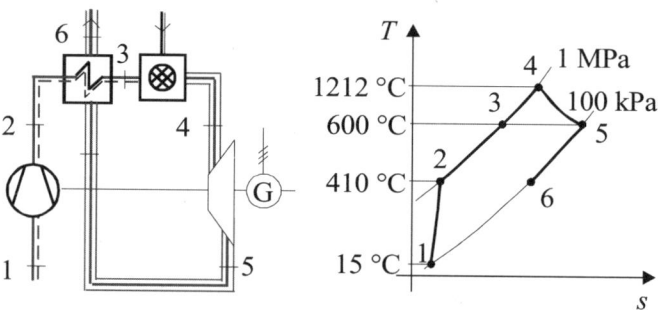

b) $\dot{W}_{tV12} = 8{,}761$ MW, $\dot{W}_{tT45} = -13{,}374$ MW

c) $\eta_{isenV} = 0{,}595$, $\eta_{isenT} = 0{,}904$

d) $\dot{W}_k = -4{,}613$ MW

4.9 a)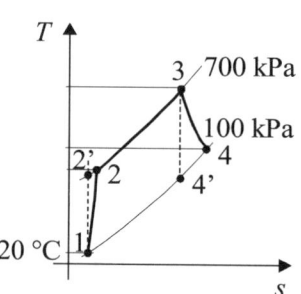

b) $t_2 = 265{,}51$ °C ($t_{2'} = 238{,}51$ °C)

c) $t_3 = 1026{,}02$ °C   d) $\dot{m}_j = 14{,}292$ kg/s

e) $\eta_{isenT} = 0{,}97$ ($t_{4'} = 471{,}21$ °C)

f) $\eta_m \eta_{gen} = 0,97$ ($\dot{W}_k = -4347,76$ kW)

g) $\eta_{th}^{rev} = 0,427$ ($\dot{W}_j = -4827,21$ kW)

h) $\eta_{th} = 0,385$

4.10 a)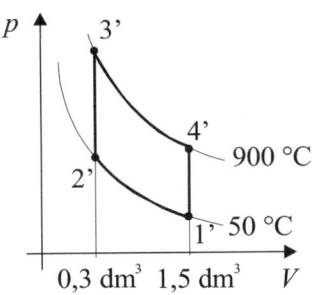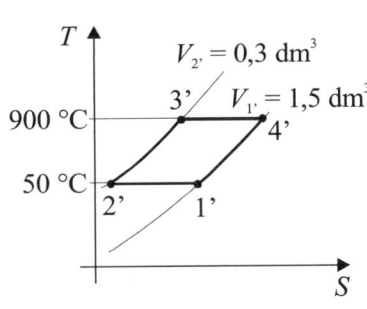

b) $\eta_{th}^{rev} = 0,7245$ c) $\zeta^{rev} = 0,960$

d) $r_w = 0,5$ ($w_{st} = -392,896$ kJ/kg, $w_t^{rev(-)} = -786,386$ kJ/kg)

e) $\varepsilon = V_{1'}/V_{2'}$, $T_{1'}/T_{3'}$ und $T_b/T_{3'}$. $T_{1'}$ sollte möglichst klein und $T_{3'}$ möglichst groß sein.

f) $\eta_{ges} = 0,239$ ($w_t^{rev(+)} = 393,49$ kJ/kg, $q_{3'4'}^{rev} = -w_{t\,3'4'}^{rev} = 542,266$ kJ/kg, $w_{ek} = -129,35$ kJ/kg)

4.11 a)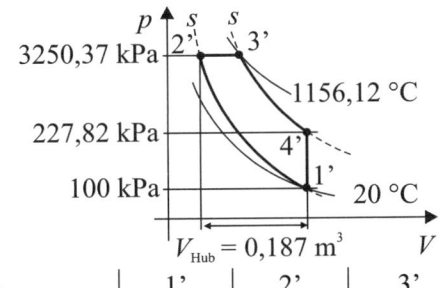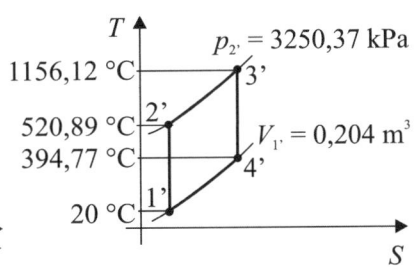

b)

	1'	2'	3'	4'
t/°C	20	520,89	1156,12	394,77
T/K	293,15	794,04	1429,27	667,92
p/kPa	100	3250,37	3250,37	227,82

c) $\eta_{th}^{rev} = 0,5789$

d) $\dot{W}_d = -208,89$ kW ($V_{1'} = 0,204$ m³, $m' = 0,2423$ kg)

4.12 a) $m_{B\,23}/m_l = 0{,}00864$ kg B/kg L , $m_{B\,34}/m_l = 0{,}03136$ kg B/kg L
($T_{2'} = 922{,}701$ K , $T_3 = 1429{,}79$ K), $T_{4'} = 2746$ K

b) $\eta_{th}^{rev} = 0{,}582$ ($T_{5'} = 1324{,}313$ K), $w_s = 985$ kJ/kg , $p_3/p_2 = 1{,}55$

4.13 a)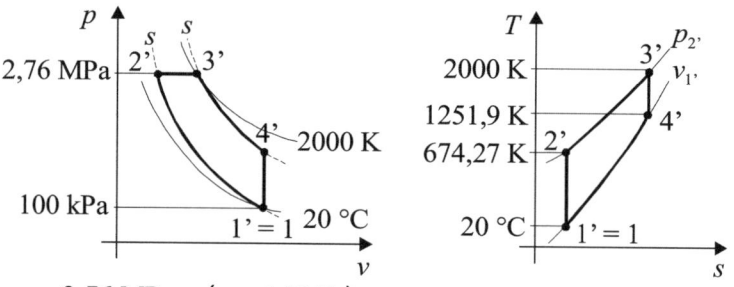

b) $p_{3'} = 2{,}76$ MPa ($\kappa = 1{,}3352$)

c) $w_d = -695{,}18$ kJ/kg ($n = 1{,}35027$, $T_{4'} = 1251{,}896$ K)

d) $\dot{m} = 2{,}154$ kg/s , $\dot{m}' = 2{,}112$ kg/s

e) $P_{gen} = 1{,}162$ MW

4.14 a) $\varepsilon = 11{,}268$, $\varphi = 3{,}062$ ($T_{2'} = 774{,}255$ K , $T_{3'} = 2370{,}82$ K)

b) $w_d = -805{,}949$ kJ/kg , $\dot{m} = 0{,}124$ kg/s ($T_{4'} = 1406{,}036$ K)

c)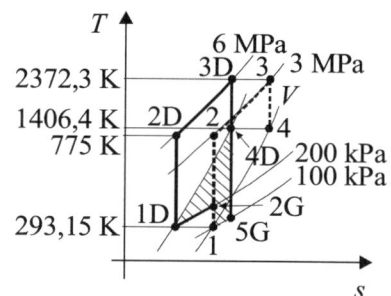

4.15 a) $\varphi = 2{,}384$ ($T_{2'} = 839{,}0977$ K)

b) $p_{2'} = 3{,}636$ MPa   c) $q_{2'3'} = 1165{,}89$ kJ/kg

d) $w_d = -655$ kJ/kg   e) $\eta_{th}^{rev} = 0{,}562$

f) $\dot{m}_B = 0{,}222$ kg/h pro 1 kW mechanische Leistung

4.16 a)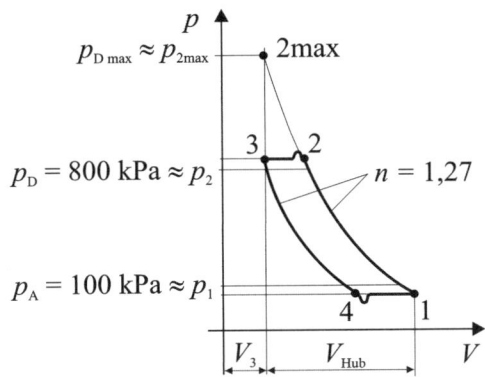

b) $\varepsilon_0 = 0{,}133$

4.17 a) $\mu = 0{,}95$

b) $\dot{W}_{eKV} = 8{,}489$ kW ($\dot{W}_{t12} = 8{,}483$ kW, $\dot{W}_{t34} = -0{,}6219$ kW)

5 Der Dampf und seine Anwendung in Maschinen und Anlagen

5.1 Wasser ($h_{Mi} = 342{,}6$ kJ/kg), $t_{Mi} = 81{,}87$ °C

5.2 $\dot{Q}_{12} = 6{,}34$ kW

5.3 $m_d = 1{,}284$ kg ($h_{eis1} = -370{,}12$ kJ/kg, $h_d = 3382{,}2$ kJ/kg)

5.4 a)

b) $\tau = 94{,}69$ min   c) $E_{v12} = 79{,}21$ MJ in $\tau = 94{,}69$ min

5.5 a) $p_1 = 400$ kPa

b) $m_1'' = 12{,}966$ kg, $m_1' = 4{,}234$ kg ($x_1 = 0{,}7538$)

c) $V_1'' = 5{,}9954$ m^3, $V_1' = 0{,}0046$ m^3

d) $U_1 = 35{,}66$ MJ   e) $S_1 = 96{,}93$ kJ/K

f) $E_{g1} = 7{,}9$ MJ ($S_b = 5{,}0853$ kJ/K, $U_b = 1{,}439$ MJ, $V_b = 0{,}01723$ m^3, $H_b = 1{,}441$ MJ) g)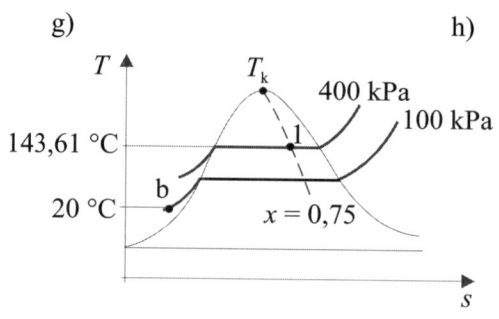

h)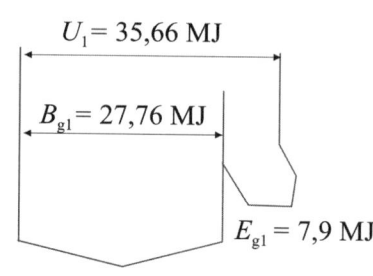

5.6 $p = 67{,}547$ MPa

(Ableitung der Schmelzdruckkurve an der Stelle $t_0 = 0$ °C (Steigung der Kurventangente im Punkt $P_0 = (0\ °C/101{,}325\ kPa)$):

$$\left.\frac{dp}{dt}\right|_{t_0} = -13\,489{,}19\ \frac{\text{kPa}}{\text{K}}\ )$$

5.7 a) $m_2'' = 17{,}89$ kg, $m_2' = 10\,405{,}45$ kg ($x_2 = 0{,}0017168$)

b) $Q_{12} = 6486{,}7$ MJ ($v_1 = v_2 = 0{,}0015254$ m³/kg, $x_1 = 1{,}144 \cdot 10^{-5} \approx 0$, $h_1 = 100{,}99$ kJ/kg, $h_2 = 724{,}53477$ kJ/kg)

c) $x_4 = 0{,}893$

d)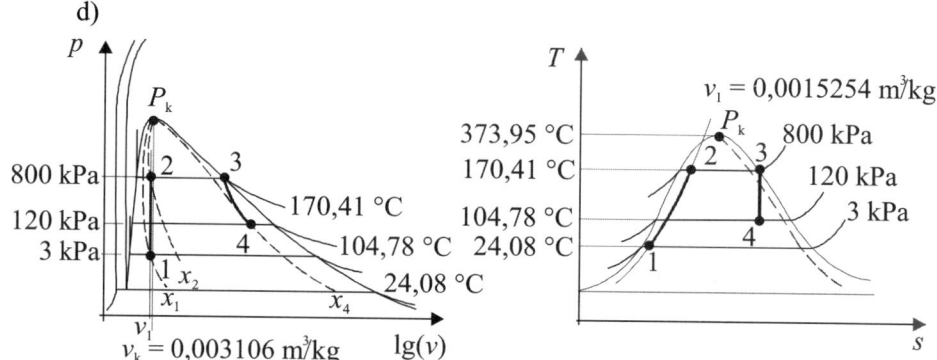

5.8 a)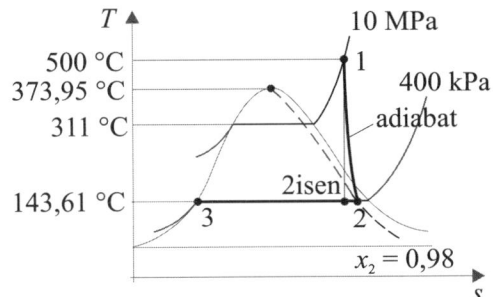

b) $\dot{m}_d = 147{,}13$ kg/s ($h_2 = 2695{,}43$ kJ/kg)

c) $\dot{Q}_{ab} = -307{,}608$ MW

d) $c = 3{,}37$ m/s ($\dot{m}_w = 918{,}56$ kg/s)

5.9 a) $x = 0{,}975$ b) $h_1 = h_2 = 2726{,}87$ kJ/kg

c) $s_x = 6{,}474$ kJ/(kg K)

5.10 a) $m_1'' = 2{,}355$ g , $m_1' = 9{,}587$ g ($x_1 = 0{,}1972$)

b) $m_2' = 11{,}88$ g ($x_2 = 0{,}00494$, $v = 0{,}33495$ m³/kg)

c)

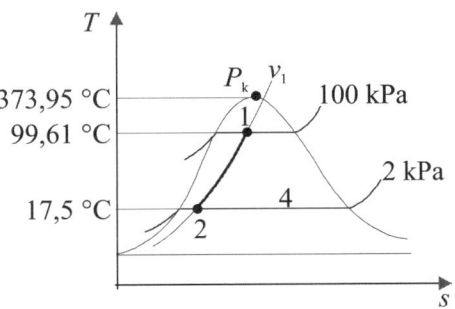

5.11 a)

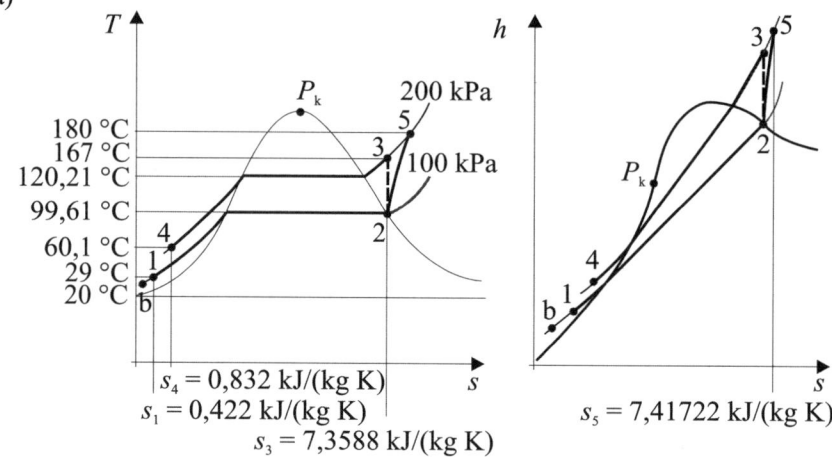

b) $\dot{W}_{t23}^{rev} = 644{,}85$ kW ($h_3 = 2803{,}97$ kJ/kg, $h_2 = 2675$ kJ/kg)

c) $\dot{Q}_{zu} = 6{,}26$ kW ($h_1 = 121{,}44$ kJ/kg, $h_4 = 251{,}66$ kJ/kg)

d) $\dot{Q}_{12} = 12\,767{,}82$ kW $= |\dot{Q}_{34}| + \dot{Q}_{zu}$, $\dot{E}_2 - \dot{E}_1 = \dot{E}_{q12} = 2600{,}24$ kW

e) $\dot{E}_{v25} = 85{,}63$ kW ($s_2 = 7{,}3588$ kJ/(kg K), $s_5 = 7{,}41722$ kJ/(kg K))

5.12 a)

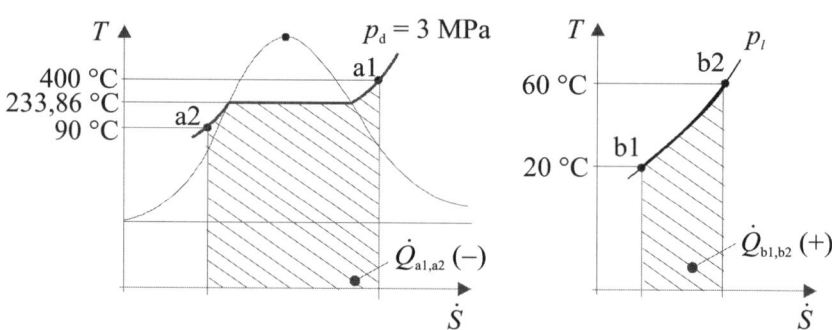

b) $\dot{m}_d = 14{,}59$ kg/h ($\dot{Q}_{a1,a2} = 11{,}16$ kW, $h_w = 379{,}561$ kJ/kg)

c) $\Delta \dot{S}_{ges} = 12{,}45$ W/K ($\dot{S}_{b2} - \dot{S}_{b1} = 35{,}68$ W/K, $\dot{S}_{a2} - \dot{S}_{a1} = -23{,}23$ W/K, $s_w = 1{,}1914$ kJ/(kg K))

d) $\dot{E}_{v12} = 3{,}65$ kW

5.13 a) $\dot{m}_{w2} = 6{,}3$ kg/s

b) $h_{w2} = 598{,}03$ kJ/kg, $t_{w2} = 142{,}69$ °C
($h_{w1} = 210{,}2$ kJ/kg, $h_d = 3264{,}4$ kJ/kg)

c)

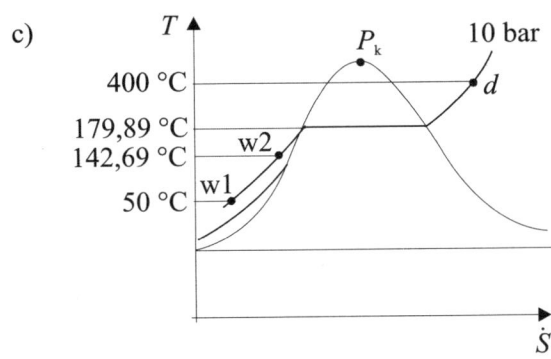

5.14 a)

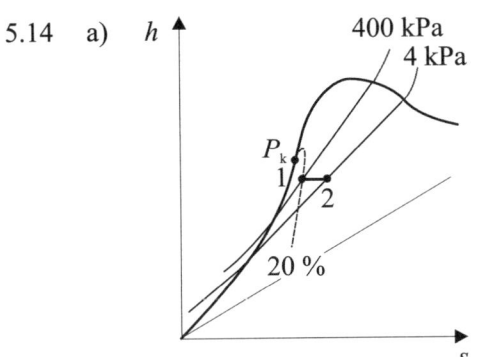

b) $x_2 = 0{,}3741$ ($h_1 = 1031{,}369$ kJ/kg)

c) $\dot{m}_{2'} - \dot{m}_{1'} = -1{,}74$ kg/s

5.15 a)

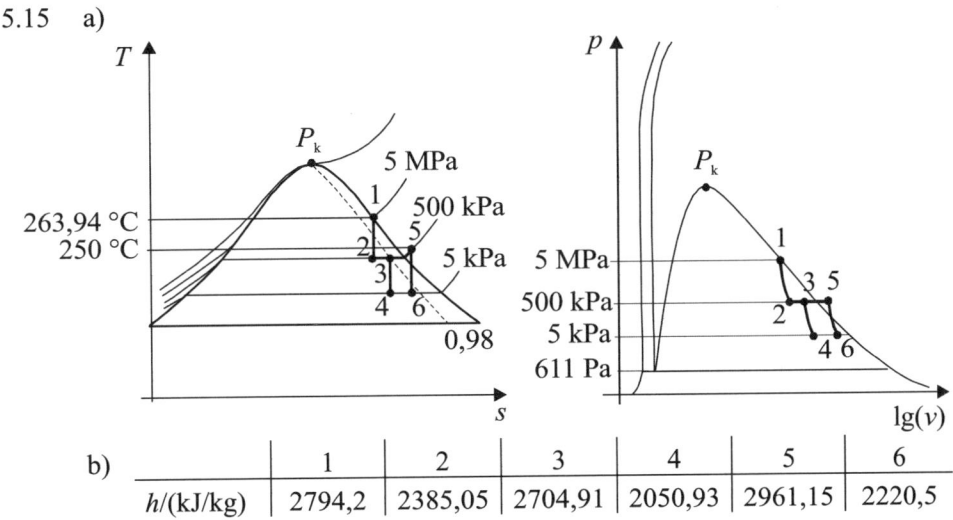

b)

	1	2	3	4	5	6
h/(kJ/kg)	2794,2	2385,05	2704,91	2050,93	2961,15	2220,5

c) $P_{tT}^{rev} = -80{,}164$ MW ($x_2 = 0{,}8284$, $\dot{m}_5 = 253{,}59$ t/h aus der Enthalpiestrom- und der Massenstrombilanz am Tropfenabscheider)

d) $P_{tT}^{rev} = -95{,}808$ MW

5.16 a)

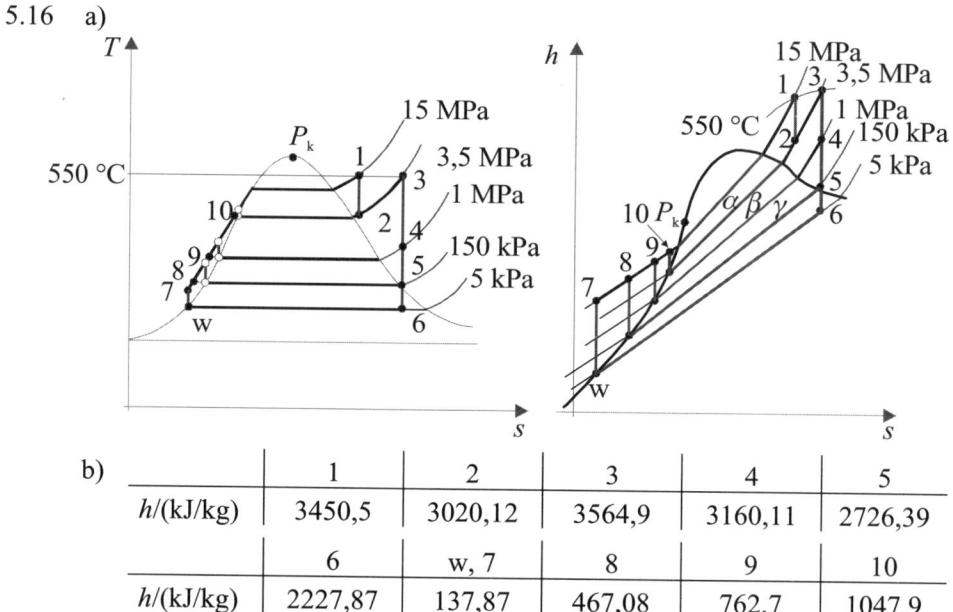

b)

	1	2	3	4	5
$h/(\text{kJ/kg})$	3450,5	3020,12	3564,9	3160,11	2726,39
	6	w, 7	8	9	10
$h/(\text{kJ/kg})$	2227,87	137,87	467,08	762,7	1047,9

c) $\eta_{th}^{rev*} = 0{,}458$, $w_k^{rev} = -1767{,}41$ kJ/kg, $d_o = 2{,}04$ kg/(kW h)

d) $\alpha = 0{,}126$, $\beta = 0{,}0959$, $\gamma = 0{,}0989$, $w_k^{rev} = -1460{,}28$ kJ/kg, $\eta_{th}^{rev*} = 0{,}507$ e) $\eta_i \eta_m \eta_{gen} \eta_{ei} = 0{,}785$

5.17 a)

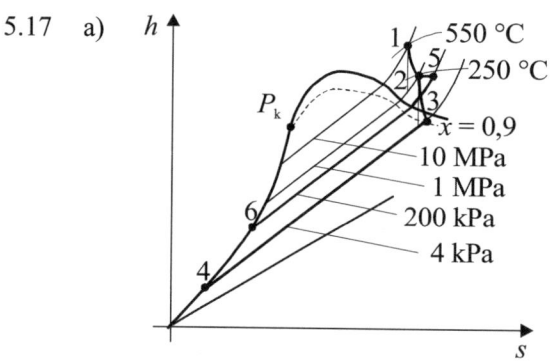

b)

	1	2, 5	3	4	6	7
$h/(kJ/kg)$	3501,9	2943,2	2310,47	121,4	504,68	475,048

c) $\dot{m}_{HD} = 147,63$ t/h   d) $\dot{W}_{tT} = -27,008$ MW

e) $P_{kl} = -23,861$ MW

f) $\dot{Q}_b = 147,832$ MW ($\dot{Q}_{zu} = 134,53$ MW)

g) $\eta_{ges} = 0,838$

5.18 a)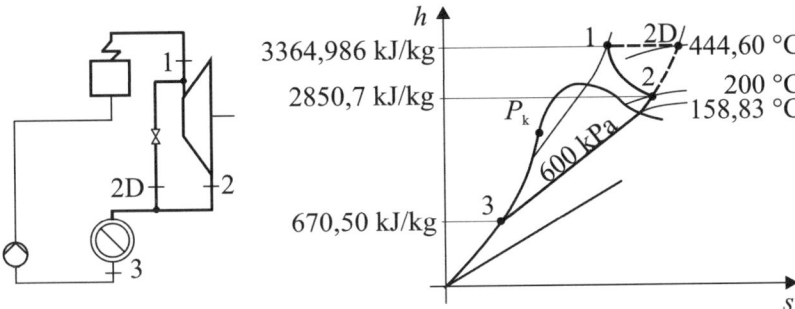

b) $h_2 = 2850,7$ kJ/kg, $h_1 = 3364,99$ kJ/kg

c) $\dot{Q}_{23} = -4239,28$ kW, $\dot{m}_w = 16,86$ kg/s

d) $\dot{m}_{2D} = 1,57$ kg/s   e) $t_{2d} = 444,6$ °C

5.19 a)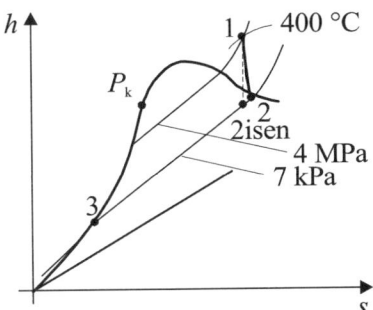

b) $\eta_{isen\,T\,12} = 0,81$ ($h_{2isen} = 2102,48$ kJ/kg)

c) $\eta_{th}^* = 0,364$ d) $\eta_r = 1$

5.20 a) $h_2 = 2625,1$ kJ/kg, $120,21$ °C, $x = 0,96$

b) $\eta_{isen\,T} = 0,855$ ($h_{2isen} = 2498,74$ kJ/kg)

5.21 a) $\eta_{isen\,T} = 0,902$ b) $\eta_i = 0,214$

5.22 a) $p = 1$ MPa, $t_2 = 219{,}2$ °C, Heißdampf ($h_{2\mathrm{isen}} = 2783{,}73$ kJ/kg)

b) $\dot{E}_{v12} = 1078{,}8$ kW ($\dot{m}_d = 19{,}97$ kg/s)

5.23 a) $P_D = -3{,}989$ MW

b) $|\dot{Q}_{II,III}| = 21{,}152$ MW ($h_w = h(20\,°\mathrm{C}, 600\,\mathrm{kPa}) = 84{,}28$ kJ/kg)

c) $\dot{Q}_{III,I} = 25{,}4799$ MW d) $P_G = -6{,}249$ MW

e) $\eta_{\mathrm{GUD}} = 0{,}73$

5.24 a)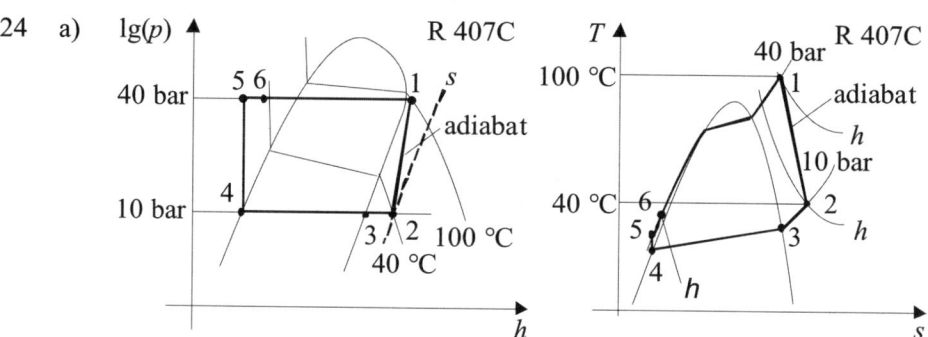

b) $\dot{m}_d = 2{,}532$ kg/s ($h_1 = 457$ kJ/kg, $h_2 = 436$ kJ/kg)

c) $\dot{Q}_{23} = -27{,}84$ kW ($h_3 = 425$ kJ/kg)

d) $\dot{Q}_{61} = 549{,}44$ kW ($h_4 = h_5 = 229$ kJ/kg, $h_6 = 240$ kJ/kg)

e) $\eta_{\mathrm{th}}^* = 0{,}097$

5.25 a) $t_A = 99{,}61$ °C, $x_A = 0{,}9$

b)

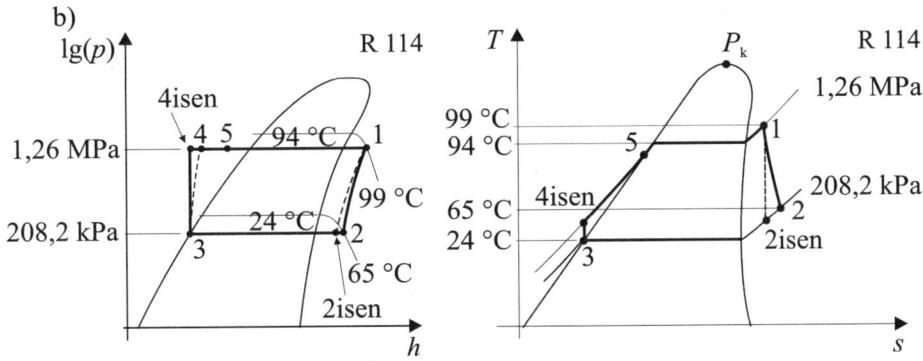

c) $\dot{m}_R = 32{,}895$ kg/s ($\dot{W}_{t12} = -500$ kW)

d) $\eta_{ges} = 17{,}8$ %

e) $\dot{m}_B = 2{,}78$ kg/s ($h_A = 2449{,}19$ kJ/kg, $h_C = 104{,}6$ kJ/kg)

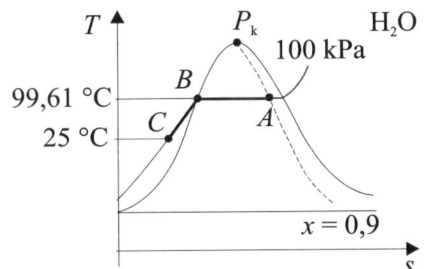

5.26 a)

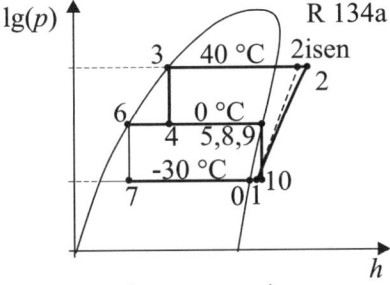

b)

	0	1	2	2isen
h/(kJ/kg)	380	391,2	456	446
	3,4	5,8,9,10	6,7	
h/(kJ/kg)	256	398	200	

c) $\dot{m}_I = 0{,}0556$ kg/s, $\dot{m}_{II} = 0{,}0505$ kg/s

($x_4 = 0{,}283$, $\dot{m}_5 = 0{,}04184$ kg/s, $\dot{m}_1 = 0{,}14798$ kg/s)

d) $\varepsilon_{KM} = 2{,}08$

5.27 a)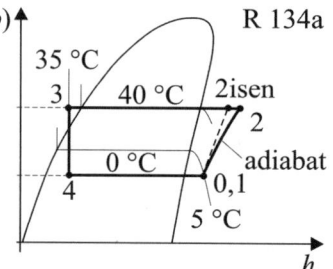

b)

	0,1	2	2isen	3,4
$h/(kJ/kg)$	402,5	433,7	429	249

c) $\dot{m}_0 = 0{,}652$ kg/s, $\dot{V}_1 = 164{,}2$ m³/h ($v_1 = 70$ dm³/kg)

d) $q_{0g} = 153{,}5$ kJ/kg, $\varepsilon_{KM} = 4{,}42$

e) $\dot{Q}_{0g} = 101$ kW, $\varepsilon_{KM} = 5{,}03$ ($v_1 = 79$ dm³/kg, $\dot{m}_0 = 0{,}58$ kg/s)

	0	1	2isen	2	3	4,5
$h/(kJ/kg)$	402,5	423,5	453	458,2	249	228

5.28 a)

b)

	0,1	2	3,4,11	5
$h/(kJ/kg)$	383,5	409	397,5	401

	6	7,8	9,10
$h/(kJ/kg)$	427,5	256	200

c) $\dot{m}_0 = 0{,}545$ kg/s   d) $\dot{m}_{11} = 0{,}101$ kg/s

e) $\dot{m}_5 = 0{,}946$ kg/s   f) $\varepsilon_{KM} = 3{,}08$

5.29 a)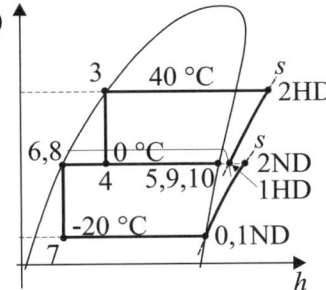

b)

	0,1ND	2ND	1HD	2HD
h/(kJ/kg)	385,5	401,5	398	424,5
	3,4	5,9,10	6,7,8	
h/(kJ/kg)	255,5	397,5	200	

c) $\dot{m}_0 = 0{,}05391$ kg/s d) $\dot{m}_8 = 0{,}5063$ kg/s

e) $\dot{m}_4 = 0{,}7792$ kg/s ($x_4 = 0{,}281$, $\dot{m}_5 = 0{,}219$ kg/s, $\dot{m}_{10} = 0{,}7253$ kg/s)

f) $\varepsilon_{KM} = 5{,}0$

6 Gemische

6.1 a) $M = 28{,}9616$ kg/kmol b) $M = 29{,}005$ kg/kmol

T 1.5 gibt den Wert $M = 28{,}9626$ kg/kmol an.

6.2 a) $\rho_{a,1} = 9{,}8476$ kg/m^3, $\rho_{b,1} = 8{,}62$ kg/m^3, $\rho_{c,1} = 5{,}5437$ kg/m^3

b) $\rho_{Mi,1} = 8{,}8721$ kg/m^3

c) $\mu_a = 0{,}2326$, $\mu_b = 0{,}7663$, $\mu_c = 0{,}0011$

d) $R_{Mi} = 288{,}375$ J/(kg K) e) $\dot{m}_{Mi} = 8{,}87$ kg/s

f) $\dot{S}_2 - \dot{S}_1 = 5154{,}96$ W/K

6.3 $\varphi_1 = 52{,}5$ %

6.4 a)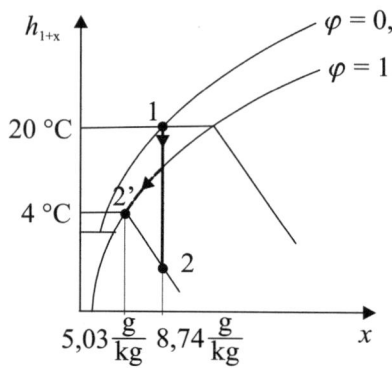

b) $m_{kon} = 370$ g ($x_1 = 8{,}7368$ g/kg, $x_{s2} = 5{,}0342$ g/kg)

c) $Q_{12} = -2554{,}93$ kJ $\left((h_{1+x})_1 = 42{,}255 \text{ kJ/kg}, (h_{1+x})_2 = 16{,}705 \text{ kJ/kg}\right)$

6.5 a)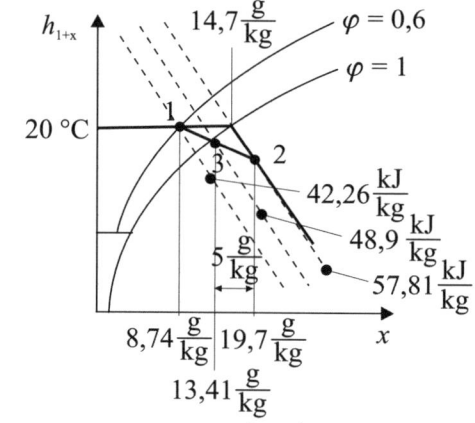

b) $x_3 = 13{,}406$ g/kg, $(h_{1+x})_3 = 48{,}9$ kJ/kg ($\dot{m}_{l1} = 396{,}536$ kg/h, $\dot{m}_{l2} = 294{,}205$ kg/h)

c) Siehe a)

6.6 a) $\varphi_1 = 25{,}24$ % b) $\varphi_2 = 23{,}23$ %

c) $t_\tau = -13$ °C

6.7 a) $t_2 = 25{,}78\ °C$, $\varphi_2 = 0{,}62$, $x_2 = 12{,}921$, $(h_{1+x})_2 = 58{,}812\ kJ/kg$
($\dot{m}_l = 198{,}436\ kg/h$)

b)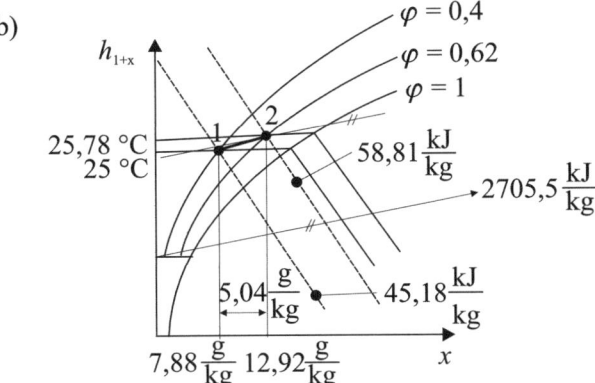

6.8 a) $p_{d1}^* = 0{,}85974\ kPa$ b) $p_{d2}^* = 2{,}33836\ kPa$
c) $\varphi_2 = 7{,}5\ \%$ d) $t_\tau = 20\ °C$

6.9 a) $\dot{m}_l = 0{,}308\ 8\ kg/s$
b) $\varphi_1 = 0{,}753$ ($x_1 = x_2 = 4{,}574\ 5\ g/kg$)
c) $\Delta \dot{m}_{H_2O} = 5{,}28\ kg/h$ ($x_4 = x_3 = 9{,}327\ g/kg$)
d) $\dot{Q}_{12} = 8{,}292\ kW$ ($(h_{1+x})_1 = 16{,}503\ kJ/kg$, $(h_{1+x})_2 = 43{,}356\ kJ/kg$,
$(h_{1+x})_4 = (h_{1+x})_3 = 43{,}753\ kJ/kg$)
e) $t_2 = 31{,}521\ °C$

6.10 a) $p_d^* = 1{,}1696\ kPa$ b) $m_d = 2{,}16\ kg$, $m_l = 297{,}4\ kg$
c) $x = 7{,}263\ g/kg$ d) $V_d = 2{,}88\ m^3$

6.11 a) $\varphi_1 = 0{,}4$, $\varphi_2 = 0{,}93$
b) $x_1 = 5{,}7974\ g/kg$, $x_2 = 20{,}436\ g/kg$,
$(h_{1+x})_1 = 34{,}7943\ kJ/kg$, $(h_{1+x})_2 = 78{,}722\ kJ/kg$
c) $\dot{m}_{w1} = 0{,}016995\ kg/s$ (T 8.2, interpoliert: $\rho(50\ °C) = 986{,}8\ kg/m^3$)
d) $\dot{m}_l = 0{,}05237\ kg/s$ e) $\dot{Q}_w = -2{,}0399\ kW$
f) $\dot{m}_l / \dot{m}_{w1} = 3{,}08$ g) $(\dot{m}_l / \dot{m}_{w1})_{ideal} = 0{,}668$
h) $\eta_A = 0{,}8$ i) $\dot{m}_l / \dot{m}_{l\ ideal} = 4{,}61$
j) siehe b)

7 Strömungsvorgänge

7.1 a) $c_2 = 1{,}45$ m/s b) $c_m = 1{,}38$ m/s

7.2 a) $\dot{m} = 1{,}13614$ kg/s b) $c_2 = 4{,}077$ m/s

c) d)

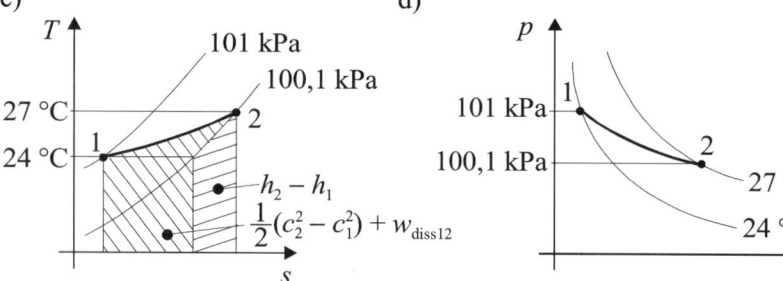

e) $w_{diss12} = 767{,}1$ J/kg, $\dot{W}_{diss12} = 0{,}872$ kW

f) $q_{12} = 3015{,}31$ J/kg, $\dot{Q}_{12} = 3{,}426$ kW,
Die Wärme wird zugeführt.

7.3 a) $c_L = 280{,}76$ m/s b) $d_{min} = 18{,}69$ mm

8 Wärmeübertragung

8.1 a) $R_l = 1{,}60656$ K/W b) $t_1 = 103{,}54$ °C

8.2 a) $\dot{Q} = 2{,}126$ W ($Re = 4093{,}28$, $Nu_m = 25{,}869$)
b) $m\,c = 8{,}5$ J/K

8.3 $t_w = 25{,}61$ °C ($Re = 2\,714\,440{,}825$, $Nu_m = 4166$)

8.4 $\dot{Q}/l = 23{,}71$ W/m ($Ra = 212{,}312$, $Nu_m = 2{,}36068$)

8.5 a) $\dot{Q}/m = 88{,}8$ W/m ($Ra = 25\,595\,032{,}2031$, $Nu_m = 40{,}9035$)
b) $I = 6313$ A

8.6 a) $\alpha_{ma} = 5758{,}44$ W/(m² K) b) $\dot{Q} = 8140{,}81$ W
c) $t_{w2} = 30$ °C d) $\dot{m} = 12{,}98$ kg/h

8.7 $T = 5780$ K

8.8 $\lambda_{max\,s} = 2{,}898$ µm

8.9 a) $\dot{Q} = 888{,}75$ W ($Ra = 25\,595\,032{,}2031$, $Nu_\mathrm{m} = 40{,}9035$,
        $\alpha = 5{,}555$ W/(K m^2))
    b) ungestrichen: $\dot{Q}_\mathrm{Strahlung} = 65{,}455$ W , gestrichen: $\dot{Q}_\mathrm{Strahlung} = 1544{,}07$ W
    c) 155 %

8.10 a) $t_\mathrm{fw} = 20{,}1$ °C b) $t_1 = 19{,}37$ °C
    c)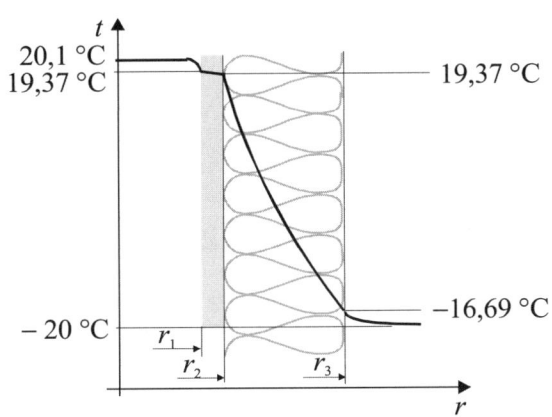

8.11 a)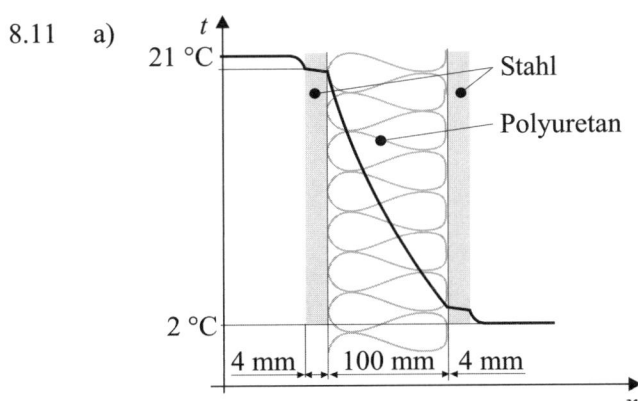
    b) $t_1 - t_4 = 15{,}2$ K ($\dot{q} = 3{,}04$ W/m^2)

8.12 a)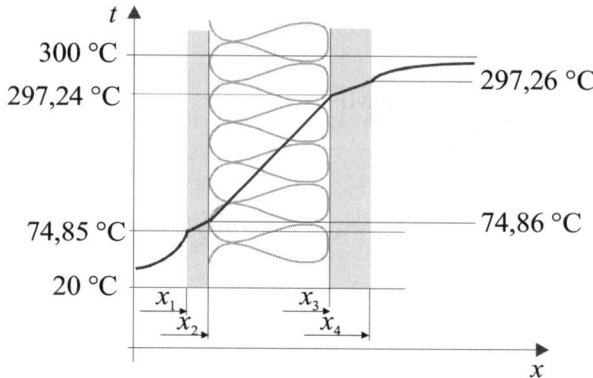

b) $t_{wi} = 297{,}26\ °C$ ($\dot{q} = 274\ W/m^2$)
c) $t_{wa} = 74{,}85\ °C$

8.13 a) $R_d = 0{,}01968\ K/W$ b) $\dot{Q} = 3951\ W$
c) $t_{w2} = 84{,}36\ °C$
d) $t = 89{,}24\ °C$ (Wärmestrom zu Beginn des Rohres: $\dot{Q} = 4064{,}85\ W$; $R_{ü_1,l_1} = 0{,}0001878\ K/W$)
e) Temperaturverteilung zu Beginn des Rohres:

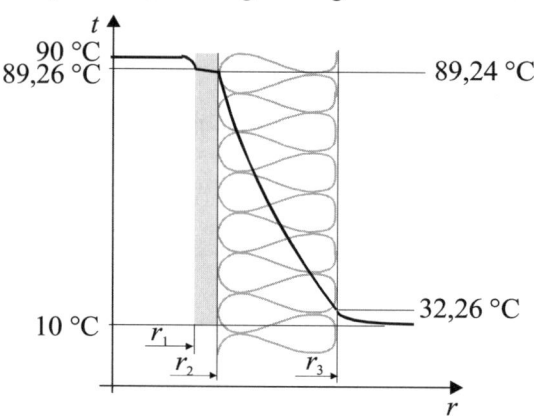

8.14 a) $\dot{Q}_{12} = -37{,}89\ W$ b) $\alpha = 441{,}64\ W/(m^2\ K)$
c) $w = 10{,}98\ m/s$ ($Nu_m = 13{,}502$, $Re_m = 561{,}61$)

8.15 a) $\dot{Q}_{zu} = 348\ kW$, $\dot{Q}_{ab} = -290\ kW$
b) $\dot{Q}_{zu\,min} = 64\ kW$, $\dot{Q}_{ab\,min} = -6\ kW$

8.16 a1) $\dot{m}_w = 0{,}1116\ kg/s$ a2) $\dot{m}_w = 0{,}0731\ kg/s$
b1) $\dot{m}_w = 0{,}785\ kg/s$ b2) $\dot{m}_w = 0{,}7655\ kg/s$

8.17 a)

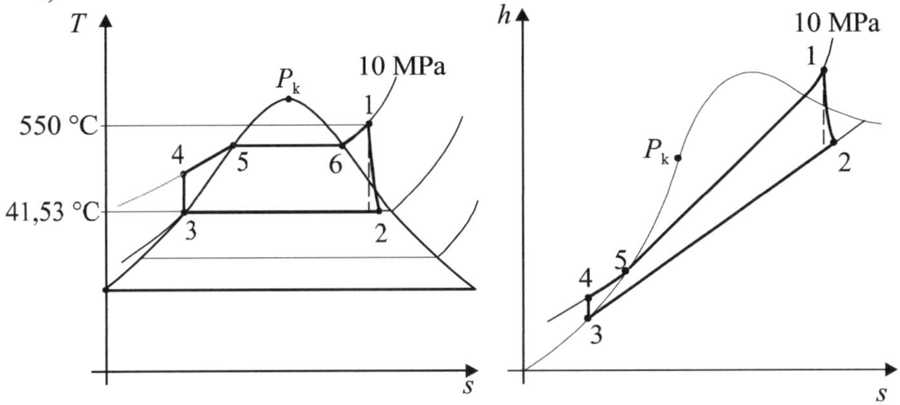

	1	2	3	4	5	6
$h/(\text{kJ/kg})$	3499,8	2155,1	173,86	183,94	1408	2727,7

b) $P_{t34} = 749{,}61$ kW

c) $\dot{Q}_{45} = 91{,}804$ MW, $\dot{Q}_{56} = 98{,}978$ MW, $\dot{Q}_{61} = 57{,}908$ MW

d) $\dot{m}_a = 614$ kg/s e) $\dot{m}_b = 6{,}52$ kg/s

f)

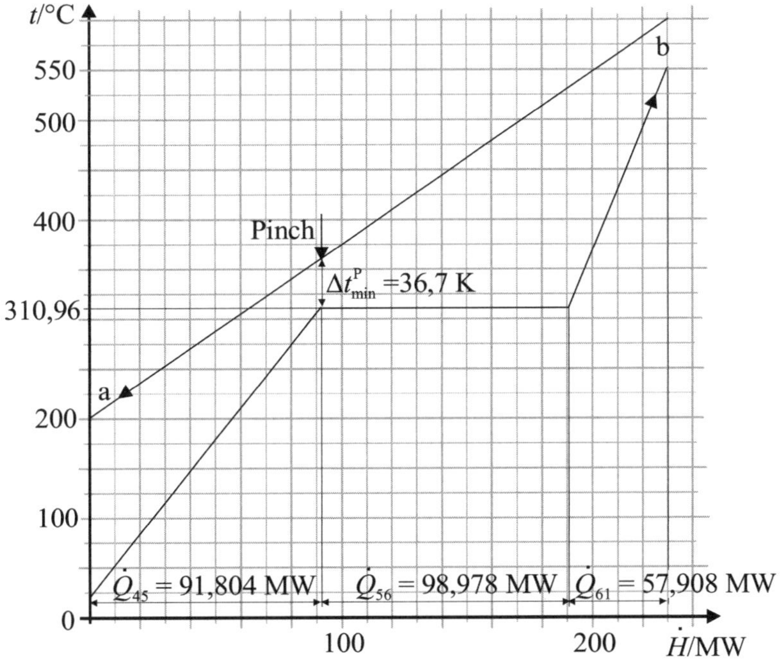

$t_w^P = 310{,}96\ °C$, $t_a^P = 347{,}66\ °C$, $\Delta t_{min}^P = 36{,}7$ K

8.18 a)

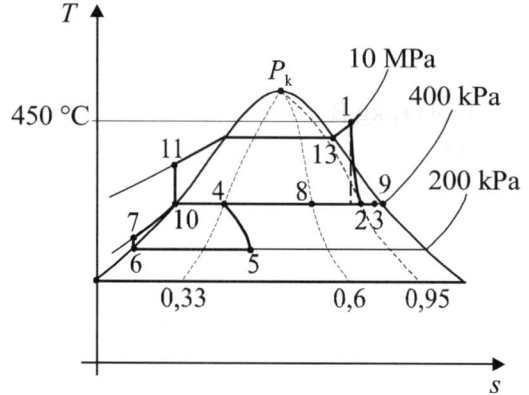

b)

	1	2	3	4,5	6
h/(kJ/kg)	3242,3	2631,431	2695,432	1308,7354	504,68

	7	8	9	10	11
h/(kJ/kg)	504,892	1884,748	2738,1	604,72	615,1226

c) $\dot{m}_1 = 3,895$ kg/s d) $\dot{Q}_{II} = -7831,54$ kW ($\dot{m}_8 = 9,741$ kg/s)

e) $\dot{Q}_I = -13\,502,17$ kW ($\dot{m}_9 = 5,8465$ kg/s) f) $\dot{m}_a = 62,4$ kg/s

g)

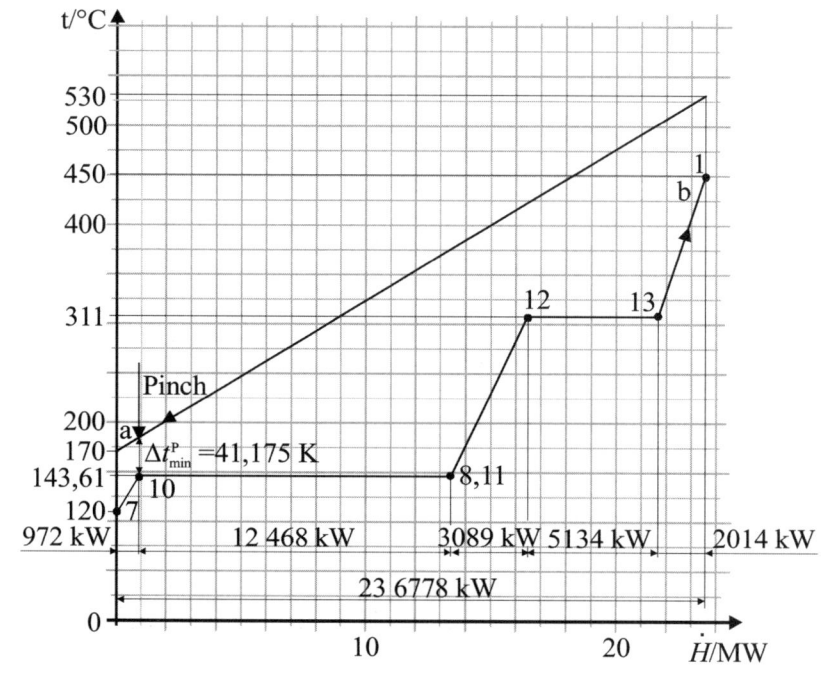

$\Delta t^P_{min} = 41,175$ K

9 Energieumwandlung durch Verbrennung und in Brennstoffzellen

9.1 $H_o = 48{,}678$ MJ/kg C_6H_{14}

9.2   a) $o_{min} = 0{,}033854$ kmol O_2/kg B
   b) $l_{min} = 0{,}1612$ kmol L/kg B
   c) $l_{min\,f} = 0{,}1634$ kmol fL/kg B
   d) $v_{t\,min} = 0{,}15969$ kmol tA/kg B
   e) $v_{f\,min} = 0{,}195787$ kmol fA/kg B

   f) $v_t = 0{,}1919345$ kmol tA/kg B
   g) $v_f = 0{,}22847$ kmol fA/kg B
   h) $CO_2^a = 16{,}50\,\%$; $SO_2^a = 0{,}16\,\%$; $N_2^a = 79{,}81\,\%$; $O_2^a = 3{,}53\,\%$

9.3 $CO_2^a = 14{,}2\,\%$; $CO^a = 1{,}4\,\%$; $H_2^a = 1{,}4\,\%$; $N_2^a = 83\,\%$

9.4 $CO_2^a = 14{,}06\,\%$; $CO^a = 1{,}39\,\%$; $N_2^a = 84{,}55\,\%$

9.5 $l_{min\,n} = 8{,}59$ m^3 L/m^3 B ; $v_{min\,f\,n} = 9{,}5$ m^3 fA/m^3 B

9.6 $l_n = 6{,}92$ m^3 L/kg B ; $v_{min\,f\,n} = 5{,}91$ m^3 fA/kg B

9.7   a) $l_{min\,n} = 5{,}78$ m^3 L/kg B
   b)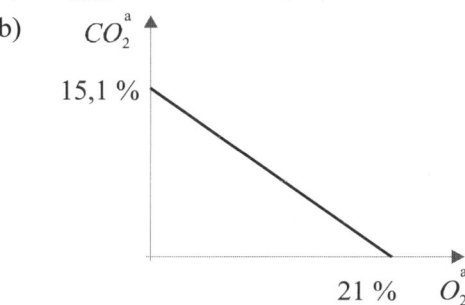
   c) $\lambda = 1{,}47$

9.8   a) $\lambda = 1{,}365$ b) $v_{t\,n} = 3{,}2$ m^3 tA/ m^3 B
   c) $CO_2^a = 25\,\%$, $O_2^a = 4{,}6\,\%$, $N_2^a = 70{,}4\,\%$

9.9   a) $v_{min\,t} = 0{,}17708$ kmol tA/ kg B
   b) $v_t = 0{,}2275$ kmol tA/ kg B
   c) $v_t^a = 0{,}23214$ kmol tA/kg B
   d) $v_{CO_2} = 0{,}02321$ kmol CO_2/kg B ; $v_{CO} = 0{,}009286$ kmol CO/kg B ;

$v_{N_2} = 0{,}18379$ kmol N$_2$/kg B ; $v_{O_2} = 0{,}015849$ kmol O$_2$/kg B

e) Die Verbrennungsgasmenge bei unvollständiger Verbrennung ist um $\dfrac{v_{CO}}{2} \dfrac{\text{kmol O}_2}{\text{kg B}}$ größer. Dies ist der Sauerstoff, der für die Verbrennung des CO hätte verbraucht werden müssen: Es gilt: $v_t^a - v_t = v_{CO}/2$

9.10 a) $CO_2^a = 11{,}88\,\%$; $N_2^a = 85{,}12\,\%$

b) $\lambda = 1{,}153$ c) $t_{max} \sim 1810\,°C$

9.11 $\lambda = 4$

9.12 a) $\lambda = 1{,}234$

b) $CO_2^a = 9{,}5\,\%$, $N_2^a = 86{,}2\,\%$, $O_2^a = 4{,}3\,\%$

c)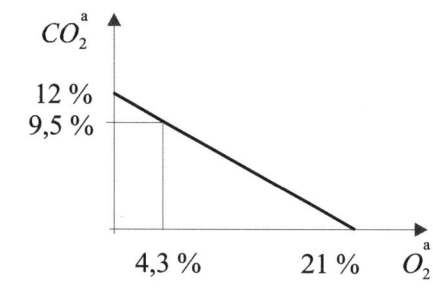

d) $t_{max} = 1670\,°C$

9.13 $\eta_f = 92{,}5\,\%$

9.14 a) $H_{om} = 527{,}65$ MJ/kmol   b) $l_{min} = 5{,}238$ kmol L/kmol B

c) $v_f = 7{,}177$ kmol fA/kmol B   d) $t_\tau = 62{,}31\,°C$

e) $t_{max} \approx 1790\,°C$ ($H_{ma\,max} = 67{,}914$ MJ/kmol fA)

f) $t_{a2} \approx 200\,°C$ ($H_{ma2} = 6$ MJ/kmol fA)

g) $\eta_f = 95{,}3\,\%$

9.15 $t_\tau = 52\,°C$